U0341549

2018年

JJF

中华人民共和国工业和信息化部
电子计量技术规范

（16项合订本）

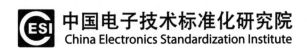 中国电子技术标准化研究院
China Electronics Standardization Institute

 中国发展出版社
CHINA DEVELOPMENT PRESS

图书在版编目（CIP）数据

中华人民共和国工业和信息化部电子计量技术规范（16项合订本）/ 中国电子技术标准化研究院著.—北京：中国发展出版社，2019.5

ISBN 978-7-5177-1002-8

Ⅰ.①中… Ⅱ.①中… Ⅲ.①无线电计量—技术规范—中国 Ⅳ.①TB973-65

中国版本图书馆CIP数据核字（2019）第 077680 号

书　　　　名：	中华人民共和国工业和信息化部电子计量技术规范（16项合订本）
著作责任者：	中国电子技术标准化研究院
出 版 发 行：	中国发展出版社
	（北京市西城区百万庄大街16号8层　100037）
标 准 书 号：	ISBN 978-7-5177-1002-8
经 　销 　者：	各地新华书店
印 　刷 　者：	三河市东方印刷有限公司
开　　　　本：	889mm×1230mm　1/16
印　　　　张：	24
字　　　　数：	520千字
版　　　　次：	2019年5月第1版
印　　　　次：	2019年5月第1次印刷
定　　　　价：	680.00元

联 系 电 话：（010）68990630　68990692

购 书 热 线：（010）68990682　68990686

网 络 订 购：http://zgfzcbs.tmall.com//

网 购 电 话：（010）88333349　68990639

本 社 网 址：http://www.develpress.com.cn

电 子 邮 件：370118561@qq.com

目 录
Contents

中华人民共和国工业和信息化部
电子计量技术规范

JJF（电子）0012—2018

阻抗调配器校准规范

Calibration Specifications for Tuner

2018－04－30 发布

2018－07－01 实施

中华人民共和国工业和信息化部 发布

阻抗调配器校准规范

Calibration Specifications for Tuner

JJF（电子）0012—2018

归口单位：中国电子技术标准化研究院

起草单位：中国电子科技集团公司第十三研究所

中国电子技术标准化研究院

中国电子科技集团公司第十四研究所

本规范技术条文委托起草单位负责解释

本规范主要起草人：

吴爱华（中国电子科技集团公司第十三研究所）

梁法国（中国电子科技集团公司第十三研究所）

霍　晔（中国电子科技集团公司第十三研究所）

王一帮（中国电子科技集团公司第十三研究所）

参加起草人：

刘　晨（中国电子科技集团公司第十三研究所）

王文娟（中国电子技术标准化研究院）

殷玉喆（中国电子技术标准化研究院）

杨　忠（中国电子科技集团公司第十四研究所）

楼红英（中国电子科技集团公司第十四研究所）

目　　录

引　言

本规范依据 JJF 1071—2010《国家计量校准规范编写规则》、JJF 1059.1—2012《测量不确定度评定与表示》编写。

本规范为首次发布。

引　言

阻抗调配器校准规范

1 范围

本规范适用于 50 MHz ~50 GHz 阻抗调配器的校准。

2 术语和计量单位

2.1 最大可调配范围 maximum allocation range

阻抗调配器能调节的最大失配范围,常用最大驻波比来表述。

2.2 矢量重复性 vector repeatability

阻抗调配器同一机械位置呈现的阻抗状态的一致性,而阻抗经常使用矢量物理量 S 参数进行表示,因此阻抗调配器的重复性称作矢量重复性。

2.3 相位分辨力 phase resolution

阻抗调配器在最高频率点、最大失配点位置时能分辨的最小相位。

3 概述

阻抗调配器是电子器件设计过程中的一个重要设备。其主要作用是在被测器件的输入、输出端呈现一个特定的阻抗状态,通过其他微波测量仪器(矢量网络分析仪、噪声接收机、功率计等)表征被测件与阻抗相关的物理参数变化情况,从而优化电路级间阻抗匹配。

4 计量特性

4.1 最大可调配范围

最大可调配范围:9:1 ~30:1。

4.2 电压驻波比(初始化状态)

电压驻波比:1.05:1 ~1.20:1。

4.3 插入损耗(初始化状态)

插入损耗:0.1dB ~1.0dB。

4.4 矢量重复性

矢量重复性:小于 −37dB。

4.5 相位分辨力

最大可调配范围:9:1 ~30:1;

相位分辨力:0.02°/步 ~1.10°/步。

5 校准条件

5.1 环境条件

5.1.1 环境温度：(23 ± 5)℃；

5.1.2 环境相对湿度：≤80 %；

5.1.3 供电电源：220 V ±10V；50 Hz ±1Hz；

5.1.4 周围无影响正常工作的电磁干扰和机械振动。

5.2 校准用设备

校准用设备应经过计量技术机构检定或校准，满足校准使用要求，并在有效期内。

校准用设备指标如下：

5.2.1 矢量网络分析仪

频率范围：50 MHz ~ 50 GHz；

传输幅度：0.10dB ~ 3.00dB　　　U：0.05dB ~ 0.22dB　（$k = 2$）；

反射系数幅值：0.02 ~ 0.95　　　U：0.005 ~ 0.05（$k = 2$）；

传输相位：$-180° ~ +180°$　　　U：$0.33° ~ 1.5°$（$k = 2$）；

反射相位：$-180° ~ +180°$　　　U：$1.2° ~ 61°$（$k = 2$）。

6 校准项目和校准方法

6.1 外观及工作正常性检查

6.1.1 被校准的阻抗调配器应外观完好，标识清晰完整；无影响正常工作的机械损伤；电源开关、功能设置开关和旋钮应灵活、可靠，输入输出端口牢固；附件及使用说明书应齐全。

6.1.2 在校准前，接通电源，被校准的阻抗调配器能正常工作，指示灯显示正常，至少预热30分钟。并将检查结果填入附录A表A.1中。

6.2 最大可调配范围

6.2.1 仪器连接如图1所示。

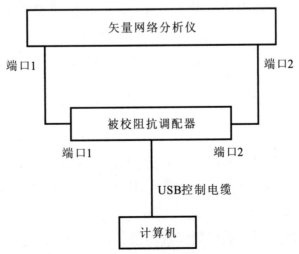

图1　阻抗调配器校准连接示意图

6.2.2 矢量网络分析仪进行充分（至少30分钟）预热后设置其输出功率为 -5dBm，中频带宽为100Hz，在被校阻抗调配器的全频带范围内，用校准件（建议使用包含滑动负载的校准件或电子校准件）进行矢量网络分析仪全二端口校准。

6.2.3　连接阻抗调配器的两个端口到矢量网络分析仪的测试端口。

6.2.4　设置阻抗调配器到最大失配点，在整个频率测量范围内至少选择3个频率校准点（建议频段的起始频率、终止频率和中值频率），每一个频点至少测量3次，取其平均值作为该校准点的实测值。并将其平均值填入附录A表A.2中。

6.3　电压驻波比（初始化状态）

6.3.1　仪器连接如图1所示。

6.3.2　矢量网络分析仪进行充分（至少30分钟）预热后设置其输出功率为−5dBm，中频带宽为100Hz，在被校阻抗调配器的全频带范围内，用校准件（建议使用包含滑动负载的校准件或电子校准件）进行矢量网络分析仪全二端口校准。

6.3.3　连接阻抗调配器的两个端口到矢量网络分析仪的测试端口。

6.3.4　对阻抗调配器进行初始化状态设置。

6.3.5　根据阻抗调配器的频率范围设置矢量网络分析仪的起始频率和终止频率，在频率测量范围内至少选择3个频率校准点（建议频段的起始频率、终止频率和中值频率），每一个频点至少测量3次，取其平均值作为该校准点的实测值。并将其平均值填入附录A表A.3中。

6.4　插入损耗（初始化状态）

6.4.1　仪器连接如图1所示。

6.4.2　矢量网络分析仪进行充分（至少30分钟）预热后设置其输出功率为−5dBm，中频带宽为100Hz，在被校阻抗调配器的全频带范围内，用校准件（建议使用包含滑动负载的校准件或电子校准件）进行矢量网络分析仪全二端口校准。

6.4.3　连接阻抗调配器的两个端口到矢量网络分析仪的测试端口。

6.4.4　对阻抗调配器进行初始化状态设置。

6.4.5　根据阻抗调配器的频率范围设置矢量网络分析仪的起始频率和终止频率，在频率测量范围内至少选择3个频率校准点（建议频段的起始频率、终止频率和中值频率），每一个频点至少测量3次，取其平均值作为该校准点的实测值。并将其平均值填入附录A表A.4中。

6.5　矢量重复性

6.5.1　仪器连接如图1所示。

6.5.2　矢量网络分析仪进行充分（至少30分钟）预热后设置其输出功率为−5dBm，中频带宽为100Hz，在被校阻抗调配器的全频带范围内，用校准件（建议使用包含滑动负载的校准件或电子校准件）进行矢量网络分析仪全二端口校准。

6.5.3　连接阻抗调配器的两个端口到矢量网络分析仪的测试端口。

6.5.4　选取合理分布的阻抗点（匹配点，最大失配点，匹配点和失配点之间的反射系数量值），设置阻抗调配器到阻抗参考点位置（即第一次设置阻抗调配器探针所在位置为参考点），测量阻抗调配器的四个 S 参数，即参考点的 S 参数 S_{ref}。

6.5.5 将阻抗调配器设置到阻抗参考点位置以外的任意阻抗点，再将阻抗调配器重新设置到阻抗参考点位置，测量此时阻抗调配器的四个 S 参数，记为 S_1。

6.5.6 重复操作 6.5.5 步骤 9 次，分别记为 $S_2 \sim S_{10}$。

6.5.7 计算 $S_1 \sim S_{10}$ 的 S 参数平均值，记为 S_{mean}。计算此阻抗点的矢量重复性 ΔS_{mean} 如公式（1）所示，并将其填入附录 A 表 A.5 中。

$$\Delta S_{mean}(dB) = 20\log_{10}(|S_{ref} - S_{mean}|) \tag{1}$$

6.5.8 在频率测量范围内至少选择 3 个频率校准点（建议频段的起始频率、终止频率和中值频率）进行矢量重复性的测量。

6.6 相位分辨力

6.6.1 仪器连接如图 1 所示。

6.6.2 矢量网络分析仪进行充分（至少 30 分钟）预热后设置其输出功率为 $-5dBm$，中频带宽为 $100Hz$，在被校阻抗调配器的全频带范围内，用校准件（建议使用滑动负载校准件或电子校准件）全二端口校准矢量网络分析仪。

6.6.3 连接阻抗调配器两个端口到矢量网络分析仪的测试端口。

6.6.4 设置阻抗调配器到最大失配点，根据阻抗调配器的最高频率点设置矢量网络分析仪的起始频率和终止频率，，在最高频率点控制阻抗调配器以最小步进移动记录相位的差值，至少测量 3 次，取其平均值作为该校准点的实测值。并将其平均值填入附录 A 表 A.6 中。

7 校准结果表达

校准完成后的阻抗调配器应出具校准证书。校准证书应至少包含以下信息：

a）标题："校准证书"；

b）实验室名称和地址；

c）进行校准的地点；

d）证书的唯一性标识（如编号），每页和总页数的标识；

e）客户的名称和地址；

f）被校对象的描述和明确标识；

g）进行校准的日期，如果与校准结果的有效性和应用有关时，应说明被校对象的接收日期；

h）如果与校准结果有效性应用有关时，应对被校样品的抽样程序进行说明；

i）校准所依据的技术规范的标识，包括名称及代号；

j）本次校准所用测量标准的溯源性及有效性说明；

k）校准环境的描述；

l）校准结果及其测量不确定度的说明；

m）对校准规范的偏离的说明；

n）校准证书或校准报告签发人的签名、职务或等效标识；

o）校准结果仅对被校对象有效的声明；

p）未经实验室书面批准，不得部分复制证书的声明。

8 复校时间间隔

阻抗调配器的复校时间间隔不超过 12 个月。由于复校时间间隔的长短是由仪器的使用情况、使用者、仪器本身质量等诸因素所决定的，因此，送校单位可根据实际使用情况自主决定复校时间间隔。

附录 A

校准记录格式

表 A.1　外观及工作正常性检查

项目	检查结果
外观检查	
工作正常性检查	

表 A.2　最大可调配范围

频率	1 端口测量值				2 端口测量值				技术指标	$U(k=2)$
	1	2	3	平均值	1	2	3	平均值		

表 A.3　电压驻波比（初始化状态）

频率	1 端口测量值				2 端口测量值				技术指标	$U(k=2)$
	1	2	3	平均值	1	2	3	平均值		

表 A.4　插入损耗（初始化状态）

频率	测量值				技术指标	$U(k=2)$
	1	2	3	平均值		

表 A.5　矢量重复性

S 参数	频率	测量值 $\triangle S_{mean}$	技术指标	$U(k=2)$
S_{11}				
S_{21}				
S_{12}				
S_{22}				

表 A.6　相位分辨力

S 参数	频率	测量值				技术指标	$U(k=2)$
		1	2	3	平均值		
S_{11}							
S_{22}							

附录 B

校准证书内页格式

表 B.1　外观及工作正常性检查

项目	检查结果
外观检查	
工作正常性检查	

表 B.2　最大可调配范围

频率	1 端口测量值				2 端口测量值				$U(k=2)$
	1	2	3	平均值	1	2	3	平均值	

表 B.3　电压驻波比（初始化状态）

频率	1 端口测量值				2 端口测量值				$U(k=2)$
	1	2	3	平均值	1	2	3	平均值	

表 B.4　插入损耗（初始化状态）

频率	测量值				$U(k=2)$
	1	2	3	平均值	

13

表 B.5 矢量重复性

S 参数	频率	测量值 $\triangle S_{mean}$	$U(k=2)$
S_{11}			
S_{21}			
S_{12}			
S_{22}			

表 B.6 相位分辨力

S 参数	频率	测量值				$U(k=2)$
		1	2	3	平均值	
S_{11}						
S_{22}						

附录 C

测量不确定度评定示例

以型号为 CCMT – 5080 的阻抗调配器为例，对其 50GHz 频点进行测量不确定度分析。

C.1 最大可调配范围不确定度评定示例

C.1.1 数学模型

$$Y = X_r \qquad\qquad (C.1)$$

C.1.2 不确定度来源

C.1.2.1 矢量网络分析仪引入的不确定度；

C.1.2.2 测量结果重复性引入的不确定度。

C.1.3 标准不确定度分量评定

C.1.3.1 矢量网络分析仪引入的标准不确定度分量 u_1

选择最大可调配范围（最大驻波比）19（S_{11} 反射系数幅值 $|S_{11}|$ 为 0.9）进行评定。根据矢量网络分析仪不确定度评定软件，得其扩展测量不确定度 $U_{|S11|}$ 为 0.047（$k = 2$），驻波比与反射系数模值的关系式为：

$$VSWR = \frac{1 + |S_{11}|}{1 - |S_{11}|}$$

对上式微分可得到最大可调配范围（最大驻波比）的扩展不确定度，则矢量网络分析仪引入的不确定度 u_1 为：

$$u_1 = 2 \times U_{|S11|} / (1 - |S_{11}|)^2 / 2 = 4.7$$

C.1.3.2 测量结果重复性引入的标准不确定度分量 u_2

在相同条件下，在短时间内对被校阻抗调配器的最大可调配范围连续测量 10 次（每次测量值是 3 次测量值的平均值），测量数据如下

测量次数	测量值（3 次平均值 $\bar{x}$）
1	19.12
2	19.19
3	19.21
4	19.05
5	19.09
6	19.01
7	18.97
8	19.17
9	19.22
10	19.16

$$\bar{\bar{x}} = \frac{1}{10}\sum_{i=1}^{10}\bar{x}_i = 19.12$$

由此引入的标准不确定度分量：

$$u_2 = \frac{s_n(\bar{x})}{\sqrt{3}} = \frac{\sqrt{\sum_{i=1}^{10}(\bar{x}_i - \bar{\bar{x}})^2/(10-1)}}{\sqrt{3}} = 0.05$$

C.1.4 合成标准不确定度

各分量互不相关，则合成标准不确定度为：

$$u_c = \sqrt{u_1^2 + u_2^2} = 4.8$$

C.1.5 扩展不确定度

取 $k=2$，可得阻抗调配器最大可调配范围的扩展不确定度为：

$$U = ku_c = 9.6$$

C.2 电压驻波比不确定度评定示例

C.2.1 数学模型

$$Y = X_r \qquad\qquad (C.2)$$

C.2.2 不确定度来源

C.2.2.1 矢量网络分析仪引入的不确定度；

C.2.2.2 测量结果重复性引入的不确定度。

C.2.3 标准不确定度分量评定

C.2.3.1 矢量网络分析仪引入的标准不确定度分量 u_1

选择驻波比为 1.20（反射系数幅值 $|S_{11}| = 0.09$）时进行评定。根据矢量网络分析仪不确定度评定软件，得其扩展测量不确定度 $U_{|S11|}$ 为 0.018（$k=2$），驻波比与反射系数模值的关系式为

$$VSWR = \frac{1 + |S_{11}|}{1 - |S_{11}|}$$

对上式微分可得到电压驻波比的扩展不确定度，$k=2$，则矢量网络分析仪引入的不确定度 u_1 为：

$$u_1 = 2 \times U_{|S11|}/(1 - |S_{11}|)^2/2 = 0.022$$

C.2.3.2 测量结果重复性引入的标准不确定度分量 u_2

在相同条件下，在短时间内对被校阻抗调配器的驻波比连续测量 10 次（每次测量值是 3 次测量值的平均值），测量数据如下

测量次数	测量值（3 次平均值 $\bar{x}$）
1	1.20
2	1.19
3	1.19
4	1.19
5	1.20
6	1.20
7	1.19
8	1.19
9	1.21
10	1.20

$$\bar{\bar{x}} = \frac{1}{10}\sum_{i=1}^{10}\bar{x}_i = 1.196$$

由此引入的标准不确定度分量：

$$u_2 = \frac{s_n(\bar{x})}{\sqrt{3}} = \frac{\sqrt{\sum_{i=1}^{10}(\bar{x}_i - \bar{\bar{x}})^2/(10-1)}}{\sqrt{3}} = 0.004$$

C.2.4 合成标准不确定度

各分量互不相关，则合成标准不确定度为：

$$u_c = \sqrt{u_1^2 + u_2^2} = 0.023$$

C.2.5 扩展不确定度

取 $k=2$，可得阻抗调配器电压驻波比的扩展不确定度为：

$$U = ku_c = 0.05$$

C.3 插入损耗不确定度评定示例

C.3.1 数学模型

$$Y = X_r \tag{C.3}$$

C.3.2 主要不确定度来源

C.3.2.1 矢量网络分析仪引入的不确定度；

C.3.2.2 测量结果重复性引入的不确定度。

C.3.3 标准不确定度分量评定

C.3.3.1 矢量网络分析仪引入的标准不确定度分量 u_1

选择传输系数幅值为 1.0dB 时进行评定，根据矢量网络分析仪不确定度评定软件，得其扩展测量不确定度为 0.22dB（$k=2$），则矢量网络分析仪引入的标准不确定度 u_1 为：

$$u_1 = 0.22\text{dB}/2 = 0.11\text{dB}$$

C.3.3.2　测量结果重复性引入的标准不确定度分量 u_2

在相同条件下，在短时间内对被校阻抗调配器的插入损耗连续测量 10 次（每次测量值是 3 次测量值的平均值），测量数据如下：

测量次数	测量值（dB）（3 次平均值 $\bar{x}$）
1	0.99
2	1.00
3	0.98
4	0.99
5	0.99
6	0.97
7	0.98
8	0.98
9	0.99
10	0.99

$$\bar{\bar{x}} = \frac{1}{10}\sum_{i=1}^{10}\bar{x}_i = 0.986\text{dB}$$

由此引入的标准不确定度分量：

$$u_2 = \frac{s_n(\bar{x})}{\sqrt{3}} = \frac{\sqrt{\sum_{i=1}^{10}(\bar{x}_i - \bar{\bar{x}})^2/(10-1)}}{\sqrt{3}} = 0.005\text{dB}$$

C.3.4　合成标准不确定度

各分量互不相关，则合成标准不确定度为：

$$u_c = \sqrt{u_1^2 + u_2^2} = 0.12\text{dB}$$

C.3.5　扩展不确定度

取 $k = 2$，可得阻抗调配器插入损耗的扩展不确定度为：

$$U = ku_c = 0.24\text{dB}$$

C.4　矢量重复性不确定度评定示例

C.4.1　数学模型

$$Y = X_r \tag{C.4}$$

C.4.2　不确定度来源

测量结果重复性引入的不确定度。

C.4.3　不确定度评定

C.4.3.1　标准不确定度分量评定

在相同条件下，在短时间内对被校阻抗调配器的 S_{11} 的矢量重复性续测量 10 次，测量

数据如下

测量次数	测量值（dB）
1	−42.32
2	−44.56
3	−43.47
4	−42.85
5	−41.97
6	−43.22
7	−42.45
8	−43.60
9	−41.92
10	−42.50

$$\bar{x} = \frac{1}{10}\sum_{i=1}^{10} x_i = -42.99\text{dB}$$

由此引入的标准不确定度分量：

$$u_2 = s_n(x) = \sqrt{\sum_{i=1}^{10}(x_i - \bar{x})^2/(10-1)} = 1.11\text{dB}$$

C.4.4　合成标准不确定度

$$u_c = u_1 = 1.11\text{dB}$$

C.4.5　扩展不确定度

取 $k=2$，可得阻抗调配器矢量重复性的扩展不确定度为：

$$U = ku_c = 2.22\text{dB}$$

C.5　相位分辨力不确定度评定示例

C.5.1　数学模型

$$Y = X_1 - X_2 \tag{C.5}$$

X_1——被校阻抗调配器端口 1 反射系数的相位 1；

X_2——被校阻抗调配器端口 1 反射系数的相位 2。

C.5.2　不确定度来源

调配器自身重复性和矢量网络分析仪测量 S_{11} 参数相位引入的不确定度。

C.5.3　标准不确定度分量评定

阻抗调配器重复性优于 −40dB，其对应的反射系数相位优于 0.4°，相应的标准不确定度 $u_1 = 0.2°$。

标准器矢量网络分析仪在最大失配范围 19∶1，测量两次相位分别为 87.6° 和 87.3°，根据矢量网络分析仪不确定度评定软件，得其标准不确定度均为 0.8°，则根据测量模型，

可得其对应的不确定度 $u_2 = \sqrt{2} \times 0.8° = 1.13°$

C.5.4　合成标准不确定度

$$u_c = \sqrt{u_1^2 + u_2^2} = 1.147°$$

C.5.5　扩展不确定度

取 $k = 2$，可得相位分辨力扩展不确定度为

$$U = u_c \times 2 = 2.3°$$

中华人民共和国工业和信息化部
电子计量技术规范

JJF（电子）0013—2018

电力电子器件参数测试设备校准规范

Calibration Specification for Power Electronic Devices
Parameters Test Equipments

2018－04－30 发布　　　　　　　　　　2018－07－01 实施

中华人民共和国工业和信息化部 发布

电力电子器件参数
测试设备校准规范

Calibration Specification for Power Electronic
Devices Parameters Test Equipments

JJF（电子）0013—2018

归 口 单 位：中国电子技术标准化研究院

主要起草单位：中国电子技术标准化研究院

本规范技术条文委托起草单位负责解释

本规范主要起草人：

    刘   冲（中国电子技术标准化研究院）

    张   珊（中国电子技术标准化研究院）

    李   洁（中国电子技术标准化研究院）

参加起草人：

    高   英（中国计量科学研究院）

    曹玉峰（北京市科通电子继电器总厂有限公司）

目　录

引　言

本规范依据国家计量技术规范 JJF1071—2010《国家计量校准规范编写规则》编制。JJF1071—2010《国家计量校准规范编写规则》、JJF1001—2011《通用计量术语及定义》及 JJF1059.1—2012《测量不确定度评定与表示》共同构成支撑本校准规范制定工作的基础性系列规范。

本规范为首次发布。

电力电子器件参数测试设备校准规范

1 范围

本校准规范适用于直流电压≤7000V，单次脉冲方波电压≤7000V（频率范围：100Hz ~10kHz），正弦半波峰值电压≤7000V（频率范围：100Hz ~ 10kHz），单次脉冲电流源≤7000A（脉冲宽度：50μs ~ 10ms），正弦半波峰值电流≤7000A（频率范围：100Hz ~ 10kHz）的电力电子器件参数测试设备的校准。

2 引用文献

无。

3 概述

电力电子器件参数测试设备是用于测试电力电子器件静态参数、动态参数的专用测试设备，包括功率 IGBT 模块动静态参数测试系统、晶闸管动态参数综合测试台、电力电子器件（晶闸管）静态参数综合测试台、晶闸管浪涌电流测试台、二极管正向浪涌测试仪等。

电力电子器件参数测试设备主要组成包括：直流电压源/表、直流电流源/表、感性负载（电感）、阻性负载（性能校验盒）、单次脉冲方波电压源、单次脉冲方波电流源、单次近似正弦波电流源、测量夹具等部分，组成如图 1。

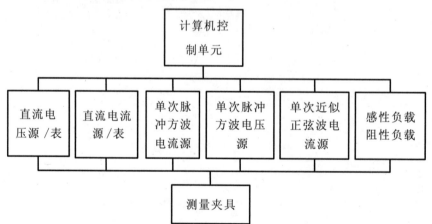

图 1 电力电子器件参数测试设备组成框图

4 计量特性

4.1 直流电压源（包括栅源电压、漏源电压、偏置电压源等）
范围：0.2V ~ 7000V，最大允许误差：±（0.2 ~ 5）%。

4.2 直流电压表（包括栅源电压、漏源电压、偏置电压源等）
范围：0.2V ~ 7000V，最大允许误差：±（0.2 ~ 5）%。

4.3 直流电流源

范围:10μA～30A,最大允许误差:±(0.5～1)%。

4.4 直流电流表

范围:10μA～30A,最大允许误差:±(0.5～1)%。

4.5 单次脉冲方波电压源

峰值电压范围:50V～7000V,最大允许误差:±(3～10)%;

脉冲宽度范围:50μs～10ms。

4.6 正弦半波电压源

峰值电压范围:50V～7000V,最大允许误差:±(3～10)%;

频率范围:100Hz～10kHz,最大允许误差:±(0.5～1)%;

底宽:0.4ms～10ms。

4.7 单次脉冲方波电流源

峰值电流范围:5A～7000A,最大允许误差:±(3%～10%);

脉冲宽度范围:50μs～10ms。

4.8 正弦半波电流源

峰值电流范围:5A～7000A,最大允许误差:±(3～10)%;

频率范围:100Hz～10kHz,最大允许误差:±(0.5～1)%;

底宽:0.4ms～10ms。

4.9 直流电阻

范围:0.005Ω～20GΩ,最大允许误差:±(0.01～1)%。

4.10 电感

范围:10μH～10mH,测量频率点:1kHz,最大允许误差:±(0.5～2)%。

5 校准条件

5.1 环境条件

5.1.1 环境温度:(25±3)℃

5.1.2 相对湿度:≤80%

5.1.3 供电电源:(220±11)V;(50±1)Hz

5.1.4 周围无影响正常工作的机械振动和电磁干扰

5.1.5 由于半导体器件(尤其是MOS器件)是静电敏感器件,因此必须保证校准过程中对静电有严格的防护措施(如仪器的良好接地、防静电工作服及手环使用、样管的防静电存放等),以免损害设备和器件。

5.2 (测量)标准及其它设备

5.2.1 数字多用表

直流电压测量范围:±(0.01V～1000V),最大允许误差:±0.03%;

交流电压测量范围:±(0.1V～1000V)(频率:50Hz),最大允许误差:±0.03%;

直流电流测量范围：±(1μA ~ 10A)，最大允许误差：±0.1%；

电阻测量范围：0.005Ω ~ 20GΩ，最大允许误差：±(0.03 ~ 0.3)%。

5.2.2 脉冲专用数字化仪

脉冲电压测量范围：±(1V ~ 1000V)，最大允许误差：±0.5%；

采样速率：≥50 × 10³Sa/s；

输入阻抗：≥1MΩ；

带宽：≥100kHz。

5.2.3 直流分流器

阻值：0.005Ω、0.01Ω、0.1Ω、1Ω，最大允许误差：±0.05%；

额定电流：≥200A。

5.2.4 脉冲分流器

阻值：0.005Ω、0.01Ω、0.1Ω、1Ω，最大允许误差：±0.15%；

功率：≥10W；

带宽：≥10kHz。

5.2.5 直流高压分压器

分压比：500 到 1000，最大允许误差：±0.3%；

额定电压：≥5kV；

交流额定电压：≥6kV；

频率：50Hz。

5.2.6 脉冲高压分压器

分压比：500 到 1000，最大允许误差：±0.5%；

额定电压：≥5kV；

交流额定电压：≥6kV；

带宽：≥10kHz。

5.2.7 罗氏线圈

峰值电流：≥7kA，最大允许误差：±1%；

带宽：≥1MHz。

5.2.8 数字示波器

带宽：大于 100MHz；

水平时基：10μs/div ~ 50s/div；

垂直幅度：10mV/div ~ 2V/div。

6 校准项目和校准方法

6.1 外观及工作正常性检查

6.1.1 设备送校时应附有设备正常工作的必要的附件。

6.1.2 接通电源前要检查被校设备，不应有影响正常工作及读数的机械损伤。要求各旋钮转动灵活、无松动;波段开关(若有)跳步清晰,定位正确;琴键开关(若有)起跳自如,能自锁互锁;表头(若有)能机械调零,表针无呆滞现象。

6.1.3 通电预热后,仪器应能正常工作。各调节旋钮应调节均匀;电表(若有)应能电气调零、调满度;对于具有机内校准功能的仪器,应按说明书要求进行机内校准。

6.1.4 按说明书要求,正确连接计算机与主机,以及主机与测试台的连线(测试系统)。

6.1.5 正确开启测量仪器,并按规定进行预热。

6.1.6 将6.1.1至6.1.5过程中,存在问题的步骤详细记入附录A表A.1中。

6.2 自校准检验

6.2.1 利用被校设备的性能校验盒(上次校准结果经计量确认,满足使用要求)对被校设备进行自校准检验,确认被校设备自校准检验合格后,方可进行下面的校准步骤。

6.2.2 当被校设备的自校准未全部检验合格时,须对仪器进行检查或维修,直至全部通过为止。

6.2.3 将自校准检验结果记入附录A表A.2中。

6.3 直流电压源

6.3.1 直流电压源±(0.2V~1000V)量程

6.3.1.1 校准连接如图2所示,根据被校设备使用说明书的要求,将直流电压源的测试夹具输出端V+、V−分别与数字多用表的直流电压输入端V+、V−连接。

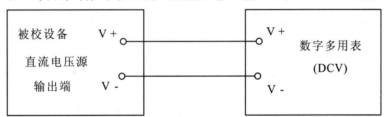

图2 直流电压源±(0.2V~1000V)校准连接图

6.3.1.2 设置数字多用表工作于直流电压测量功能(DCV),调节电压旋钮或通过编程方式设置电压校准点。校准点按被校设备技术要求由低端至高端设置,通常按每个量程高、中、低选不少于三个校准点,建议按照满量程10%、50%、100%进行选取,读取数字多用表显示的电压测量值V_0,并将结果记入附录A表A.3中。

6.3.1.3 按(1)式计算直流电压源的相对误差,并记入附录A表A.3中。

$$\delta_{V源} = \frac{V - V_0}{V_0} \times 100\% \qquad (1)$$

式中:

$\delta_{V源}$——直流电压源的相对误差;

V ——直流电压源的直流电压标称值;

V_0 ——数字多用表的直流电压测量值。

6.3.2 直流电压源±(1000V~7000V)量程

6.3.2.1 校准连接如图3所示,根据被校设备使用说明书的要求,将直流电压源的测试夹具输出端V+、V−分别与高压分压器的直流电压输入端IN+、IN−连接,高压分压器的直流电压输出端 OUT +、OUT - 分别与数字多用表的 V +、V - 连接。

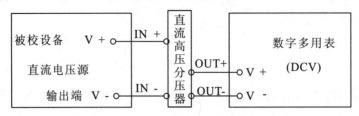

图3　直流电压 ±（1000V~7000V）校准连接图

6.3.2.2　设置数字多用表工作于直流电压测量功能（DCV），调节电压旋钮或通过编程方式设置电压校准点，校准点按被校设备技术要求由低端至高端设置，通常按量程高、中、低选不少于三个校准点，建议按照满量程 10%、50%、100% 进行选取，读取数字多用表显示的电压测量值 V_0，并将结果记入附录 A 表 A.3 中。

6.3.2.3　按（2）式计算偏置电压源的相对误差，并记入附录 A 表 A.3 中。

$$\delta_{V源} = \frac{V - k \times V_0}{k \times V_0} \times 100\% \tag{2}$$

式中：

$\delta_{V源}$——偏置电压源的相对误差；

V　——偏置电压源的直流电压标称值；

k　——直流高压分压器的变比值；

V_0　——数字多用表的直流电压测量值。

6.4　直流电压表

6.4.1　直流电压表 ±（0.2V~1000V）量程

6.4.1.1　校准连接如图 4 所示，根据被校设备使用说明书的要求，将直流电压源的输出端 V +、V - 分别与直流电压表的输入端 V +、V - 连接，并将直流电压表的输入端 V +、V - 分别与数字多用表的直流电压输入端 V +、V - 连接。

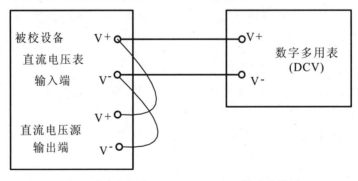

图4　直流电压表 ±（0.2V~1000V）校准连接图

6.4.1.2　设置数字多用表工作于直流电压测量功能（DCV），调节电压旋钮或通过编程方式设置电压校准点。校准点按被校设备技术要求由低端至高端设置，通常按每个量程高、中、低选不少于三个校准点，建议按照满量程 10%、50%、100% 进行选取，读取数字多用表显示的电压测量值 V_0，并将结果记入附录 A 表 A.3 中。

6.4.1.3　按（3）式计算直流电压表的相对误差，并记入附录 A 表 A.3 中。

$$\delta_{V源} = \frac{V - V_0}{V_0} \times 100\%$$ （3）

式中：

$\delta_{V源}$——直流电压表的相对误差；

V ——直流电压表的指示值；

V_0 ——数字多用表的直流电压测量值。

6.4.2 直流电压表±（1000V～7000V）量程

6.4.2.1 校准连接如图5所示，根据被校设备使用说明书的要求，将直流电压源的输出端 V＋、V－ 分别与直流电压表的输入端 V＋、V－ 连接，将直流电压表的测试夹具输入端 V＋、V－ 分别与高压分压器的直流电压输入端 IN＋、IN－ 连接，高压分压器的直流电压输出端 OUT＋、OUT－ 分别与数字多用表的 V＋、V－ 连接。

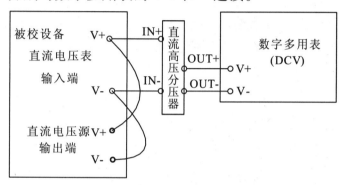

图5 直流电压表±（1000V～7000V）校准连接图

6.4.2.2 设置数字多用表工作于直流电压测量功能（DCV），调节电压旋钮或通过编程方式设置电压校准点，校准点按被校设备技术要求由低端至高端设置，通常按量程高、中、低选不少于三个校准点，建议按照满量程 10%、50%、100% 进行选取，读取数字多用表显示的电压测量值 V_0，并将结果记入附录 A 表 A.3 中。

6.4.2.3 按（4）式计算直流电压表的相对误差，并记入附录 A 表 A.3 中。

$$\delta_{V源} = \frac{V - k \times V_0}{k \times V_0} \times 100\%$$ （4）

式中：

$\delta_{V源}$——直流电压表的相对误差；

V ——直流电压表的指示值；

k ——直流高压分压器的变比值；

V_0 ——数字多用表的直流电压测量值。

6.5 直流电流源

6.5.1 直流电流±（10μA～10A）

6.5.1.1 校准连接如图6所示，根据被校设备使用说明书的要求，将偏置电流源的测试夹具输出端 I＋、I－ 分别与数字多用表的电流输入端 I＋、I－ 连接。

6.5.1.2 设定数字多用表工作于直流电流测量功能（DCI），调节电流旋钮或通过编程方式设置电流校准点,校准点按被校仪器技术要求由低端至高端设置,通常每个量程按高、中、低选取三个校准点,建议按照满量程10%、50%、100%进行选取,读取数字多用表电流测量值I_0,并将结果记入附录 A 表 A.4 中。

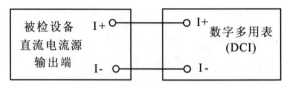

图6　直流电流源±（10μA～10A）校准连接图

6.5.1.3　按（5）式计算直流电流源的相对误差,并记入附录 A 表 4 中。

$$\delta_{I源} = \frac{I - I_0}{I_0} \times 100\% \tag{5}$$

式中：

$\delta_{I源}$——直流电流源的相对误差；

I　——被校直流电流源的电流标称值；

I_0　——数字多用表的电流测量值。

6.5.2　直流电流源±（10A～30A）

6.5.2.1　校准连接如图7所示,直流分流器选择原则按照通过直流电流后输出直流电压幅度在1V到10V之间,根据被校准设备说明书的规定,将直流电流源的测试夹具输出端与外接直流分流器进行四线连接,直流分流器电压测量单元与数字多用表直流电压输入端连接。

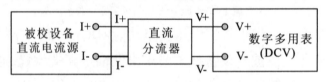

图7　直流电流源±（10A～30A）校准示意图

6.5.2.2　设置数字多用表为直流电压测量功能（DCV）,校准点按被校仪器技术要求由低端至高端设置,通常选取不少于高、中、低三个校准点,建议按照满量程10%、50%、100%进行选取,读取数字多用表直流电压测量值V,按（6）式计算出被校直流电流源的电流实际值I_0。并将结果记入附录 A 表 A.4 中。

$$I_0 = \frac{V}{R} \tag{6}$$

式中：

I_0——被校直流电流源的电流实际值；

V——数字多用表直流电压测量值；

R——直流分流器阻值。

6.5.2.3　按（7）式计算直流电流源的相对误差,并记入附录 A 表 4 中。

$$\delta_{I源} = \frac{I - I_0}{I_0} \times 100\% \tag{7}$$

式中：

$\delta_{I源}$——直流电流源的相对误差；

I——被校直流电流源的电流标称值；

I_0——被校直流电流源的电流实际值。

6.6 直流电流表

6.6.1 直流电流表±（10μA～10A）

6.6.1.1 校准连接如图8所示，根据被校设备使用说明书的要求，进行连接。

6.6.1.2 设定数字多用表工作于直流电流测量模式，调节电流旋钮或通过编程方式设置电流校准点，校准点按被校仪器技术要求由低端至高端设置，通常每个量程按高、中、低选取三个校准点，建议按照满量程10%、50%、100%进行选取，读取数字多用表电流测量值I_0，并将结果记入附录A表A.4中。

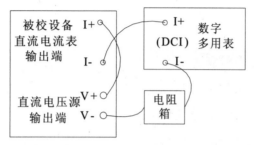

图8 直流电流表±（10μA～10A）校准连接图

6.6.1.3 按（8）式计算直流电流表的相对误差，并记入附录A表4中。

$$\delta_{I源} = \frac{I - I_0}{I_0} \times 100\% \qquad (8)$$

式中：

$\delta_{I源}$——直流电流表的相对误差；

I——被校直流电流表的电流指示值；

I_0——数字多用表的电流测量值。

6.6.1.4 其它校准点的校准，重复6.6.1.1～6.6.1.3的操作。

6.6.2 直流电流表±（10A～30A）

6.6.2.1 校准连接如图9所示，直流分流器选择原则按照通过直流电流后输出直流电压幅度在1V到10V之间，根据被校准设备说明书的规定连接。

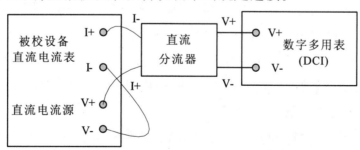

图9 直流电流表±（10A～30A）校准示意图

6.6.2.2 设置数字多用表为直流电压测量功能（DCI），校准点按被校仪器技术要求由低端至高端设置，通常选取不少于高、中、低三个校准点，建议按照满量程10%、50%、100%

进行选取,读取数字多用表直流电压测量值 V,按(9)式计算出被校直流电流表的电流实际值 I_0,并将结果记入附录 A 表 A.4 中。

$$I_0 = \frac{V}{R} \tag{9}$$

式中:

I_0——被校直流电流表的电流实际值;

V——数字多用表直流电压测量值;

R——直流分流器阻值。

6.6.2.3 按(10)式计算直流电流源的相对误差,并记入附录 A 表 A.4 中。

$$\delta_{I源} = \frac{I - I_0}{I_0} \times 100\% \tag{10}$$

式中:

$\delta_{I源}$——直流电流表的相对误差;

I——被校直流电流表的电流指示值;

I_0——被校直流电流表的电流实际值。

6.6.2.4 其它校准点的校准,重复 6.6.2.1～6.6.2.3 的操作。

6.7 单次脉冲方波电压源

6.7.1 校准连接如图 10 所示,根据被校设备使用说明书的要求,将单次脉冲方波电压源的测试夹具输出端 V + 、V − 分别与脉冲高压分压器的交流电压输入端 IN + 、IN − 连接,脉冲高压分压器的电压电压输出端 OUT + 、OUT − 分别与脉冲专用数字化仪的电压输入端连接。

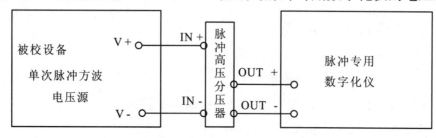

图 10　单次脉冲方波电压源校准连接图

6.7.2 设置脉冲专用数字化仪工作于单次脉冲电压触发测量功能,采样率的设置应能保证至少测量 20 个采样点,设置触发电平低于脉冲高压分压器输出峰值电压值,调节电压旋钮或通过编程方式设置电压校准点,校准点按被校设备技术要求由低端至高端设置,通常按量程高、中、低选不少于三个校准点,建议按照满量程 10%、50%、100% 进行选取,读取脉冲专用数字化仪采集数据,除另有规定外,取中间稳定部分 1/3 的平均值作为电压测量值 V_0,并将结果记入附录 A 表 A.5 中。

6.7.3 按(11)式计算单次脉冲方波电压源的相对误差,并记入附录 A 表 A.5 中。

$$\delta_{V源} = \frac{V - k \times V_0}{k \times V_0} \times 100\% \tag{11}$$

式中:

$\delta_{V源}$——单次脉冲方波电压源的相对误差;

V ——单次脉冲方波电压源的设定值;

k ——脉冲高压分压器的变比值;

V_0 ——脉冲专用数字化仪的脉冲电压测量值。

6.7.4 其它校准点的校准,重复6.7.1~6.7.3的操作。

6.7.5 单次脉冲方波电流宽度的校准,校准点一般选择量程最大值的90%,连接见图10,一般取脉冲专用数字化仪(宽度也可换为数字示波器)测量的单次脉冲方波信号的上升沿的50%到下降沿的50%作为脉冲宽度校准值t_{pw},并记入附录A表A.5中。

6.8 正弦半波电压源

6.8.1 校准连接如图11所示,根据被校设备使用说明书的要求,将正弦半波电压源的测试夹具输出端V+、V−分别与脉冲高压分压器的交流电压输入端IN+、IN−连接,脉冲高压分压器的电压电压输出端OUT+、OUT−分别与脉冲专用数字化仪的电压输入端连接。

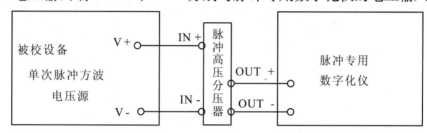

图11 正弦半波电压源校准连接图

6.8.2 设置脉冲专用数字化仪工作于单次脉冲电压触发测量功能,采样率的设置应能保证至少测量20个采样点,设置触发电平低于脉冲高压分压器输出峰值电压值的1/3,调节电压旋钮或通过编程方式设置电压校准点,校准点按被校设备技术要求由低端至高端设置,通常按量程高、中、低选不少于三个校准点,建议按照满量程10%、50%、100%进行选取,读取脉冲专用数字化仪采集数据,除另有规定外,取峰值电压作为电压测量值V_0,并将结果记入附录A表A.6中。

6.8.3 按(12)式计算正弦半波电压源的相对误差,并记入附录A表A.6中。

$$\delta_{V源} = \frac{V - k \times V_0}{k \times V_0} \times 100\% \qquad (12)$$

式中:

$\delta_{V源}$——正弦半波电压源的相对误差;

V ——正弦半波电压源的设定值;

k ——脉冲高压分压器的变比值;

V_0 ——脉冲专用数字化仪的峰值测量值。

6.8.4 其它校准点的校准,重复6.8.1~6.8.3的操作。

6.8.5 正弦半波电压底宽的校准,校准点一般选择量程最大值的90%,连接见图11,一般取脉冲专用数字化仪(宽度也可换为数字示波器)测量的正弦半波电压的信号上升零点到到下降零点作为底宽校准值t_{pw},并记入附录A表A.6中。

6.9 单次脉冲方波电流源

6.9.1 脉冲分流器法

6.9.1.1 单次脉冲方波电流源校准连接如图12所示，脉冲分流器选择原则按照通过脉冲电流后输出脉冲电压幅度在1V到10V之间，根据被校准设备说明书的规定，将单次脉冲方波电流源的测试夹具输出端与外接脉冲分流器进行四线连接，脉冲分流器与脉冲专用数字化仪电压输入端连接。

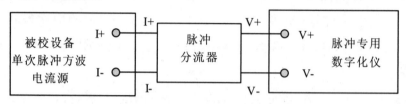

图12 脉冲分流器法校准示意图

6.9.1.2 设置脉冲专用数字化仪为数据采集功能，采样率大于 $5 \times 10^4 / s$，校准点按被校仪器技术要求由低端至高端设置，通常选取不少于高、中、低三个校准点，建议按照满量程10%、50%、100%进行选取，读取脉冲专用数字化仪采集数据，除另有规定外，取中间稳定部分1/3的平均值作为电压测量值 V，按（13）式计算出被校单次脉冲方波电流源的电流实际值 I_0。并将结果记入附录A表A.7中。

$$I_0 = \frac{V}{R} \tag{13}$$

式中：

I_0 ——被校单次脉冲方波电流源的电流实际值；

V ——脉冲专用数字化仪电压测量值；

R ——脉冲分流器阻值。

6.9.1.3 按（14）式计算单次脉冲方波电流源的相对误差，并记入附录A表A.7中。

$$\delta_{I源} = \frac{I - I_0}{I_0} \times 100\% \tag{14}$$

式中：

$\delta_{I源}$ ——被校单次脉冲方波电流源的相对误差；

I ——被校单次脉冲方波电流源的电流标称值；

I_0 ——被校单次脉冲方波电流源的电流实际值。

6.9.1.4 其它校准点的校准，重复6.9.1.1～6.9.1.3的操作。

6.9.1.5 单次脉冲方波电流宽度的校准，校准点一般选择量程最大值的90%，连接见图8，一般取脉冲专用数字化仪（宽度也可换为数字示波器）测量的单次脉冲方波信号的上升沿的50%到下降沿的50%作为脉冲宽度校准值 t_{pw}，并记入附录A表A.7中。

6.9.2 罗氏线圈法

6.9.2.1 单次脉冲方波电流源校准连接如图13所示，根据被校设备说明书的规定，将被校单次脉冲方波电流源的测试夹具输出端短路，短路线垂直通过罗氏线圈中部，罗氏线圈通过BNC线缆与高速数据采集单元电压输入"＋""－"端通过专用转接头连接。

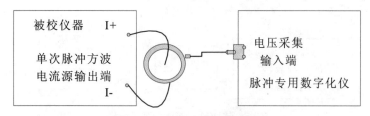

图 13　罗氏线圈法校准连接图

6.9.2.2　校准点按被校设备技术要求由低端至高端设置，通常选取基本量程不少于五个校准点，建议按照满量程 10%、30%、50%、80%、100% 进行选取，其它量程按高、中、低选三个校准点，建议按照满量程 10%、50%、100% 进行选取。

6.9.2.3　设置单次脉冲方波电流源工作于加流测压模式，设置输出校准点，设置脉冲专用数字化仪工作于电压触发采集模式，设置采样率 k_1 高于 $1MS/s$，根据脉冲宽度 t_p 量值确定采样点数 n，$n = t_p \times k_1$，脉冲专用数字化仪工作于等待触发模式。

6.9.2.4　点击测试按钮，读取脉冲专用数字化仪触发数据，根据采样点数 n，取采样数据中间稳定部分（建议 1/3）求取平均值，作为脉冲专用数字化仪测量结果，并记录为 V_0。

6.9.2.5　根据式（15）计算出被校单次脉冲方波电流源的电流实际值 I_0。

$$I_0 = \frac{V_0}{k} \tag{15}$$

式中：

k　——罗氏线圈比例系数；

V_0　——脉冲专用数字化仪测量结果；

I_0　——被校单次脉冲方波电流源的电流实际值。

6.9.2.6　按式（16）计算偏置电流源的相对误差 δ_8，并记入附录 A 表 A.7 中。

$$\delta_{I源} = \frac{I - I_0}{I_0} \times 100\% \tag{16}$$

式中：

$\delta_{I源}$　——被校单次脉冲方波电流源的相对误差；

I　——被校单次脉冲方波电流源的电流标称值；

I_0　——被校单次脉冲方波电流源的电流实际值。

6.9.2.7　其它校准点的校准，重复 6.9.2.1～6.9.2.6 的操作。

6.9.2.8　单次脉冲方波电流宽度的校准，校准点一般选择量程最大值的 90%，连接见图 13，一般取脉冲专用数字化仪（宽度也可换为数字示波器）测量的单次脉冲方波信号的上升沿的 50% 到下降沿的 50% 作为脉冲宽度校准值 t_{pw}，并记入附录 A 表 7 中。

6.10　正弦半波电流源

6.10.1　脉冲分流器法

6.10.1.1　正弦半波电流源校准连接如图 14 所示，脉冲分流器选择原则按照通过脉冲电流后输出脉冲电压幅度在 1V 到 10V 之间，根据被校准设备说明书的规定，将单次脉冲方波电流源的测试夹具输出端与外接脉冲分流器进行四线连接，脉冲分流器与脉冲专用数字化仪电压输入端连接。

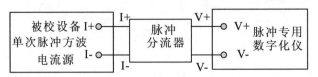

图 14　脉冲分流器法校准示意图

6.10.1.2　设置脉冲专用数字化仪为数据采集功能,采样率大于 $5 \times 10^4/s$,校准点按被校仪器技术要求由低端至高端设置,通常选取不少于高、中、低三个校准点,建议按照满量程 10%、50%、100% 进行选取,读取脉冲专用数字化仪采集数据,除另有规定外,取峰值电压作为电压测量值 V,按(17)式计算出被校正弦半波电流源的电流实际值 I_0,并将结果记入附录 A 表 A.8 中。

$$I_0 = \frac{V}{R} \tag{17}$$

式中:

I_0——被校正弦半波电流的电流实际值;

V——脉冲专用数字化仪电压测量值;

R——脉冲分流器阻值。

6.10.1.3　按(18)式计算正弦半波电流源的相对误差 $\delta_{I源}$,并记入附录 A 表 A.8 中。

$$\delta_{I源} = \frac{I - I_0}{I_0} \times 100\% \tag{18}$$

式中:

$\delta_{I源}$——被校正弦半波电流的相对误差;

I——被校正弦半波电流的电流标称值;

I_0——被校正弦半波电流的电流实际值。

6.10.1.4　其它校准点的校准,重复 6.10.1.1 ~ 6.10.1.3 的操作。

6.10.1.5　正弦半波电流底宽的校准,校准点一般选择量程最大值的 90%,连接见图 14,一般取脉冲专用数字化仪(宽度也可换为数字示波器)测量的正弦半波电流的信号上升零点到到下降零点作为底宽校准值 t_{pw},并记入附录 A 表 A.8 中。

6.10.2　罗氏线圈法

6.10.2.1　单次脉冲方波电流源校准连接如图 15 所示,根据被校设备说明书的规定,将被校正弦半波电流源的测试夹具输出端短路,短路线垂直通过罗氏线圈中部,罗氏线圈通过 BNC 线缆与高速数据采集单元电压输入" + "" – "端通过专用转接头连接;

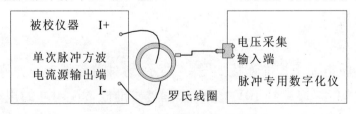

图 15　罗氏线圈法校准连接图

6.10.2.2　校准点按被校设备技术要求由低端至高端设置,通常选取基本量程不少于五个校准点,其它量程按高、中、低选三个校准点;

6.10.2.3　设置正弦半波电流源工作于加流测压模式,设置输出校准点,设置脉冲专用数字化仪工作于电压触发采集模式,设置采样率 k_1 高于 $1\,MS/s$,根据脉冲宽度 t_p 量值确定采样点数 n, $n = t_p \times k_1$,脉冲专用数字化仪工作于等待触发模式;

6.10.2.4　点击测试按钮,读取脉冲专用数字化仪触发数据,根据采样点数 n,除另有规定外,取峰值电压作为电压测量值,作为脉冲专用数字化仪测量结果,并记录为 V_0;

6.10.2.5　根据式(19)计算出被校单次脉冲方波电流源的电流实际值 I_0;

$$I_0 = \frac{V_0}{k} \tag{19}$$

式中:

k ——罗氏线圈比例系数;

V_0 ——脉冲专用数字化仪测量结果;

I_0 ——被校正弦半波电流源的电流实际值。

6.10.2.6　按式(20)计算正弦半波电流源的相对误差 $\delta_{I源}$,并记入附录 A 表 A.8 中。

$$\delta_{I源} = \frac{I - I_0}{I_0} \times 100\% \tag{20}$$

式中:

$\delta_{I源}$ ——被校正弦半波电流源的相对误差;

I ——被校正弦半波电流源的电流标称值;

I_0 ——被校正弦半波电流源的电流实际值。

6.10.2.7　其它校准点的校准,重复 6.10.2.1～6.10.2.6 的操作。

6.10.2.8　正弦半波电流底宽的校准,校准点一般选择量程最大值的90%,连接见图15,一般取脉冲专用数字化仪(宽度也可换为数字示波器)测量的正弦半波电流的信号上升零点到到下降零点作为底宽校准值 t_{pw},并记入附录 A 表 A.8 中。

6.11　直流电阻

6.11.1　$0.005\Omega \sim 100\Omega$ 量程

6.11.1.1　校准连接如图16所示。

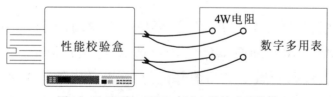

图16　$0.005\Omega \sim 100\Omega$ 直流电阻校准连接图

6.11.1.2　按照性能校验盒技术指标确定校准点,设置数字多用表工作于四线电阻测量模式,根据被校设备使用说明书规定,将性能测试盒的相应电阻输出端(或拆盖焊接端)与数字多用表四线电阻测量输入端相连接,读取数字多用表四线电阻测量值,并计入附录 A 表 9 中。

6.11.1.3 按(21)式计算性能校验盒电阻的相对误差,并记入附录 A 表 A.9 中。

$$\delta_R = \frac{R - R_0}{R_0} \times 100\% \tag{21}$$

式中:

δ_R ——性能校验盒电阻的相对误差;

R ——性能校验盒的电阻标称值;

R_0 ——数字多用表的电阻校准值。

6.11.1.4 其它校准点的校准,重复 6.11.1.1～6.11.1.2 的操作。

6.11.2 100Ω～20GΩ 量程

6.11.2.1 校准连接如图 17 所示,根据被校设备使用说明书规定,将性能测试盒的电阻输出端(或拆盖焊接端)与数字多用表两线电阻测量输入端相连接。

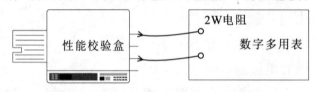

图 17　100Ω～20GΩ 直流电阻校准连接图

6.11.2.2 按照性能校验盒技术指标确定校准点,设置数字多用表工作于两线电阻测量模式,读取数字多用表电阻测量值,并计入附录 A 表 9 中。

6.11.2.3 按(21)式计算性能校验盒电阻的相对误差,并记入附录 A 表 A.9 中。

6.11.2.4 其它校准点的校准,重复 6.11.2.1～6.11.2.3 的操作。

6.12 电感

6.12.1 按图连接被校准电感和 LCR 表,LCR 表通过专用测试夹具连接到被校准电感器,如图 18 所示。

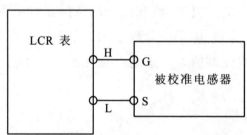

图 18　电感校准连接图

6.12.2 校准点按被校仪器技术要求由低端至高端设置,通常选取不少于高、中、低三个校准点,建议按照满量程 10%、50%、100% 进行选取,除被校设备另有规定外,施加 1kHz 下规定的偏置条件,并读取 LCR 表测量值并记为 L_0,并记入附录 A 表 10 中。

6.12.3 被校电感器的标称值为 L_1,按式(22)计算得到电感量测量的相对误差 δ_0,并记入附录 A 表 A.10 中。

$$\delta_L = \frac{L_1 - L_0}{L_0} \times 100\% \tag{22}$$

式中:

δ_L ——电感量的相对误差；

L_1 ——电感量标称值；

L_0 ——LCR 表测量值。

6.12.4 其它校准点的校准，选取电感器，重复 6.12.1~6.12.3 的操作。

7 校准结果表达

经校准后的仪器应出具校准证书。校准证书应包含所用标准的溯源性及有效性说明,校准结果及其不确定度等。

8 复校时间间隔

送校单位可根据实际使用情况自主决定复校时间间隔,建议复校时间间隔为 1 年;仪器修理或调整后应及时校准。

附录 A

校准记录格式

一、外观及工作正常性检查

表 A.1　外观及工作正常性检查记录表

外观检查：合格 □　　不合格 □：＿＿＿＿＿＿＿＿＿＿＿＿＿＿ 工作正常性检查：合格 □　　不合格 □：＿＿＿＿＿＿＿＿＿＿＿＿

二、自校准检验

表 A.2　自校准检验记录表

全部通过 □ 不通过 □：＿＿＿＿＿＿＿＿＿＿＿＿＿＿＿＿＿

三、直流电压源／表校准

表 A.3　直流电压源／表校准记录表

设置值（V）	分压器 电压测量值（V）	电压计算值或 测量值（V）	相对误差	测量不确定度 U （$k=2$）

设置值（V）	分压器 电压测量值（V）	电压计算值或 测量值（V）	相对误差	测量不确定度 U （$k=2$）

四、直流电流源/表校准

表 A.4　直流电流源/表校准记录表

设置值（A）	分流器 电压测量值（V）	电流计算值或 测量值（A）	相对误差	测量不确定度 U （$k=2$）

设置值（A）	分流器 电压测量值（V）	电流计算值或 测量值（A）	相对误差	测量不确定度 U （$k=2$）

五、单次脉冲方波电压校准

表 A.5　单次脉冲方波电压校准记录表

设置值（V）	低压臂脉冲方波 电压测量值（V）	单次脉冲方波 电压计算值（V）	相对误差	测量不确定度 U （$k=2$）
脉冲宽度校准点				
脉冲宽度测量值				

六、正弦半波电压校准

表 A.6　正弦半波电压校准记录表

设置值（V）	低压臂正弦半波 电压测量值（V）	正弦半波电压 计算值（V）	相对误差	测量不确定度 U （$k=2$）
脉冲宽度校准点				
脉冲宽度测量值				

七、单次脉冲方波电流校准

表 A.7　单次脉冲方波电流校准记录表

设置值（A）	测量值（A）	相对误差	测量不确定度 U ($k=2$)
脉冲宽度校准点			
脉冲宽度测量值			

八、正弦半波电流校准

表 A.8　正弦半波电流校准记录表

设置值（A）	测量值（A）	相对误差	测量不确定度 U ($k=2$)
脉冲宽度校准点			
脉冲宽度测量值			

九、直流电阻校准

表 A.9　直流电阻校准记录表

参考值（Ω）	测量值（Ω）	偏差	测量不确定度 U ($k=2$)

十、电感校准

表 A.10　电感校准记录表

参考值（H）	测量值（H）	偏差	测量不确定度 U ($k=2$)

附录 B

测量不确定度评定示例

电力电子器件参数测试设备校准规范,主要包括技术指标 8 项,其中直流电压参数 1 项,包括栅源电压、漏源电压、偏置电压源等;直流电流参数 1 项;脉冲电压参数 2 项,包括单次脉冲方波电压和正弦半波电压;直流电阻 1 项;电感参数 1 项;脉冲电流 2 项,包括单次脉冲方波电流和正弦半波电流。

本附录以直流电压参数、单次脉冲方波电流参数、直流电阻参数、电感参数、单次脉冲方波电压参数等校准项目的测量不确定度评定为例,说明电力电子器件参数测试设备校准项目的测量不确定度评定的程序。由于校准方法和所用仪器设备相同或近似,其它一些项目的测量不确定度评定与以上一些项目也是相同或近似的。

B.1 直流电压参数校准结果的测量不确定度评定

B.1.1 测量方法

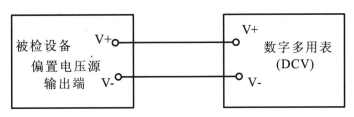

图 B.1 直流电压校准连接图

校准连接如图 B.1。根据被校设备使用说明书的要求,将偏置电压源设定为指定校准点,设置数字多用表工作于直流电压测量功能(DCV),通过数字多用表直接测量法实现偏置电压源的校准。

B.1.2 数学模型

$$V = V_0 \tag{B.1}$$

式中:

V ——偏置电压源的直流电压校准值;

V_0 ——数字多用表的直流电压测量值。

B.1.3 不确定度来源

a)数字多用表直流电压测量不准引入的不确定度分量 u_{B1};

b)数字多用表的电压测量分辨率所引入的不确定度分量 u_{B2};

c)测量重复性变化引入的不确定度分量 u_A。

B.1.4 不确定度评定

a)由数字多用表直流电压测量不准引入的不确定度分量 u_{B1}

用 B 类标准不确定度评定。以 10V 测试点进行分析。根据 2002 型数字多用表的说明书,在20V量程10V测试点,其允许误差极限为±(10ppm×读数+0.15ppm×量程),所以10V的允许误差极限为±0.000103V,即$a=0.000103$,估计为均匀分布,则$k=\sqrt{3}$,故其不确定度分量$u_{B1}=a/k=0.000060V$,相对值为0.00060%。

b)由数字多用表的电压测量分辨率所引入的不确定度分量u_{B2}

用B类标准不确定度评定。2002型数字多用表在20V量程的分辨率为$0.1\mu V$,根据实际测试要求,将其分辨率扩大为0.1mV,区间半宽为0.05mV,即$a=0.05mV$,估计为均匀分布,则$k=\sqrt{3}$,故其不确定度分量$u_{B2}=a/k=0.029mV$,相对值为0.00029%。该项可忽略不计。

c)由测量重复性变化引入的不确定度分量u_A

用A类标准不确定度评定。选一台较稳定且具有代表性的典型设备:稳压二极管测试仪BJ2912B(编号:200204)作为被测对象,在相同的温湿度条件下,由同一校准人员用2002型数字多用表(编号:0689182)重复测量10次,测量结果见表B.1。

表 B.1　直流电压参数10V重复测量结果

测量次数	测量结果(V)
1	9.9982
2	9.9983
3	9.9985
4	9.9983
5	9.9982
6	9.9982
7	9.9982
8	9.998
9	9.9983
10	9.9981
平均值 $\bar{x}$	9.99825

单次测量实验标准偏差:$S(n)=0.00013V$

则相对值为0.0013%,即$u_A=0.0013\%$,自由度为9。

B.1.5　合成不确定度

不确定度分量见表 B.2。

表 B.2　不确定度分量一览表

不确定度分量	不确定度来源	评定方法	分布	k 值	引入的不确定度分量
u_{B1}	数字多用表直流电压测量不准引入的不确定度分量	B	均匀	$\sqrt{3}$	0.0006%
u_{B2}	数字多用表的电压测量分辨率所引入的不确定度分量	B	均匀	$\sqrt{3}$	0.00029%
u_A	测量重复性变化引入的不确定度分量	A	/	/	0.0013%

$$u_C \sqrt{u_A^2 + u_{B1}^2 + u_{B2}^2} = 0.002\%$$

B.1.6　扩展不确定度

取包含因子 $k = 2$，则扩展不确定度为：

$$U = k \times u_C = 0.004\%$$

B.2　单次脉冲方波电流参数校准结果的测量不确定度评定

B.2.1　测量方法

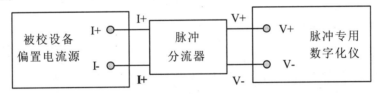

图 B.2　单次脉冲方波电流校准连接图

校准连接如图 B.2，根据被校设备使用说明书的要求，将单次脉冲方波电流源设定为指定校准点，通过工作于脉冲电压测量功能，通过脉冲专用数字化仪测量实现脉冲偏置电流源的校准。

B.2.2　数学模型

$$I = V_0 / R \qquad\qquad (B.2)$$

式中：

I ——被校脉冲偏置电流源的电流校准值；

V_0 ——脉冲专用数字化仪电压测量值；

R ——脉冲分流器电阻值。

B.2.3　不确定度来源

a) 脉冲专用数字化仪脉冲电压测量不准引入的不确定度分量 u_{B1}；

b) 脉冲专用数字化仪的脉冲电压测量分辨率所引入的不确定度分量 u_{B2}；

c) 脉冲专用数字化仪输入电阻引入的不确定度分量 u_{B3}

d) 脉冲分流器阻值不准引入的不确定度分量 u_{B4}

e）测量重复性变化引入的不确定度分量 u_A。

B.2.4 不确定度评定

a）由脉冲专用数字化仪脉冲电压测量不准引入的不确定度分量 u_{B1}

用 B 类标准不确定度评定。以 100A 测试点进行分析，选用脉冲分流器为 0.01Ω，测试电压应为 1V 左右，脉冲专用数字化仪 1V 量程中的 1V 测试点的允许误差极限为 ±0.5%，即 $a = 0.5\%$，估计为均匀分布，则 $k = \sqrt{3}$，故其不确定度分量 $u_{B1} = a/k = 0.3\%$。

b）由脉冲专用数字化仪脉冲电压测量分辨率所引入的不确定度分量 u_{B2}

用 B 类标准不确定度评定。脉冲专用数字化仪 1V 量程的分辨率为 100μV，区间半宽为 0.05mV，即 $a = 0.05mV$，估计为均匀分布，则 $k = \sqrt{3}$，故其不确定度分量 $u_{B2} = a/k = 0.029mV$，相对值为 0.03%。

c）脉冲专用数字化仪输入电阻引入的不确定度分量 u_{B3}

用 B 类标准不确定度评定。脉冲专用数字化仪脉冲电压在 1V 量程中，其输入电阻均大于 10MΩ，而外接标准电阻为 0.01Ω，因此在间接测量法中，脉冲专用数字化仪的分流作用可忽略。

d）由脉冲分流器阻值不准引入的不确定度分量 u_{B4}

用 B 类标准不确定度评定，脉冲分流器 0.01Ω 的允许误差极限为 ±0.1%，即 $a = 0.1\%$，设为均匀分布，则 $k = \sqrt{3}$，故其不确定度分量 $u_{B1} = a/k = 0.06\%$。

e）由测量重复性引入的不确定度分量 u_A

用 A 类标准不确定度评定。选一台较稳定且具有代表性的典型设备：半导体器件直流参数测试系统（编号：0249）为被测对象，选取脉冲电流 100A 为测试点，在相同的温湿度条件下，由同一校准人员用脉冲专用数字化仪和脉冲分流器 0.01Ω 连续独立测量 10 次，测量结果见表 B.3。

表 B.3 单次方波电流参数 100A 重复测量结果

测量次数	测量结果（A）
1	99.978
2	99.976
3	99.980
4	99.978
5	99.976
6	99.981
7	99.978
8	99.980
9	99.979
10	99.979
平均值 $\bar{x}$	99.9785

单次测量实验标准偏差：$S(n) = 0.0016A$

则相对值为0.016%，即$u_A =0.016\%$，自由度为9。

B.2.5　合成不确定度

不确定度分量见表B.4。

表B.4　不确定度分量一览表

不确定度分量	不确定度来源	评定方法	分布	k值	引入的不确定度分量
u_{B1}	数字多用表电压测量不准引入的不确定度分量	B	均匀	$\sqrt{3}$	0.3%
u_{B2}	数字电压表的直流电压测量分辨率所引入的不确定度分量	B	均匀	$\sqrt{3}$	0.03%
u_{B3}	数字多用表输入电阻引入的不确定度分量	B	均匀	$\sqrt{3}$	/
u_{B4}	脉冲分流器阻值不准引入的不确定度分量	B	均匀	$\sqrt{3}$	0.06%
u_A	测量重复性变化引入的不确定度分量	A	/	/	0.016%

$$u_{C1}\sqrt{u_A^2 + u_{B1}^2 + u_{B2}^2 + u_{B3}^1 + u_{B4}^1} =0.3\%$$

由于采用均值作为测量结果，本次采用次数为5个点，则

$$u_C = u_{C1}/\sqrt{3} =0.14\%$$

B.2.6　扩展不确定度

取包含因子$k =2$，则扩展不确定度为：

$$U = k \times u_C = 0.3\%$$

B.3　直流电阻参数校准结果的测量不确定度评定

B.3.1　测量方法

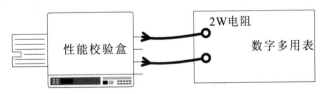

图B.3　性能校验盒直流电阻校准连接图

以$1k\Omega$为例进行说明，校准连接如图B.3，根据被校设备使用说明书的要求，将性能校验盒直流电阻指定输出端连接到数字多用表直流电阻测量端子，通过数字多用表工作于脉冲电压测量功能，通过数字多用表测量实现性能校验盒直流电阻的校准。

B.3.2　数学模型

$$R = R_0 \tag{B.3}$$

式中：

R　——数字多用表电阻测量值；

R_0 ——电阻校准值。

B.3.3　不确定度来源

a）数字多用表测量直流电阻不准引入的标准不确定度分量 u_{B1}；

b）数字多用表输入阻抗引入的不确定度分量 u_{B2}

c）测量重复性变化引入的不确定度分量 u_A。

B.3.4　不确定度评定

a）由数字多用表测量直流电阻不准引入的标准不确定度分量 u_{B1}

使用设备为 FLUKE 8508A 数字多用表，根据技术手册，在测量 $10k\Omega$ 电阻时，对应的量程在 $20k\Omega$，其测量最大允许误差为 $\pm 1ppm$，也即：$\pm(1\times10^{-6})\times10k\Omega=0.00001k\Omega$，即区间半宽度为 $0.00001k\Omega$，在区间内认为是均匀分布，包含因子 $k=\sqrt{3}$，则 FLUKE 8508A 校准该电阻时引入的不确定度分量为 $u_{B1}=a/k=0.000058\%$，自由度 $\nu1=\infty$。

b）数字多用表输入阻抗引入的不确定度分量 u_{B2}

用 B 类标准不确定度评定。数字多用表直流电阻测量时其输入电阻均远大于 $1G\Omega$，而外接标准电阻为 $10k\Omega$，则 FLUKE 8508A 校准该电阻时引入的不确定度分量为 $u_{B2}=0.001\%$。

c）由测量重复性引入的不确定度分量 u_A

用 A 类标准不确定度评定。选一台较稳定且具有代表性的典型设备：半导体器件直流参数测试系统（编号：0249）性能校验盒直流电阻为被测对象，在相同的温湿度条件下，由同一校准人员用数字多用表连续独立测量 10 次，测量结果见表 B.5。

表 B.5　直流电阻参数重复性测量结果

测量次数	测量结果（kΩ）
1	9.99999873
2	9.99999132
3	9.99999258
4	9.99999663
5	9.99999746
6	9.99999768
7	9.99999823
8	9.99999526
9	9.99999753
10	9.99999847
平均值 $\bar{x}$	9.999996389

单次测量实验标准偏差：$S(n)=2.56\times10^{-6}k\Omega$

则相对值为 0.000026%，即 $u_A = 0.000026\%$，自由度为 9。

B.3.5 合成不确定度

不确定度分量见表 B.6。

表 B.6 不确定度分量一览表

不确定度分量	不确定度来源	评定方法	分布	k 值	引入的不确定度分量
u_{B1}	数字多用表测量直流电阻不准引入的标准不确定度分量	B	均匀	$\sqrt{3}$	0.000058%
u_{B2}	数字多用表输入阻抗引入的不确定度分量	B	均匀	$\sqrt{3}$	0.001%
u_A	测量重复性变化引入的不确定度分量	A	/	/	0.000026%

$$\sqrt{u_A^2 + u_{B1}^2 + u_{B2}^2} = 0.001\%$$

B.3.6 扩展不确定度

取包含因子 $k = 2$，则扩展不确定度为：

$$U = k \times u_C = 0.002\%$$

B.4 电感参数校准结果的测量不确定度评定

B.4.1 测量方法

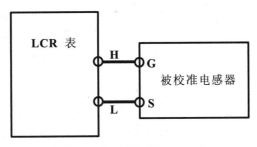

图 B.4 电感参数校准连接图

以 5mH 为例进行说明，校准连接如图 B.4，根据被校设备使用说明书的要求，将被校电感器指定输出端连接到 LCR 表电感测量夹具，通 LCR 表工作于电感功能，实现电感量值的校准。

B.4.2 数学模型

$$L = L_0 \qquad\qquad (B.4)$$

式中：

L ——电感量校准值；

L_0 ——LCR 表测量值。

B.4.3 不确定度来源

a）LCR 表电感测量不准引入的不确定度分量 u_{B1}；

b）测量重复性变化引入的不确定度分量 u_A。

B.4.4 不确定度评定

a）由 LCR 表电感测量不准引入的不确定度分量 u_{B1}

使用设备为 E4980ALCR 表，根据技术手册，在测量 5mH 电阻时，其测量最大允许误差优于 ±0.1%，可区间半宽度为 0.1%，在区间内认为是均匀分布，包含因子 $k = \sqrt{3}$，则校准电感时引入的不确定度分量为 $u_{B1}a/k = 0.058\%$，自由度 $\nu 1 = \infty$。

b）由测量重复性引入的不确定度分量 u_A

用 A 类标准不确定度评定。选一台较稳定且具有代表性的典型设备：标准电感器 5mH 为被测对象，在相同的温湿度条件下，由同一校准人员用 LCR 表连续独立测量 10 次，测量结果见表 B.7。

表 B.7 电感参数重复测量结果

测量次数	测量结果（mH）
1	4.9797
2	4.9804
3	4.9785
4	4.9797
5	4.9785
6	4.9804
7	4.9785
8	4.9804
9	4.9785
10	4.9804
平均值 $\bar{x}$	4.9795

单次测量实验标准偏差：$S(n) = 0.0009\text{mH}$

则相对值为 0.018%，即 $u_A = 0.018\%$，自由度为 9。

B.4.5 合成不确定度

不确定度分量见表 B.8。

表 B.8 不确定度分量一览表

不确定度分量	不确定度来源	评定方法	分布	k 值	引入的不确定度分量
u_{B1}	LCR 表电感测量不准引入的不确定度分量	B	均匀	$\sqrt{3}$	0.058%
u_A	测量重复性变化引入的不确定度分量	A	/	/	0.018%

$$\sqrt{u_A^2 + u_{B1}^2} = 0.06\%$$

B.4.6 扩展不确定度

取包含因子 $k = 2$,则扩展不确定度为:

$$U = k \times u_C = 0.12\%$$

B.5 单次脉冲方波电压参数校准结果的测量不确定度评定

B.5.1 测量方法及数学模型

脉冲电压源校准,采用标准设备均为脉冲高压分压器和脉冲专用数字化仪。详细校准原理如下图所示。

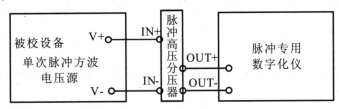

图 B.5 脉冲电压源校准原理图

其数学模型如下式。

$$V = V_{hsm} \qquad (B.5)$$

其中 V_{hsm} 为单次脉冲方波电压参数校准值,V_m 为脉冲专用数字化仪校准值,其中 k 为脉冲高压分压器比例系数。

$$k = \frac{R_2}{R_1 + R_2} \qquad (B.6)$$

其中 V_{hsm} 为:

$$V_{hsm} = k \times V_m \qquad (B.7)$$

B.5.2 不确定度来源及其评定

根据本课题指标要求,需要测量高压源范围为 20V ~ 3000V 的脉冲信号。

主要不确定度来源为两方面:数字化仪测量不准和脉冲高压分压器脉冲信号测量不准,下面分项进行评定。

a)脉冲专用数字化仪测量不准引入的不确定度分量 u_{B1}

按 B 类评定。根据选择脉冲信号测量仪为 PXI – 5122,其技术指标根据关键技术分析内容可知,PXI5122 优于 0.30% ,设按照均匀分布,计算区间半宽度为0.30% ,包含因子 $k_1 = \sqrt{3}$,根据公式 $u_{B1} = \dfrac{a_1}{k_1}$,则 u_{B1} 为 0.18% 。

b)脉冲高压分压器脉冲电压测量不准引入的不确定度分量

①脉冲高压分压器分压比不准引入的不确定度分量 u_{B2}

所研制脉冲高压分压器,其比例系数技术指标为 ±1% ,通过送往国家计量院进行比例系数标定,通过相关报告得到,此外,本站也具备直流电阻标定能力,在关键技术一章节对脉冲高压分压器比例系数进行了自行校准,满足相关要求,设该区间内服从均匀分布,

区间半宽度 $a_2 = 1.3\%$，包含因子 $k_2 = 2$，根据公式 $u_{B2} = \dfrac{a_2}{k_2}$，则 u_{B2} 为：0.65%。

ⓑ脉冲高压分压器温度系数引入的不确定度分量 u_{B3}

所定制脉冲高压分压器采用厚膜电阻工艺，其功率为 $10W$，所通过脉冲信号的值最大为 $3000V\&1mA$，经过计算直流功率为 $3W$，由于脉冲时间很短，为 $50\mu s$，通过相关试验，对同一脉冲源，短时间内进行重复测量，不会由功率造成发热，因此，该项引入的不确定度分量可以忽略不计。

ⓒ脉冲高压分压器带载电压变化引入的不确定度分量 u_{B4}

对脉冲高压分压器 $500-1$ 在 $1000V$ 以内，$1000-1$ 在 $3000V$ 以内，选点进行了比例系数计算，详细试验结果见 4.1.3，结果表明 $500-1$ 和 $1000-1$ 脉冲高压分压器在不同电压情况下，比例系数变化低于 0.02%，进行适当放大，放大至 0.05%，设按照均匀分布，计算区间半宽度为 0.05%，包含因子 $k_1 = \sqrt{3}$，根据公式 $u_{B1} = \dfrac{a_1}{k_1} \times 100\%$，则 u_{B3} 为 0.03%。

ⓓ脉冲高压分压器时间常数引入的不确定度分量 u_{B5}

所研制脉冲高压分压器，通过两个途径对时间常数进行了测量。

首先，所测量脉冲高压，脉冲宽度范围为：$50\mu s \sim 1ms$，根据被校准仪器特点，选取中间稳定部分的中间 1/3 部分作为校准区域，详细选点依据参见第二章脉冲测试法部分，根据该需求，将脉冲高压分压器送武汉国网国家高压计量院进行了响应时间的标定，使用全波雷电标准对脉冲高压分压器上升时间进行了测量，其对脉冲高压信号上升时间造成影响低于 $15\mu s$。

此外，项目组也进行了相关试验，详细见 4.1.1 部分，$1000-1$ 脉冲高压分压器可以得到响应时间范围为 $2\mu s - 6\mu s$，$500-1$ 脉冲高压分压器响应时间范围为 $3\mu s - 8\mu s$，考虑所使用高压脉冲电压源（模块测试用，型号为 DWP-P302-1ACF0）的短期稳定性，可以得到脉冲高压分压器响应时间均优于 $10\mu s$，计算总的带来影响的时间为 $12.2\mu s$。对于校准区域选取中间 $20\mu s$，且选取在中间的 1/3 数据进行校准，带来的影响可以忽略。

由两部分试验表明，脉冲高压分压器对信号测量带来的影响，低于 $15\mu s$，不再校准区域选取部分，其带来的影响可以忽略不计。

ⓔ脉冲高压分压器 $20\mu s \sim 30\mu s$ 分散性引入的不确定度分量 u_{B6}

脉冲高压分压器送往国家计量院，国家计量院以电压幅值为 $200V$ 的阶跃波（tr：$10ns$）为输入波，通过检测分压器输出端信号，以分压器输出电压波形在 $20\mu s \sim 30\mu s$ 时段内电压幅值的相对标准差作为分散性的评价指标，被测分压器在该时段内的分散性不大于 0.2%，详细数据见国家计量院出具的 DLzk2014-2012 和 Dlzk2014-2013，设按照均匀分布，计算区间半宽度为 0.2%，包含因子 $k_1 = \sqrt{3}$，根据公式 $u_{B1} = \dfrac{a_1}{k_1} \times 100\%$，则 u_{B6} 为 0.11%。

c）由测量重复性等随机因素引入的相对不确定度 u_{A1}

由测量重复性等随机因素引入的不确定度分量按 A 类评定。对被校设备模拟功率 IGBT 模块测试设备脉冲高压源的 100V、1000V、2000V、3000V 测试点进行重复测量,测量次数 $n=6$,重复性测试数据见下表。根据下式,则 u_{A1} 为:

$$u_{A1} = s_n(x) = \sqrt{\frac{\sum_{i=1}^{6}(x_i - \bar{x})^2}{n-1}} \qquad (B.8)$$

表 B.9　脉冲高压源重复性测试数据(单位:V)

测量点	x_1	x_2	x_3	x_4	x_5	x_6	$\bar{x}$	$s_n(x)$
100V	99.1	99.1	99.1	99.0	99.0	99.0	99.05	0.06
1000V	999.1	999.1	999.2	999.3	999.2	999.3	999.20	0.01
2000V	2005.1	2005.1	2005.1	2005.1	2005.1	2005.1	2005.10	0.01
3000V	3010.4	3010.4	3010.5	3010.5	3010.4	3010.6	3010.47	0.01

B.5.3　测量不确定度分量一览表

不确定度分量一览表见下表。

表 B.10　各不确定度分量一览表

不确定度分量	来源	评定方法	分布	k	标准不确定度分量
u_{B1}	脉冲专用数字化仪测量不准引入	B 类	均匀	$\sqrt{3}$	0.18%
u_{B2}	脉冲高压分压器分压比不准引入	B 类	正态	2	0.65%
u_{B3}	脉冲高压分压器温度系数引入	B 类	均匀	$\sqrt{3}$	0
u_{B4}	脉冲高压分压器电压系数引入	B 类	均匀	$\sqrt{3}$	0.03%
u_{B5}	脉冲高压分压器时间常数引入	B 类	均匀	$\sqrt{3}$	0
u_{B6}	脉冲高压分压器 20μs～30μs 分散性引入	B 类	均匀	$\sqrt{3}$	0.11%
u_{A1}	测量重复性等随机因素引入	A 类	/	/	0.06%

B.5.4　合成标准不确定度 u_c

以上各不确定度分量独立不相关,则合成标准不确定度可计算得到

$$u_c = \sqrt{(u_{B1})^2 + (u_{B2})^2 + (u_{B3})^2 + (u_{B4})^2 + (u_{B5})^2 + (u_{B6})^2 + (u_{A1})^2}$$

根据计算结果得到:0.68%。

B.5.5　扩展不确定度

k 值取 $k=2$,根据下式 $U = u_c \times k$,则扩展不确定度为:1.4%,$k=2$。

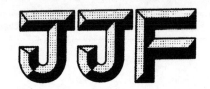

中华人民共和国工业和信息化部
电子计量技术规范

JJF（电子）0014—2018

功率半导体器件老化系统校准规范

Calibration Specification for Power Semiconductor
Devices Aging Systems

2018 – 04 – 30 发布 　　　　　　　　　　　　　2018 – 07 – 01 实施

中华人民共和国工业和信息化部 发布

功率半导体器件老化系统
校准规范

Calibration Specification for Power
Semiconductor Devices Aging Systems

JJF(电子)0014—2018

归 口 单 位:中国电子技术标准化研究院

主要起草单位:中国电子技术标准化研究院

本规范技术条文委托起草单位负责解释

本规范主要起草人：

刘　冲（中国电子技术标准化研究院）

李　洁（中国电子技术标准化研究院）

张　珊（中国电子技术标准化研究院）

参加起草人：

高　英（中国计量科学研究院）

李　奇（北京市科通电子继电器总厂有限公司）

汤德勇（济南市半导体元件实验所）

目　　录

引　言

　　本规范依据国家计量技术规范 JJF1071—2010《国家计量校准规范编写规则》编制。JJF1071—2010《国家计量校准规范编写规则》、JJF1001—2011《通用计量术语及定义》及 JJF1059.1—2012《测量不确定度评定与表示》共同构成支撑本校准规范制定工作的基础性系列规范。

　　本规范为首次发布。

功率半导体器件老化系统校准规范

1 范围

本校准规范适用于直流电压≤4500V,直流电流≤200A 的功率半导体器件老化系统(以下简称老化系统)的校准,功率半导体器件老化系统覆盖环境应力、直流功率应力等,常见设备包括:高温反偏老化系统、高低温老化测试系统、大功率(含微波)晶体管老化系统、高温高湿反偏老化系统、大功率晶体管老化系统、电容器高温老化系统等各种常见半导体器件/元件老化系统,其他元器件老化系统可参考进行校准。

2 引用文献

JJF 1101 – 2003《环境试验设备温度、湿度校准规范》

注:凡是注日期的引用文件,仅注日期的版本适用于本规范;凡是不注日期的引用文件,其最新版本(包括所有的修改单)适用于本规范。

3 概述

老化系统是对功率半导体器件(功率三极管、VDMOS、IGBT、晶闸管等)进行老化的试验的设备或系统,其原理是按照相关规范,在规定环境条件下,给功率半导体器件通电和断电,循环施加电应力和热应力,以检验器件承受循环应力的能力。该类设备或系统主要由计算机控制单元、高低温试验箱、直流稳压电源、控制转换板、元器件老化测试夹具等组成,其组成如图 1。

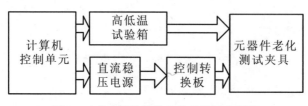

图1 功率半导体器件老化系统组成框图

4 计量特性

4.1 直流电压(包括 V_B 或 V_G 控制极电压、V_C 或 V_D 输出极电压等)

范围:0.1V ~ 4500V,最大允许误差:±(0.5 ~ 3)%。

4.2 直流电流(包括 I_B 或 I_G 控制极电流、I_C 或 I_D 输出极电流等)

范围:1.0μA ~ 200A,最大允许误差:±(0.5 ~ 3)%。

4.3 单次脉冲方波电压

电压幅度范围:10V ~ 4500V,最大允许误差:±(1 ~ 5)%;

脉冲宽度范围:1ms ~ 100ms。

4.4 单次脉冲方波电流

　　电流幅度范围:1A~200A,最大允许误差:±(1~5)%;

　　脉冲宽度范围:1ms~100ms。

4.5 温度

　　范围:-80℃~200℃,最大允许误差:±(2~3)%。

4.6 相对湿度

　　范围:20%~80%,最大允许误差:±5%。

4.7 稳态试验时间

　　范围:1s~24h。

4.8 间歇通断时间

　　范围:1s~24h。

4.9 温度稳定时间

　　时间范围:1min~30min。

5 校准条件

5.1 环境条件

5.1.1 环境温度:(23±5)℃

5.1.2 相对湿度:20%~80%

5.1.3 供电电源:(220±11)V;(50±1)Hz

5.1.4 周围无影响正常工作的机械振动和电磁干扰

5.1.5 由于半导体器件(尤其是MOS器件)是静电敏感器件,因此必须保证校准过程中对静电有严格的防护措施(如仪器的良好接地、防静电工作服及手环使用、样管的防静电存放等),以免损害设备和器件。

5.2 (测量)标准及其它设备

5.2.1 数字多用表

　　直流电压测量范围:±(0.01V~1000V),最大允许误差:±0.03%;

　　交流电压测量范围:±(0.1V~1000V),最大允许误差:±0.03%;

　　直流电流测量范围:±(1μA~10A),最大允许误差:±0.1%;

　　电阻测量范围:0.005Ω~20GΩ,最大允许误差:±(0.03~0.3)%。

5.2.2 脉冲专用数字化仪

　　脉冲电压测量范围:±(1V~1000V),最大允许误差:±0.5%;

　　采样速率:≥50×103Sa/s;

　　输入阻抗:≥1MΩ;

　　带宽:≥100kHz。

5.2.3 直流分流器

　　阻值:0.005Ω、0.01Ω、0.1Ω、1Ω,最大允许误差:±0.05%;

额定电流:≥200A。

5.2.4 脉冲分流器

阻值:0.005Ω、0.01Ω、0.1Ω、1Ω,最大允许误差:±0.15%;

功率:≥10W;

带宽:≥10kHz。

5.2.5 直流高压分压器

分压比:500 到 1000,最大允许误差:±0.3%;

额定电压:≥5kV;

交流额定电压:≥6kV;

频率:50Hz。

5.2.6 脉冲高压分压器

分压比:500 到 1000,最大允许误差:±0.5%;

额定电压:≥5kV;

交流额定电压:≥6kV;

带宽:≥10kHz。

5.2.7 温度测量标准

温度测量由温度传感器(通常用四线铂热电阻)和显示仪表组成,时间常数应小于15s。

5.2.8 湿度测量标准

湿度测量标准可使用下列仪器:

数字通风干湿表和气压表(通风速度应大于2.5m/s);

数字湿度计(仅在湿度场不发生交变的情况下使用);

干、湿球温度计(在风速均匀的情况下,适用于相对湿度均匀度的测量)。

5.2.9 数字示波器

带宽:大于100MHz;

水平时基:10μs/div~50s/div;

垂直幅度:10mV/div~2V/div,最大允许误差:±3%。

5.2.10 秒表

测量范围:500s~24h,最大允许误差:±1s。

6 校准项目和校准方法

6.1 外观及工作正常性检查

6.1.1 老化系统送校时应附有设备正常工作的必要的附件。

6.1.2 接通电源前要检查被校设备,不应有影响正常工作及读数的机械损伤。要求各旋钮转动灵活、无松动;波段开关(若有)跳步清晰,定位正确;琴键开关(若有)起跳自如,能自锁互锁;表头(若有)能机械凋零,表针无呆滞现象。

6.1.3 通电预热后,老化系统应能正常工作。各调节旋钮应调节均匀;电表(若有)应能电气调零、调满度；对于具有机内校准功能的仪器，应按说明书要求进行机内校准。

6.1.4　按说明书要求，正确连接计算机与主机，以及主机与测试台的连线（测试系统）。

6.1.5　正确开启测量仪器，并按规定进行预热。

6.1.6　根据老化系统样管类型和管脚分布，选择合适的常用元器件老化测试夹具，用于校准过程中标准器连接，元器件老化测试夹具应功能正常、连接可靠。

6.1.7　将6.1.1至6.1.5过程中，存在问题的步骤详细记入附录A表A.1中。

6.2　自校准检验

6.2.1　利用老化系统的性能校验盒（上次校准结果经计量确认，满足使用要求）对老化系统进行自校准检验，确认老化系统自校准检验合格后，方可进行下面的校准步骤。

6.2.2　当老化系统的自校准未全部检验合格时，须对老化系统进行检查或维修，直至全部通过为止。

6.2.3　将自校准检验结果记入附录A表A.2中。

6.3　直流电压

6.3.1　直流电压±(0.1V～1000V)量程

6.3.1.1　校准连接如图2所示，根据老化系统说明书，除用户特殊要求外，元器件老化测试夹具插入工位数为5个（包括5个）以下的，建议选择1个工位进行校准；工位数为5个以上的，建议选择2个工位进行校准，将元器件老化测试夹具插入老化系统指定工位，将元器件老化测试夹具直流电压输出端V＋、V－分别与数字多用表的直流电压输入端V＋、V－连接。

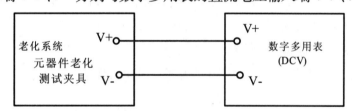

图2　直流电压±(0.1V～1000V)校准连接图

6.3.1.2　设置数字多用表工作于直流电压测量功能（DCV），调节电压旋钮或通过编程方式设置电压校准点。校准点按被校设备技术要求由低端至高端设置，通常按每个量程高、中、低选不少于三个校准点，建议选取10%、50%、100%进行选点，读取数字多用表显示的电压测量值 V_0，并将结果记入附录A表A.3中。

6.3.1.3　按(1)式计算直流电压源的相对误差，并记入附录A表A.3中。

$$\delta_{V源} = \frac{V - V_0}{V_0} \times 100\% \tag{1}$$

式中：

$\delta_{V源}$——直流电压的相对误差；

V　——直流电压的直流电压标称值；

V_0——数字多用表的直流电压测量值。

6.3.1.4　重复6.3.1.1到6.3.1.3，每个插入工位的每个校准位置应满足校准点要求，校准位置应覆盖元器件老化测试夹具的所有老化测试位置。

6.3.1.5 除客户另有要求外,对于具备环境试验箱的功率半导体器件老化系统,除校准室温下直流电压特性外,调整环境试验箱最高温度(湿度随意)、最低温度(湿度随意)、客户使用最高湿度(温度随意)、客户使用最低湿度(温度随意),选取任一校准工位的任一位置进行不同温湿度环境下最常用直流电压校准点的校准,并记入附录 A 表 A.3 中。

6.3.2 直流电压 ±(1000V ~ 4500V)量程

6.3.2.1 校准连接如图 3 所示,根据老化系统说明书,除用户特殊要求外,元器件老化测试夹具插入工位数为 5 个(包括 5 个)以下的,建议选择 1 个工位进行校准;工位数为 5 个以上的,建议选择 2 个工位进行校准,将元器件老化测试夹具插入老化系统指定工位,将老化系统元器件老化测试夹具直流电压的输出端 V +、V - 分别与直流高压分压器的直流电压输入端 IN +、IN - 连接,直流高压分压器的直流电压输出端 OUT +、OUT - 分别与数字多用表的 V +、V - 连接。

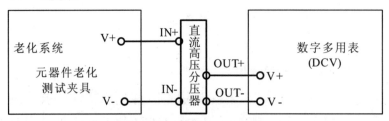

图 3　直流电压 ±(1000V ~ 5000V)校准连接图

6.3.2.2 设置数字多用表工作于直流高压测量功能(DCV),调节电压旋钮或通过编程方式设置电压校准点,校准点按被校设备技术要求由低端至高端设置,通常按量程高、中、低选不少于三个校准点,建议选取 10%、50%、100% 进行选点,读取数字多用表显示的电压测量值 V_0,并将结果记入附录 A 表 A.3 中。

6.3.2.3 按(2)式计算偏置电压源的相对误差,并记入附录 A 表 A.3 中。

$$\delta_{V源} = \frac{V - k \times V_0}{k \times V_0} \times 100\% \qquad (2)$$

式中:

$\delta_{V源}$——直流电压源的相对误差;

V　——直流电压源的直流电压标称值;

k　——直流高压分压器的变比值;

V_0——数字多用表的直流电压测量值。

6.3.2.4 重复 6.3.2.1 到 6.3.2.3,每个插入工位的每个校准位置应满足校准点要求,校准位置应覆盖元器件老化测试夹具的所有老化测试位置。

6.3.2.5 除客户另有要求外,对于具备环境试验箱的功率半导体器件老化系统,除校准室温下直流电压特性外,调整环境试验箱最高温度(湿度随意)、最低温度(湿度随意)、客户使用最高湿度(温度随意)、客户使用最低湿度(温度随意),选取任一校准工位的任一位置进行不同温湿度环境下最常用直流电压校准点的校准,并记入附录 A 表 A.3 中。

6.4 直流电流

6.4.1 直流电流 ±(1μA ~ 10A)

6.4.1.1 校准连接如图 4 所示,根据老化系统说明书,除用户特殊要求外,元器件老化测试夹具插入工位数为 5 个(包括 5 个)以下的,建议选择 1 个工位进行校准;工位数为 5 个以上的,建议选择 2 个工位进行校准,将元器件老化测试夹具插入老化系统指定工位,将元器件老化测试夹具直流电流输出端 I +、I − 分别与数字多用表的直流电流输入端 I +、I − 连接。

6.4.1.2 设定数字多用表工作于直流电流测量模式,调节电流旋钮或通过编程方式设置电流校准点,校准点按被校仪器技术要求由低端至高端设置,通常每个量程按高、中、低选取三个校准点,建议选取 10%、50%、100% 进行选点,读取数字多用表电流测量值 I_0,并将结果记入附录 A 表 A.4 中。

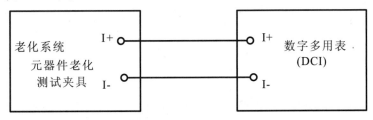

图 4 直流电流 ±(1μA ~ 10A)校准连接图

6.4.1.3 按(3)式计算直流电流的相对误差,并记入附录 A 表 A.4 中。

$$\delta_{I源} = \frac{I - I_0}{I_0} \times 100\% \qquad (3)$$

式中:

$\delta_{I源}$——直流电流的相对误差;

I ——被校直流电流的电流标称值;

I_0 ——数字多用表的电流测量值。

6.4.1.4 重复 6.4.1.1 到 6.4.1.3,每个插入工位的每个校准位置应满足校准点要求,校准位置应覆盖元器件老化测试夹具的所有老化测试位置。

6.4.1.5 除客户另有要求外,对于具备环境试验箱的功率半导体器件老化系统,除校准室温下直流电流特性外,调整环境试验箱最高温度(湿度随意)、最低温度(湿度随意)、客户使用最高湿度(温度随意)、客户使用最低湿度(温度随意),选取任一校准工位的任一位置进行不同温湿度环境下最常用直流电流校准点的校准,并记入附录 A 表 A.4 中。

6.4.2 直流电流 ±(10A ~ 200A)

6.4.2.1 校准连接如图 5 所示,直流分流器选择原则按照通过直流电流后输出直流电压幅度在 1V 到 10V 之间,根据老化系统说明书,除用户特殊要求外,元器件老化测试夹具插入工位数为 5 个(包括 5 个)以下的,建议选择 1 个工位进行校准;工位数为 5 个以上的,建议选择 2 个工位进行校准,将元器件老化测试夹具插入老化系统指定工位,将直流电流源的输出端与外接直流分流器进行四线连接,直流分流器电压测量单元与数字多用表直流电压输入端连接。

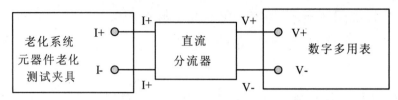

图 5　直流电流 ± (10A ~ 200A)校准示意图

6.4.2.2　设置数字多用表为直流电压测量功能,校准点按被校仪器技术要求由低端至高端设置,通常选取不少于高、中、低三个校准点,建议选取10% 、50% 、100% 进行选点,读取数字多用表直流电压测量值 V,,按(4)式计算出被校直流电流源的电流实际值 I_0。并将结果记入附录 A 表 A.4 中。

$$I_0 = \frac{V}{R} \qquad (4)$$

式中:

I_0 ——被校直流电流的电流实际值;

V ——数字多用表直流电压测量值;

R ——直流分流器阻值。

6.4.2.3　按(5)式计算直流电流的相对误差,并记入附录 A 表 A.4 中。

$$\delta_{I源} = \frac{I - I_0}{I_0} \times 100\% \qquad (5)$$

式中:

$\delta_{I源}$ ——直流电流的相对误差;

I ——被校直流电流的电流标称值;

I_0 ——被校直流电流的电流实际值。

6.4.2.4　重复6.4.2.1 到6.4.2.2,每个插入工位的每个校准位置应满足校准点要求,校准位置应覆盖元器件老化测试夹具的所有老化测试位置。

6.4.2.5　除客户另有要求外,对于具备环境试验箱的功率半导体器件老化系统,除校准室温下直流电流特性外,调整环境试验箱最高温度(湿度随意)、最低温度(湿度随意)、客户使用最高湿度(温度随意)、客户使用最低湿度(温度随意),选取任一校准工位的任一位置进行不同温湿度环境下最常用直流电流校准点的校准,并记入附录 A 表 A.4 中。

6.5　单次脉冲方波电压

6.5.1　单次脉冲方波电压 ± (1V ~ 1000V)

6.5.1.1　校准连接如图6所示,根据老化系统说明书,若存在脉冲方波电压校准需求,可进行该部分校准,除用户特殊要求外,元器件老化测试夹具插入工位数为5 个(包括5 个)以下的,建议选择1 个工位进行校准;工位数为5 个以上的,建议选择2 个工位进行校准,将元器件老化测试夹具插入老化系统指定工位,将单次脉冲方波电压的输出端 V + 、V − 分别与脉冲专用数字化仪输入端 IN + 、IN − 连接。

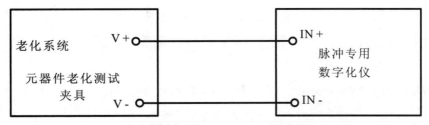

图 6 单次脉冲方波电压 ±(1V ~ 1000V)校准连接图

6.5.1.2 设置脉冲专用数字化仪工作于单次脉冲电压触发测量功能,采样率的设置应能保证至少测量 20 个采样点,设置触发电平低于脉冲高压分压器输出峰值电压值,调节电压旋钮或通过编程方式设置电压校准点,校准点按被校设备技术要求由低端至高端设置,通常按量程高、中、低选不少于三个校准点,建议选取 10% 、50% 、100% 进行选点,读取脉冲专用数字化仪采集数据,除另有规定外,取稳定部分的平均值作为电压测量值 V_0,并将结果记入附录 A 表 A.5 中。

6.5.1.3 按(6)式计算单次脉冲方波电压源的相对误差,并记入附录 A 表 A.5 中。

$$\delta_{V源} = \frac{V - V_0}{V_0} \times 100\% \tag{6}$$

式中:

$\delta_{V源}$——单次脉冲方波电压的相对误差;

V ——单次脉冲方波电压的设定值;

V_0 ——脉冲专用数字化仪的脉冲电压测量值。

6.5.1.4 重复 6.5.1.1 到 6.5.1.3,每个插入工位的每个校准位置应满足校准点要求,校准位置应覆盖元器件老化测试夹具的所有老化测试位置。

6.5.2 单次脉冲方波电压 ±(1000V ~ 4500V)

6.5.2.1 校准连接如图 7 所示,根据老化系统说明书,若存在脉冲方波电压校准需求,可进行该部分校准,元器件老化测试夹具插入工位数为 5 个(包括 5 个)以下的,建议选择 1 个工位进行校准;工位数为 5 个以上的,建议选择 2 个工位进行校准,将元器件老化测试夹具插入老化系统指定工位,将单次脉冲方波电压的输出端 V + 、V − 分别与脉冲高压分压器的交流电压输入端 IN + 、IN − 连接,脉冲高压分压器的电压电压输出端 OUT + 、OUT − 分别与脉冲专用数字化仪的电压输入端连接。

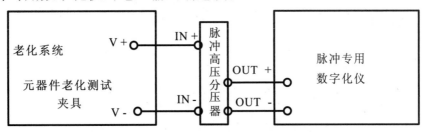

图 7 单次脉冲方波电压 ±(1000V ~ 4500V)校准连接图

6.5.2.2 设置脉冲专用数字化仪工作于单次脉冲电压触发测量功能,采样率的设置应能保证至少测量 20 个采样点,设置触发电平低于脉冲高压分压器输出峰值电压值,调节电压旋钮或通过编程方式设置电压校准点,校准点按被校设备技术要求由低端至高端设置,通常按量程高、中、低选不少于三个校准点，建议选取 10%、50%、100% 进行选点，读取脉冲专用数字化仪采集数据，除另有规定外，取中间稳定部分的平均值作为电压测量值 V_0，并将结果记入附录 A 表 A.5 中。

6.5.2.3　按（7）式计算单次脉冲方波电压源的相对误差，并记入附录 A 表 A.5 中。

$$\delta_{V源} = \frac{V - k \times V_0}{k \times V_0} \times 100\% \qquad (7)$$

式中：

$\delta_{V源}$——单次脉冲方波电压的相对误差；

V　——单次脉冲方波电压的设定值；

k　——脉冲高压分压器的变比值；

V_0　——脉冲专用数字化仪的脉冲电压测量值。

6.5.2.4　重复 6.5.2.1 到 6.5.2.3，每个插入工位的每个校准位置应满足校准点要求，校准位置应覆盖元器件老化测试夹具的所有老化测试位置。

6.6　单次脉冲方波电流

6.6.1　单次脉冲方波电流校准连接如图 8 所示，脉冲分流器选择原则按照通过脉冲电流后输出脉冲电压幅度在 1V 到 10V 之间，根据老化系统说明书，若存在脉冲方波电压校准需求，可进行该部分校准，除用户特殊要求外，元器件老化测试夹具插入工位数为 5 个（包括 5 个）以下的，建议选择 1 个工位进行校准；工位数为 5 个以上的，建议选择 2 个工位进行校准，将元器件老化测试夹具插入老化系统指定工位。将单次脉冲方波电流源的输出端与外接脉冲分流器进行四线连接，脉冲分流器与脉冲专用数字化仪电压输入端连接。

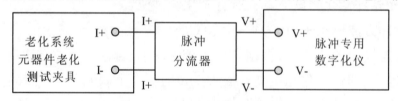

图 8　单次脉冲方波电流校准连接图

6.6.2　设置脉冲专用数字化仪为数据采集功能，采样率大于 $5 \times 10^4/s$，校准点按被校仪器技术要求由低端至高端设置，通常选取不少于高、中、低三个校准点，建议选取 10%、50%、100% 进行选点，读取脉冲专用数字化仪采集数据，除另有规定外，取稳定部分的平均值作为电压测量值 V，按（8）式计算出被校单次脉冲方波电流源的电流实际值 I_0。并将结果记入附录 A 表 A.6 中。

$$I_0 = \frac{V}{R} \qquad (8)$$

式中：

I_0——被校单次脉冲方波电流源的电流实际值；

V——脉冲专用数字化仪电压测量值；

R——脉冲分流器阻值。

6.6.3　按（9）式计算单次脉冲方波电流的相对误差，并记入附录 A 表 A.6 中。

$$\delta_{I源} = \frac{I - I_0}{I_0} \times 100\% \tag{9}$$

式中：

$\delta_{I源}$——被校单次脉冲方波电流的相对误差；

I ——被校单次脉冲方波电流的电流标称值；

I_0 ——被校单次脉冲方波电流的电流实际值。

6.6.4 重复6.6.1到6.6.3，每个插入工位的每个校准位置应满足校准点要求，校准位置应覆盖元器件老化测试夹具的所有老化测试位置。

6.7 温度

6.7.1 根据被校老化系统环境试验箱的实际应用情况和技术说明书的技术要求，参照JJF 1101－2003《环境试验设备温度、湿度校准规范》进行校准。

6.7.2 将校准结果记入附录 A 表 A.7 中。

6.8 相对湿度

6.8.1 根据被校老化系统环境试验箱的实际应用情况和技术说明书的技术要求，参照JJF 1101－2003《环境试验设备温度、湿度校准规范》进行校准。

6.8.2 将校准结果记入附录 A 表 A.8 中。

6.9 稳态试验时间

6.9.1 稳态试验时间范围 1s～500s

6.9.1.1 稳态试验时间校准连接如图 9 所示，根据老化系统说明书，除客户有特殊要求外，该部分可随机选择 1 个工位进行校准，校准点建议选择 1s、100s、500s 作为校准点，将元器件老化测试夹具插入老化系统指定工位，将直流电压输出端与数字示波器电压输入端连接。

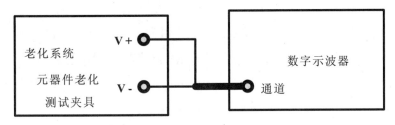

图9 稳态试验时间校准连接图

6.9.1.2 根据老化系统使用说明书，通过编程方式设定老化系统的元器件老化测试夹具插入工位工作于稳态试验过程，设定稳态工作时间为 t；

6.9.1.3 设置数字示波器工作于电压信号单次触发测量功能，输入阻抗为 $1M\Omega$，直流耦合，根据设定设置触发电平为老化系统设定的电压输出量值的 1/3；

6.9.1.4 根据老化系统使用说明书，设置稳态试验开始，数字示波器将记录稳态试验过程电压波形数据；

6.9.1.5 根据数字示波器采集到的电压波形数据，除另有规定外，使用光标功能，以直流电压幅度上升到幅度量值的 95% 作为起始计时点，直流电压幅度下降到幅度量值的 95%

作为结束计时点,取中间部分电压持续时间作为稳态时间测量值 t_0,并将结果记入附录 A 表 A.9 中。

6.9.1.6 按(10)式计算稳态的相对误差,并记入附录 A 表 A.9 中。

$$\delta_t = \frac{t - t_0}{t_0} \times 100\% \qquad\qquad (10)$$

式中:

δ_t ——老化系统稳态试验时间相对误差;

t ——老化系统稳态试验时间设定值;

t_0 ——数字示波器稳态试验时间测量值。

6.9.1.7 重复 6.9.1.1 到 6.9.1.6,校准其他校准点。

6.9.2 稳态试验时间范围 500s ~ 24h

6.9.2.1 稳态试验时间校准连接如图 10 所示,根据老化系统说明书,除客户有特殊要求外,该部分可随机选择 1 个工位进行校准,校准点建议选择 1h、10h、24h 作为校准点,将元器件老化测试夹具插入老化系统指定工位,将直流电压输出端与数字示波器电压输入端连接。

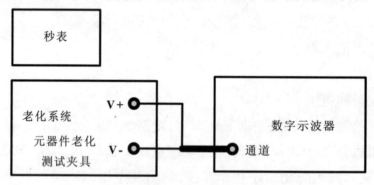

图 10 稳态试验时间校准连接图

6.9.2.2 根据老化系统使用说明书,通过编程方式设定老化系统的元器件老化测试夹具插入工位工作于稳态试验过程,设定稳态工作时间为 t;

6.9.2.3 设置数字示波器工作于电压信号连续测量功能,输入阻抗为 $1\text{M}\Omega$,直流耦合,根据设定设置触发电平为老化系统设定的电压输出量值的 1/3,同时设置秒表工作于计时功能;

6.9.2.4 根据老化系统使用说明书,在设置软件稳态试验开始的同时,点击秒表计时开始,数字示波器将记录稳态试验过程电压波形数据;

6.9.2.5 观察数字示波器采集到的电压波形,除另有规定外,在直流电压幅度下降到幅度量值的 95% 作为结束计时点,点击秒表结束计时,取秒表时间测量值 t_0,并将结果记入附录 A 表 A.9 中。

6.9.2.6 按(11)式计算稳态的相对误差,并记入附录 A 表 A.9 中。

$$\delta_t = \frac{t - t_0}{t_0} \times 100\% \qquad\qquad (11)$$

式中:

δ_t——老化系统稳态试验时间相对误差；

t——老化系统稳态试验时间设定值；

t_0——秒表稳态试验时间测量值。

6.9.2.7 重复6.9.2.1到6.9.2.6,校准其他校准点。

6.10 间歇通断时间

6.10.1 间歇通断时间范围 1s~500s

6.10.1.1 间歇通断时间校准连接如图11所示,根据老化系统说明书,除客户有特殊要求外,该部分可随机选择1个工位进行校准,校准点建议选择1s、100s、500s作为校准点,将元器件老化测试夹具插入老化系统指定工位,将直流电压输出端与数字示波器电压输入端连接。

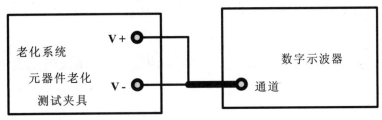

图 11 间歇通断时间校准连接图

6.10.1.2 根据老化系统使用说明书,通过编程方式设定老化系统的元器件老化测试夹具插入工位工作于间歇通断试验过程,设定稳态工作时间为t;

6.10.1.3 设置数字示波器工作于电压信号单次触发测量功能,输入阻抗为$1\text{M}\Omega$,直流耦合,根据设定设置触发电平为老化系统设定的电压输出量值的1/3;

6.10.1.4 根据老化系统使用说明书,设置间歇通断试验开始,数字示波器将记录间歇通断试验过程电压波形数据;

6.10.1.5 根据数字示波器采集到的电压波形数据,除另有规定外,使用光标功能,以直流电压幅度上升到幅度量值的95%作为起始计时点,直流电压幅度下降到幅度量值的95%作为结束计时点,取中间部分电压持续时间作为间歇通断试验时间测量值t_0,并将结果记入附录A表A.10中。

6.10.1.6 按(12)式计算间歇通断试验的相对误差,并记入附录A表A.10中。

$$\delta_t = \frac{t - t_0}{t_0} \times 100\% \tag{12}$$

式中:

δ_t——老化系统间歇通断试验时间相对误差;

t——老化系统间歇通断试验时间设定值;

t_0——数字示波器间歇通断试验时间测量值。

6.10.1.7 重复6.10.1.1到6.10.1.6,校准其他校准点。

6.10.2 间歇通断试验时间范围 500s~24h

6.10.2.1 间歇通断试验时间校准连接如图12所示,根据老化系统说明书,除客户有特殊要求外,该部分可随机选择1个工位进行校准,校准点建议选择1h、10h、24h作为校准点，将元器件老化测试夹具插入老化系统指定工位，将直流的输出端与数字示波器电压输入端连接。

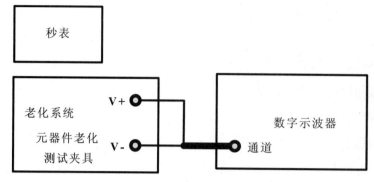

图12　间歇试验时间校准连接图

6.10.2.2　根据老化系统使用说明书，通过编程方式设定老化系统的元器件老化测试夹具插入工位工作于间歇通断试验过程，设定稳态工作时间为 t；

6.10.2.3　设置数字示波器工作于电压信号连续测量功能，输入阻抗为 $1M\Omega$，直流耦合，根据设定设置触发电平为老化系统设定的电压输出量值的 $1/3$，同时设置秒表工作于计时功能；

6.10.2.4　根据老化系统使用说明书，在设置软件间歇通断试验开始的同时，点击秒表计时开始，数字示波器将记录间歇通断试验过程电压波形数据；

6.10.2.5　观察数字示波器采集到的电压波形，除另有规定外，在直流电压幅度下降到幅度量值的95%作为结束计时点，点击秒表结束计时，取秒表间歇试验时间测量值 t_0，并将结果记入附录 A 表 A.10 中。

6.10.2.6　按（13）式计算稳态的相对误差，并记入附录 A 表 A.10 中。

$$\delta_t = \frac{t - t_0}{t_0} \times 100\% \tag{13}$$

式中：

δ_t——老化系统间歇通断试验时间相对误差；

t　——老化系统间歇通断试验时间设定值；

t_0——秒表间歇通断试验时间测量值。

6.10.2.7　重复 6.10.2.1 到 6.10.2.6，校准其他校准点。

6.11　温湿度稳定时间

6.11.1　温湿度稳定时间校准连接如图13所示，根据被校老化系统环境试验箱的实际应用情况和技术说明书的技术要求，参照 JJF 1101 - 2003《环境试验设备温度、湿度校准规范》进行温湿度数据的校准。详细参照为：校准温湿度点的选择参见 JJF 1101 - 20036.2.1 条款；测试点的位置 JJF 1101 - 20036.2.2 条款；测试点的数量 JJF 1101 - 20036.2.3 条款；温度的校准 JJF 1101 - 20036.2.4 条款；温湿度的校准 JJF 1101 - 20036.2.5 条款；数据处理参照 JJF 1101 - 20036.3 条款。

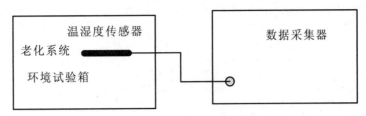

图 13　温度稳定时间校准连接示意图

6.11.2　根据老化系统使用说明书,通过编程方式或手动设定老化系统环境试验箱的校准温度点,通过温湿度校准传感器采集环境试验箱温度升高或降低曲线,并通过曲线读出从一个温湿度点到另一个温湿度点的温湿度稳定时间并记为 t_0,并将结果记入附录 A 表A.11 中。

6.11.3　重复6.11.1 到6.11.2,校准其他校准点。

7　校准结果表达

经校准后的仪器应出具校准证书。校准证书应包含所用标准的溯源性及有效性说明,校准结果及其不确定度等。

8　复校时间间隔

送校单位可根据实际使用情况自主决定复校时间间隔,建议复校时间间隔为 1 年;仪器修理或调整后应及时校准。

附录 A

校准记录格式

一、外观及工作正常性检查

表 A.1　外观及工作正常性检查记录表

外观检查:合格 □　　不合格 □:_____

工作正常性检查:合格 □　　不合格 □:_____

二、自校准检验

表 A.2　自校准检验记录表

全部通过 □

不通过 □:_____

三、直流电压

表 A.3　直流电压校准记录表

量程	环境条件	设置值(V)	测量值(V)	相对误差	测量不确定度 U ($k=2$)
$\pm(0.1\text{V}\sim1000\text{V})$					

量程	环境条件	设置值 (V)	数字多用表测量值(V)	测量值 (V)	相对误差	测量不确定度 U ($k=2$)
$\pm(1000\text{V}\sim4500\text{V})$						

四、直流电流

表 A.4　直流电流校准记录表

量程	环境条件	设置值（A）	测量值（A）	相对误差	测量不确定度 U（$k=2$）
±（1μA～10A）					

量程	环境条件	设置值（A）	数字多用表测量值（V）	测量值（A）	相对误差	测量不确定度 U（$k=2$）
±（10A～200A）						

五、单次脉冲方波电压

表 A.5　单次脉冲方波电压校准记录表

量程	设置值（V）	测量值（V）	相对误差	测量不确定度 U（$k=2$）
±（1V～1000V）				

量程	设置值（V）	低压臂脉冲方波电压测量值（V）	单次脉冲方波电压计算值（V）	相对误差	测量不确定度 U（$k=2$）
±（1000V～4500V）					

六、单次脉冲方波电流

表 A.6　单次脉冲方波电流校准记录表

量程	设置值（A）	数字多用表测量值（V）	测量值（A）	相对误差	测量不确定度 U（$k=2$）

七、温度

表 A.7　温度校准记录表

设置值 （℃）	温度测量 平均值值(℃)	偏差	温度均匀度 （℃）	温度波动度 （℃）	测量不确定度 U （$k=2$）
测量点 分布图	上层 •A　•B •C　•D 门　门　中层 •O 门　门　下层 •E　•F •H　•G 门　门				
测量点与壁 距离	前＿＿＿后＿＿＿左＿＿＿右＿＿＿上＿＿＿下＿＿＿				

八、相对湿度

表 A　相对湿度校准记录表

设置值	湿度测量 平均值值	偏差	湿度均匀度	湿度波动度	测量不确定度 U （$k=2$）
测量点 分布图	上层 •A　•B •C　•D 门　门　中层 •O 门　门　下层 •E　•F •H　•G 门　门				
测量点与壁 距离	前＿＿＿后＿＿＿左＿＿＿右＿＿＿上＿＿＿下＿＿＿				

九、稳态试验时间

表 A.9　稳态试验时间校准记录表

设置值(s)	测量值(s)	相对误差	测量不确定度 U ($k=2$)

十、间歇通断时间

表 A.10　间歇通断时间校准记录表

设置值(s)	测量值(s)	相对误差	测量不确定度 U ($k=2$)

十一、温湿度稳定时间

表 A.11　温湿度稳定时间校准记录表

设置值(s)	测量值(s)	相对误差	测量不确定度 U ($k=2$)

附录 B

测量不确定度评定示例

功率半导体器件老化系统校准规范,主要包括技术指标 9 项,其中直流电压参数 1 项;单次脉冲方波电压参数 1 项;直流电流参数 1 项;单次脉冲方波电流参数 1 项;温度参数 1 项;相对湿度参数 1 项;时间参数 3 项,包括稳态试验时间、间歇通断时间和温湿度稳定时间等。

本附录以直流电压参数、单次脉冲方波电流参数、稳态试验时间等校准项目的测量不确定度评定为例,说明功率半导体器件老化系统校准项目的测量不确定度评定的程序。对于温度、相对湿度评定方法,可参考 JJF 1101 – 2003 中附录 D 环境试验设备温度偏差校准结果不确定度分析。由于校准方法和所用仪器设备相同或近似,其它一些项目的测量不确定度评定与以上一些项目也是相同或近似的。

B.1 直流电压校准结果的测量不确定度评定

B.1.1 测量方法

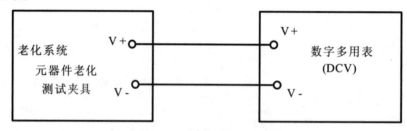

图 B.1 直流电压校准框图

测量框图如图 B.1。根据被校设备使用说明书的要求,将偏置电压源设定为指定校准点,设置数字多用表工作于直流电压测量功能(DCV),通过数字多用表直接测量法实现偏置电压源的校准。

B.1.2 数学模型

$$\delta_{V源} = \frac{V - V_0}{V_0} \times 100\% \qquad (B.1)$$

式中:

$\delta_{V源}$——直流电压的相对误差;

V ——直流电压标称值;

V_0 ——数字多用表的直流电压测量值。

B.1.3 不确定度来源

a)数字多用表直流电压测量不准引入的不确定度分量 u_{B1};

b)数字多用表的电压测量分辨率所引入的不确定度分量 u_{B2};

c)测量重复性变化引入的不确定度分量 u_A

B.1.4　不确定度评定

a)由数字多用表直流电压测量不准引入的不确定度分量 u_{B1}

用 B 类标准不确定度评定。以 10V 测试点进行分析。根据 2002 型数字多用表的说明书,在 20V 量程 10V 测试点,其允许误差极限为 ±(10ppm×读数+0.15ppm×量程),所以 10V 的允许误差极限为 ±0.000103V,即 $a=0.000103$,估计为均匀分布,则 $k=\sqrt{3}$,故其不确定度分量 $u_{B1}=a/k=0.000060V$,相对值为 0.00060%。

b)由数字多用表的电压测量分辨率所引入的不确定度分量 u_{B2}

用 B 类标准不确定度评定。2002 型数字多用表在 20V 量程的分辨率为 0.1μV,根据实际测试要求,将其分辨率扩大为 0.1mV,区间半宽为 0.05mV,即 $a=0.05mV$,估计为均匀分布,则 $k=\sqrt{3}$,故其不确定度分量 $u_{B2}=a/k=0.029mV$,相对值为 0.00029%。该项可忽略不计。

c)由测量重复性变化引入的不确定度分量 u_A

用 A 类标准不确定度评定。选一台较稳定且具有代表性的典型设备:稳压二极管测试仪 BJ2912B(编号:200204)作为被测对象,在相同的温湿度条件下,由同一校准人员用 2002 型数字多用表(编号:0689182)重复测量 10 次,测量结果见表 B.1。

表 B.1　直流电压参数 10V 重复测量结果

测量次数	测量结果(V)
1	9.9982
2	9.9983
3	9.9985
4	9.9983
5	9.9982
6	9.9982
7	9.9982
8	9.998
9	9.9983
10	9.9981
平均值 $\bar{x}$	9.99825

单次测量实验标准偏差:$S(n)=0.00013V$

则相对值为 0.0013%,即 $u_A=0.0013\%$,自由度为 9。

B.1.5　合成不确定度

不确定度分量见表 B.2。

表 B.2　不确定度分量一览表

不确定度分量	不确定度来源	评定方法	分布	k 值	引入的不确定度分量
u_{B1}	数字多用表直流电压测量不准引入的不确定度分量	B	均匀	$\sqrt{3}$	0.0006%
u_{B2}	数字多用表的电压测量分辨率所引入的不确定度分量	B	均匀	$\sqrt{3}$	0.00029%
u_A	测量重复性变化引入的不确定度分量	A	/	/	0.0013%

$$u_C = \sqrt{(u_{B1})^2 + (u_{B2})^2 + (u_A)^2} = 0.002\%$$

B.1.6　扩展不确定度

取包含因子 $k = 2$，则扩展不确定度为：

$$U = u_C \times k = 0.004\%$$

B.2　单次脉冲方波电流参数校准结果的测量不确定度评定

B.2.1　测量方法

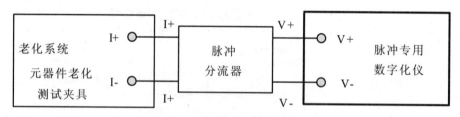

图 B.2　单次脉冲方波电流校准框图

测量框图如图 B.2，根据被校设备使用说明书的要求，将单次脉冲方波电流源设定为指定校准点，通过工作于脉冲电压测量功能，通过脉冲专用数字化仪测量实现单次脉冲方波电流源的校准。

B.2.2　数学模型

$$\delta_{I源} = \frac{I - V_0/R}{V_0/R} \times 100\% \tag{B.2}$$

式中：

$\delta_{I源}$——单次脉冲方波电流的相对误差；

I　——单次脉冲方波电流的电流设定值；

V_0　——脉冲专用数字化仪电压测量值；

R　——脉冲分流器电阻值。

B.2.3　不确定度来源

a) 脉冲专用数字化仪脉冲电压测量不准引入的不确定度分量 u_{B1}；

b) 脉冲专用数字化仪的脉冲电压测量分辨率所引入的不确定度分量 u_{B2}；

c) 脉冲专用数字化仪输入电阻引入的不确定度分量 u_{B3}

d）脉冲分流器阻值不准引入的不确定度分量 u_{B4}

e）测量重复性变化引入的不确定度分量 u_A。

B.2.4　不确定度评定

a）由脉冲专用数字化仪脉冲电压测量不准引入的不确定度分量 u_{B1}

用 B 类标准不确定度评定。以 100A 测试点进行分析，选用脉冲分流器为 0.01Ω，测试电压应为 1V 左右，脉冲专用数字化仪 1V 量程中的 1V 测试点的允许误差极限为 ±0.5%，即 a = 0.5%，估计为均匀分布，则 $k = \sqrt{3}$，故其不确定度分量 $u_{B1} = a/k = 0.3\%$。

b）由脉冲专用数字化仪脉冲电压测量分辨率所引入的不确定度分量 u_{B2}

用 B 类标准不确定度评定。脉冲专用数字化仪 1V 量程的分辨率为 100μV，区间半宽为 0.05mV，即 a = 0.05mV，估计为均匀分布，则 $k = \sqrt{3}$，故其不确定度分量 $u_{B2} = a/k = 0.029mV$，相对值为 0.03%。

c）脉冲专用数字化仪输入电阻引入的不确定度分量 u_{B3}

用 B 类标准不确定度评定。脉冲专用数字化仪脉冲电压在 1V 量程中，其输入电阻均大于 10MΩ，而外接标准电阻为 0.01Ω，因此在间接测量法中，脉冲专用数字化仪的分流作用可忽略。

d）由脉冲分流器阻值不准引入的不确定度分量 u_{B4}

用 B 类标准不确定度评定，脉冲分流器 0.01Ω 的允许误差极限为 ±0.1%，即 a = 0.1%，设为均匀分布，则 $k = \sqrt{3}$，故其不确定度分量 $u_{B1} = a/k = 0.06\%$。

e）由测量重复性引入的不确定度分量 u_A

用 A 类标准不确定度评定。选一台较稳定且具有代表性的典型设备：半导体器件直流参数测试系统（编号：0249）为被测对象，选取脉冲电流 100A 为测试点，在相同的温湿度条件下，由同一校准人员用脉冲专用数字化仪和脉冲分流器 0.01Ω 连续独立测量 10 次，测量结果见表 B.3。

表 B.3　脉冲电流参数 10A 重复测量结果

测量次数	测量结果（A）
1	99.978
2	99.976
3	99.980
4	99.978
5	99.976
6	99.981
7	99.978
8	99.980
9	99.979
10	99.979
平均值 $\bar{x}$	99.9785

单次测量实验标准偏差：$S(n) = 0.0016A$

则相对值为 0.016%，即 $u_A = 0.016\%$，自由度为 9。

B.2.5　合成不确定度

不确定度分量见表 B.4。

表 B.4　不确定度分量一览表

不确定度分量	不确定度来源	评定方法	分布	k 值	引入的不确定度分量
u_{B1}	数字多用表电压测量不准引入的不确定度分量	B	均匀	$\sqrt{3}$	0.3%
u_{B2}	数字电压表的直流电压测量分辨率所引入的不确定度分量	B	均匀	$\sqrt{3}$	0.03%
u_{B3}	数字多用表输入电阻引入的不确定度分量	B	均匀	$\sqrt{3}$	/
u_{B4}	脉冲分流器阻值不准引入的不确定度分量	B	均匀	$\sqrt{3}$	0.06%
u_A	测量重复性变化引入的不确定度分量	A	/	/	0.016%

$$u_C = \sqrt{(u_{B1})^2 + (u_{B2})^2 + (u_{B3})^2 + (u_{B4})^2 + (u_A)^2} = 0.3\%$$

B.2.6　扩展不确定度

取包含因子 $k = 2$，则扩展不确定度为：

$$U = u_C \times k = 0.6\%$$

B.3　稳态试验时间参数校准结果的测量不确定度评定

B.3.1　测量方法

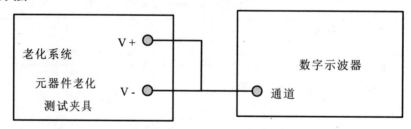

图 B.3　稳态试验时间参数校准框图

这里以 100s 为例进行说明，测量框图如图 B.3，根据被校设备使用说明书的要求，将老化系统元器件老化测试夹具指定输出端连接到数字示波器测量端子，通过数字示波器工作于单次脉冲电压触发功能，通过数字示波器测量实现稳态试验时间参数的校准。

B.3.2　数学模型

$$\delta_t = \frac{t - t_0}{t_0} \times 100\% \tag{B.3}$$

式中：

δ_t ——老化系统稳态试验时间相对误差；

t ——老化系统稳态试验时间设定值；

t_0 ——数字示波器稳态试验时间测量值。

B.3.3 不确定度来源

a）数字示波器 $\triangle T$ 测量不准引入的不确定度分量 u_{B1}；

b）由示波器上升时间引入的不确定度分量 u_{B2}

c）测量重复性变化引入的不确定度分量 u_A。

B.3.4 不确定度评定

a）数字示波器 $\triangle T$ 测量不准引入的不确定度分量 u_{B1}

使用设备为 TDS320 数字示波器，根据技术手册，根据数字示波器 TDS320 的 $\triangle T$ 测量的技术指标，测量 100s 脉冲，其允许误差限为 $\pm1\%$，则其允许误差的区间半宽度为 $a=$ 1%，认为在该区间内服从均匀分布，包含因子 $k_1=\sqrt{3}$，则引入的不确定度分量为 $u_{B1}=a/k$ $=0.58\%$，自由度 $\nu=\infty$。

b）由示波器上升时间引入的不确定度分量 u_{B2}

用 B 类标准不确定度评定。校准所用仪器为数字示波器 TDS320，其带宽为 100MHz，则其上升时间为 3.5ns，认为其服从均匀分布，包含因子 $k_2=\sqrt{3}$，根据 $u_{B2}=3.5ns/\sqrt{3}$，则 u_{B2} 为 2ns，对于测量结果影响可以忽略。

c）由测量重复性引入的不确定度分量 u_A

用 A 类标准不确定度评定。选一台较稳定且具有代表性的典型设备为被测对象，在相同的温湿度条件下，由同一校准人员用数字示波器连续独立测量 10 次，测量结果见表 B.5。

表 B.5 脉冲电流参数 10A 重复测量结果

测量次数	测量结果（s）
1	100.12
2	100.13
3	100.12
4	100.13
5	100.12
6	100.13
7	100.12
8	100.11
9	100.11
10	100.13
平均值 $\bar{x}$	100.122

单次测量实验标准偏差：$S(n) = 0.008$

则相对值为0.008%，即 $u_A = 0.008\%$，自由度为9。

B.3.5 合成不确定度

不确定度分量见表 B.6。

表 B.6 不确定度分量一览表

不确定度分量	不确定度来源	评定方法	分布	k 值	引入的不确定度分量
u_{B1}	数字示波器△T测量不准引入的不确定度分量	B	均匀	$\sqrt{3}$	0.58%
u_{B2}	由示波器上升时间引入的不确定度分量	B	均匀	$\sqrt{3}$	忽略
u_A	测量重复性变化引入的不确定度分量	A	/	/	0.008%

$$u_C = \sqrt{(u_{B1})^2 + (u_{B2})^2 + (u_A)^2} = 0.58\%$$

B.3.6 扩展不确定度

取包含因子 $k=2$，则扩展不确定度为：

$$U = u_C \times k = 1.2\%$$

中华人民共和国工业和信息化部
电子计量技术规范

JJF（电子）0015—2018

光不连续性测试仪（装置）校准规范

Calibration Specification for Optical Discontinuity Tester（Device）

2018－04－30 发布

2018－07－01 实施

中华人民共和国工业和信息化部 发布

光不连续性测试仪（装置）校准规范

Calibration Specification for Optical Discontinuity Tester(Device)

JJF（电子）0015—2018

归口单位：中国电子技术标准化研究院

起草单位：中国电子科技集团公司第二十三研究所

本规范技术条文委托起草单位负责解释

本规范主要起草人：

李　洋（中国电子科技集团公司第二十三研究所）

施海燕（中国电子科技集团公司第二十三研究所）

曹　懋（中国电子科技集团公司第二十三研究所）

目　　录

引　言

JJF 1071《国家计量校准规范编写规则》、JJF 1059《测量不确定度评定与表示》、JJF 1001《通用计量术语及定义》共同构成支撑本校准规范制订工作的基础性系列规范。

本规范在制定工作中,参考了下列文件:

GJB 915A—97 纤维光学试验方法　方法 305　纤维光学元器件光不连续性测量

本规范为首次制定。

光不连续性测试仪（装置）校准规范

1 范围

本校准规范适用于工作波长为 850nm、1300nm、1310nm、1550nm，功率衰减范围（0~4）dB，不连续时间范围为（1~200）μs 的光不连续性测试仪的校准。

2 引用文件

GJB 915A-97 纤维光学试验方法 方法 305 纤维光学元器件光不连续性测量

3 概述

光不连续性测试仪是专用的测量光学不连续性的仪器，它工作在 850nm、1300nm、1310nm、1550nm，能够捕捉（0~4）dB 的信号损失，监测时间和幅度均连续可调。在捕捉到不连续信号时，能够自行记录不连续的发生时间。

光不连续性测试仪工作原理如图 1 所示

图 1 光不连续性测试仪工作原理示意图

连续光信号中发生突发的瞬断信号，光接收器用于接受输入信号，而增益偏置则负责对输入信号做出增益调整，以便于测试仪对瞬断信号做出响应。设置阈值电路的阈值，即是确定光不连续性测试仪对瞬断信号的响应要求，在通过时间及记录装置来记录响应结果。

在整个测试过程中，可以看作在连续光信号中产生了一个负的窄脉，瞬断信号的持续时间即是负脉冲的宽度，瞬断信号的衰减幅度即是负脉冲的幅度，光不连续性测试的关键就是准确的捕捉到这个突发的负脉冲信号。

4 计量特性

4.1 工作波长：850nm、1300nm、1310nm、1550nm

4.2 光不连续时间

光不连续时间/μs	1	5	10	50	100	200
最大允许误差/μs	±0.5	±0.5	±1.0	±1.0	±5.0	±5.0

4.3 功率衰减

功率衰减/dB	0.5	1	2	2.5	3	4
最大允许误差/dB	±0.1	±0.2	±0.2	±0.2	±0.2	±0.2

5 校准条件

5.1 环境条件

5.1.1 环境温度:(20±5)℃

5.1.2 相对湿度:45%～75%

5.1.3 供电电源:(220±11)V,(50±1)Hz

5.1.4 实验室应无剧烈振动和影响测量结果的电磁场干扰

5.2 测量标准及其他设备

5.2.1 数字示波器

频带宽度:DC～300MHz

扫描时间因数:0.2ns/div～1ms/div,最大允许误差:±0.2%

5.2.2 光电转换器

波长:(800～1600)nm;

饱和功率:100mW

响应速率:10GHz

5.2.3 光功率计

波长:(800～1700)nm;

衰减测量范围:(0～60)dB;

功率衰减测量不确定度:0.03dB($k=2$);

输出方式:光纤连接器型,建议采用符合国家标准的 FC/APC 型光纤连接器

5.2.4 脉冲可调光源

波长:850nm,1300nm,1310nm,1550nm;

脉冲宽度:0.1μs～1ms,测量不确定度:0.01μs($k=2$)

脉冲幅度:(0～60)dB,测量不确定度:0.03dB($k=2$)

光源稳定性:0.01dB/15min

6 校准项目和校准方法

6.1 外观及工作正常性检查

被校光不连续性测试仪(以下简称被校测试仪)应完整无损,标志应清晰完整,开关、按键、插接及连接器应通断分明,插接正确、连接牢固,不应有影响操作的任何机械损伤。

被校测试仪的各开关和指示灯功能应正常,通电连接电脑后应能正常工作,各种指示面板显示应正确。

6.2 光不连续时间校准

6.2.1 校准连接图如图 2 所示。

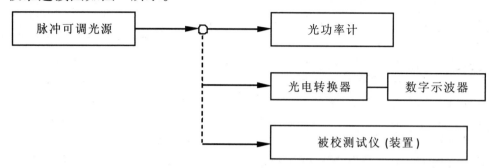

图2 光不连续时间校准连接图

打开脉冲可调光源（以下简称光源），将波长设置为 1310nm，并将光源及其他仪器根据说明书预热，直至光源输出稳定。

6.2.2 将光源先与被校测试仪连接，调节光源输出功率达到被校测试仪响应要求（－10dBm～－30dBm）。然后，将光源与光功率计连接，并将光功率计置零，再调节光源的脉冲幅度，至光功率计显示为 0.5dB。

6.2.3 将被校测试仪的告警阈值设置为（1μs，0.5dB）。然后把光源通过光电转换器连接数字示波器，调节光源的脉冲宽度至数字示波器测量值为 0.4μs。再将光源连接被校测试仪，设置光源发出脉冲，平稳增大脉冲宽度，并同时观察被校测试仪，直至被校测试仪告警。在不改变其他条件的情况下，将光源再重新连接光电转换器和数字示波器，读取此时示波器的测量值，直接在附录 A.2 表中记录起始告警光不连续时间结果，并根据公式（1）计算光不连续时间示值误差。

$$\Delta t = t_0 - t_x \tag{1}$$

式中：

Δ_t ——光不连续时间示值误差，μs

t_0 ——光不连续时间设置值，μs

t_x ——起始告警光不连续时间值，μs

6.2.4 重复步骤 6.2.2～6.2.3，依次调节输入脉冲衰减幅度至 1dB、2dB、2.5dB、3dB、4dB，将被校测量仪告警阈值分别设置为（5μs，1dB）、（10μs，2dB）、（50μs，2.5dB）、（100μs，3dB）、（200μs，4dB），记录对应阈值点条件下的起始告警光不连续时间结果。

6.2.5 将光源分别调整为 850nm、1300nm、1550nm，待光源输出稳定后重复步骤 6.2.2～6.2.4。

6.2.6 根据被校测试仪通道数量，对每个通道重复步骤 6.2.2～6.2.5。

6.3 功率衰减校准

6.3.1 校准连接图如图 3 所示。

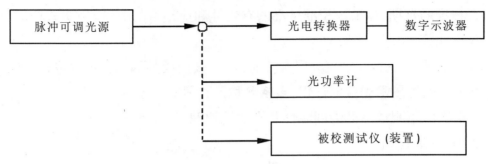

图3 功率衰减校准连接图

将光源调为1310nm波长,待光源输出稳定。

6.3.2 先将光源通过光电转换器连接数字示波器,调节光源脉冲宽度,至数字示波器测量值为1μs。然后将光源与被校测试仪连接,调节光源输出功率达到被校测试仪响应要求(−10dBm ~ −30dBm),并将功率计置零。

6.3.3 将被校测试仪的告警阈值设置为(1μs,0.5dB)。调节光源脉冲幅度,至光功率计显示为0.3dB。最后将光源连接被校测量仪,设置光源发出脉冲,平稳增大脉冲幅度,并同时观察被校测试仪,直至被校测试仪告警。在不改变其他条件的情况下,将光源重新接入光功率计,读取此时的光功率计示值,直接在附录 A.3 表中记录起始告警功率衰减结果,并根据公式(2)记录功率衰减误差结果。

$$\Delta P = P_0 - P_x \tag{2}$$

式中:

Δ_P ——功率衰减示值误差,dB

P_0 ——功率衰减参考值,dB

P_0 ——起始告警功率衰减值,dB

6.3.4 重复步骤 6.3.2 ~ 6.3.3,依次调节输入脉冲时间至 5μs、10μs、50μs、100μs、200μs,将被校测量仪告警阈值分别设置为(5μs,1dB)、(10μs,2dB)、(50μs,2.5dB)、(100μs,3dB)、(200μs,4dB),记录对应阈值点条件下的起始告警功率衰减结果。

6.3.5 将光源分别调整为850nm、1300nm、1550nm,待光源输出稳定后重复步骤 6.3.2 ~ 6.3.4。

6.3.6 根据被校测试仪通道数量,对每个通道重复步骤 6.3.2 ~ 6.3.5。

7 校准结果

校准结果应在校准证书上反映。校准证书应至少包括以下信息:

a)标题:"校准证书";

b)实验室名称和地址;

c)进行校准的地点(如果不在实验室内进行校准);

d)证书或报告的唯一性标识(如编号),每页及总页数的标识;

e)送校单位的名称和地址;

f)被校对象的描述和明确标识;

g）进行校准的日期，如果与校准结果的有效性和应用有关时，应说明被校对象的接收日期；

h）如果与校准结果的有效性应用有关时，应对被校样品的抽样程序进行说明；

i）校准所依据的技术规范的标识，包括名称及代号；

j）本次校准所用测量标准的溯源性及有效性说明；

k）校准环境的描述；

l）校准结果及其测量不确定度的说明；

m）对校准规范的偏离的说明；

n）校准证书或校准报告签发人的签名、职务或等效标识，以及签发日期；

o）校准结果仅对被校对象有效的声明；

p）未经实验室书面批准，不得部分复制证书或报告的声明。

8 复校时间间隔

由于复校时间间隔的长短是由仪器的使用情况、使用者、仪器本身质量等诸因素所决定的，因此送校单位可根据实际使用情况自主决定复校时间间隔。仪器修理或调整后应及时校准。

附录 A

校准结果记录格式

A.1 外观及工作正常性检查

正常 □   不正常 □

A.2 光不连续时间校准结果

表 A.1   光不连续时间校准记录表

工作波长：_____ nm

功率衰减 设置值/dB	光不连续时间 设置值/μs	起始告警 光不连续时间/μs	光不连续时间 示值误差/μs/	测量不确定度/μs

A.3 功率衰减校准结果

表 A.2   功率衰减校准记录表

工作波长：_____ nm

光不连续时间 设置值/μs	功率衰减 设置值/dB	起始告警 功率衰减值/dB	功率衰减 示值误差/dB	测量不确定度/dB

附录 B

光不连续性测试仪（装置）测量不确定度评定示例

光不连续性测试仪的主要校准项目有两项,功率衰减值和光不连续时间。依据光不连续性测试仪(装置)校准规范的各项计量特性及校准条件与校准项目的规定,对某一台光不连续性测试仪进行了校准,下面主要针对光不连续性测试仪的功率衰减和光不连续时间的不确定度进行分析。

B.1　光不连续时间测量不确定度评定

B.1.1　测量模型

$$\Delta t = t_0 - t_x \tag{B.1}$$

式中:

Δ_t ——光不连续时间示值误差, μs

t_0 ——光不连续时间设置值, μs

t_x ——起始告警光不连续时间值, μs

B.1.2　不确定度来源

a) 由测量重复性引入的不确定度分量 u_A;

b) 数字示波器时间测量不准引入的不确定度分量 u_{B1};

c) 数字示波器上升时间引入的不确定度分量 u_{B2};

d) 被校光不连续性测试仪分辨率引入的不确定度分量 u_{B3};

e) 由于光电转换引入的不确定度分量 u_{B4}。

B.1.3　不确定度评定

B.1.3.1　由测量重复性引入的不确定度分量 u_A（A 类评定）

选定功率衰减值,在该点对告警光不连续时间进行重复测量,独立测量 $n=6$,例如在 $(1\mu s, 0.5dB)$ 档位下,选定 0.5dB,重复测量该点告警光不连续时间值 6 次,重复性测试数据为:$1.04\mu s$, $1.03\mu s$, $1.06\mu s$, $1.05\mu s$, $1.04\mu s$, $1.03\mu s$。根据贝塞尔公式

$$\bar{x} = \frac{1}{n}\sum_{i=1}^{n} x_i = 1.04\mu s$$

$$s = \sqrt{\frac{\sum_{i=1}^{n}(x_i - \bar{x})^2}{n-1}} = 0.012\mu s$$

$$u_A = s/\sqrt{n} = 0.0049\mu s$$

如果实际计算中校准结果是单次测量结果则采用 $u_A = s$。

B.1.3.2　数字示波器时间测量不准引入的不确定度分量 u_{B1}（B 类评定）

根据上级计量机构给出数字示波器的证书,数字示波器时间测量扩展不确定度 $U=$

$0.01\mu s$（$k_1=2$），则：

$$u_{B1} = U/k_1 = 0.005\mu s$$

B.1.3.3　数字示波器上升时间引入的不确定度分量 u_{B2}（B 类评定）

根据所用数字示波器说明书，上升时间 ≤1.2ns，设在该区间内为均匀分布，$k_2=\sqrt{3}$，则：

$$u_{B2} = U/k_2 = 0.69ns$$

B.1.3.4　被校光不连续性测试仪分辨率引入的不确定度分量 u_{B3}（B 类评定）

根据光不连续性测试仪的技术说明书可知，其光不连续时间分辨率为 $0.1\mu s$，则其区间半宽度为 $a_3=0.05\mu s$，设在该区间内为均匀分布，$k_3=\sqrt{3}$，则：

$$u_{B3} = a_3/k_3 = 0.029\mu s$$

B.1.3.5　由于光电转换引入的不确定度分量 u_{B4}（B 类评定）

在测试过程中的转换结果仅需要对时间进行测量，并且光电转换器的响应速率极快，所以光电转换器对时间引入的不确定度分量可忽略不计。

B.1.4　不确定度合成

B.1.4.1　标准不确定度评定表

表 B.1　标准不确定度评定表

不确定度分量	不确定度来源	类型	分布	k 值	u_i
u_A	测量重复性引入	A 类	正态	/	$0.0049\mu s$
u_{B1}	示波器时间测量不确定度不准	B 类	正态	2	$0.005\mu s$
u_{B2}	示波器上升时间引入不确定度不准	B 类	均匀	$\sqrt{3}$	$0.00069\mu s$
u_{B3}	被校光不连续性测试仪分辨率	B 类	均匀	$\sqrt{3}$	$0.029\mu s$

B.1.4.2　合成标准不确定度

由于仪器分辨率与测量重复性相关，所以在合成不确定度过程中，取两者中较大的一个来进行合成计算，且 u_A 与 $u_{B1}\sim u_{B4}$ 相互独立，则有

$$u_C = \sqrt{u_{B1}^2 + u_{B2}^2 + u_{B3}^2} = 0.029\mu s \approx u_{B3}$$

B.1.4.3　扩展不确定度

因 u_{B3} 为均匀分布，所以合成标准不确定度视为均匀分布，$k=\sqrt{3}$，则扩展不确定度为：

$$U = k \times u_C = 0.05\mu s。$$

B.2　功率衰减测量不确定度评定

B.2.1　测量模型

$$\Delta P = P_0 - P_x \tag{B.2}$$

式中：

Δ_P——功率衰减示值误差，dB

P_0——功率衰减参考值，dB

P_x ——起始告警功率衰减值，dB

B.2.2 不确定度来源

a）由测量重复性引入的不确定度分量 u_A；

b）光功率计测量不准引入的不确定度分量 u_{B1}；

c）被校光不连续性测试仪分辨率引入的不确定度分量 u_{B2}；

d）光源稳定性引入的不确定度分量 u_{B3}；

e）由连接器插拔引入的不确定度分量 u_{B4}。

B.2.3 不确定度评定

B.2.3.1 由测量重复性引入的不确定度分量 u_A（A 类评定）

选定光不连续时间点，在该点对告警功率衰减值进行重复测量，独立测量 $n=6$，例如在（$1\mu s$，$0.5dB$）档位下，选定 $1\mu s$，重复测量该点告警功率衰减值 6 次，重复性测试数据为：$0.58dB$，$0.59dB$，$0.60dB$，$0.59dB$，$0.60dB$，$0.60dB$。根据贝塞尔公式

$$\bar{x} = \frac{1}{n}\sum_{i=1}^{n} x_i = 0.59dB$$

$$s = \sqrt{\frac{\sum_{i=1}^{n}(x_i-\bar{x})^2}{n-1}} = 0.0082dB$$

$$u_A = s/\sqrt{n} = 0.0033dB$$

如果实际计算中校准结果是单次测量结果则采用 $u_A = s$。

B.2.3.2 光功率计测量误差引入的不确定度分量 u_{B1}（B 类评定）

根据上级计量机构给出光功率计的证书，光功率衰减扩展不确定度 $U=0.03dB$（$k_1=2$），则：

$$u_{B1} = U/k_1 = 0.015dB$$

B.2.3.3 被校光不连续性测试仪分辨率引入的不确定度分量 u_{B2}（B 类评定）

根据光不连续性测试仪的技术说明书可知，其功率衰减分辨率为 $0.1dB$，则其区间半宽度为 $a_2=0.05dB$，设在该区间内为均匀分布，$k_2=\sqrt{3}$，则：

$$u_{B2} = a_2/k_2 = 0.029dB$$

B.2.3.4 光源稳定性引入的不确定度分量 u_{B3}（B 类评定）

根据对可调光源给出的 $15min$ 光源稳定性：$a_3=0.01dB$，设在该区间内为均匀分布，$k_3=\sqrt{3}$，则：

$$u_{B3} = a_3/k_3 = 0.0058dB$$

B.2.3.5 由连接器插拔引入的不确定度分量 u_{B4}（B 类评定）

连接器插拔引入的分量 a_4，根据经验可得，$a_4 \leq 0.02dB$，设在该区间内为均匀分布，$k_4=\sqrt{3}$，则：

$$u_{B4} = a_4/k_4 = 0.012dB$$

B.2.4 不确定度合成

B.2.4.1 标准不确定度评定表

表 B.2 标准不确定度评定表

不确定度分量	不确定度来源	类型	分布	k 值	u_i
u_A	测量重复性引入	A 类	正态	/	0.0033dB
u_{B1}	光功率计测量不确定度不准	B 类	正态	2	0.015dB
u_{B2}	被校光不连续性测试仪分辨率	B 类	均匀	$\sqrt{3}$	0.029dB
u_{B3}	光源稳定性测量不确定度不准	B 类	均匀	$\sqrt{3}$	0.0058dB
u_{B4}	连接器插拔引入	B 类	均匀	$\sqrt{3}$	0.012dB

B.2.4.2 合成标准不确定度

由于仪器分辨率与测量重复性相关，所以在合成不确定度过程中，取两者中较大的一个来进行合成计算，且 u_A 与 $u_{B1} \sim u_{B4}$ 相互独立，则有

$$u_C = \sqrt{u_{B1}^2 + u_{B2}^2 + u_{B3}^2 + u_{B4}^2} = 0.035\text{dB}$$

B.2.4.3 扩展不确定度

取 95.54% 置信度，$k = 2$，则扩展不确定度为：

$$U = k \times u_C = 0.07\text{dB}。$$

中华人民共和国工业和信息化部
电子计量技术规范

JJF（电子）0016—2018

电池充放电测试系统校准规范

Calibration specification for charge & discharge of battery test system

2018 - 04 - 30 发布   2018 - 07 - 01 实施

中华人民共和国工业和信息化部 发布

电池充放电测试系统校准规范

Calibration specification for charge & discharge of battery test system

JJF（电子）0016—2018

归 口 单 位：中国电子技术标准化研究院

主要起草单位：中国电子技术标准化研究院

本规范技术条文委托起草单位负责解释

本规范主要起草人：

张玉锋（中国电子技术标准化研究院）

刘　冲（中国电子技术标准化研究院）

李　洁（中国电子技术标准化研究院）

参加起草人：

薛剑真（中国电子技术标准化研究院）

徐迎春（中国电子技术标准化研究院）

张　珊（中国电子技术标准化研究院）

目　　录

引　言

本规范依据国家计量技术规范 JJF1071—2010《国家计量校准规范编写规则》编制。JJF1071—2010《国家计量校准规范编写规则》、JJF1001—2011《通用计量术语及定义》及JJF1059.1—2012《测量不确定度评定与表示》共同构成支撑本校准规范制定工作的基础性系列规范。

本规范为首次发布。

电池充放电测试系统校准规范

1 范围

本规范适用于充放电电压≤1000V、电流≤1500A的电池充放电测试系统的校准。电动车充电桩、电池保护板测试仪、电池过充过放测试仪、电池容量测试仪、脉冲充电测试仪可参照本规范对应的校准项目校准。

2 术语和计量单位

下列术语和定义适用于本规范。

2.1 恒流充电电流上升时间 constant charge current rise time

恒流充电电流由设定值的10%上升到90%所用时间。也指从一个恒流充电设定值到第二个恒流充电设置值的10%上升到90%所用时间。

3 概述

电池充放电测试系统主要由微机控制单元，充电单元（直流稳定电源），放电单元（直流电子负载），充电/放电切换单元，测量单元等组成。

电池充放电测试系统是通过给电池设置充放电参数，对电池的充放电进行控制保护的设备。在电池充放电过程中，可以设置电压的正常范围，防止电池的过充或过放，可以设置电流的正常范围，试验达到设置值时自动终止试验。

电池充放电测试系统主要用于检测电池的电流、电压、容量、内阻、充电、放电温度、电池循环寿命等，有多个通道可供选择，可同时测不同型号、不同类型的电池。

4 计量特性

4.1 电压设置值

范围：100mV～1000V，最大允许误差：±（0.02%～5%）。

4.2 电压测量

范围：100mV～1000V，最大允许误差：±（0.02%～5%）。

4.3 充放电电流设置值

范围：10mA～1500A，最大允许误差：±（0.05%～5%）。

4.4 充放电电流测量

范围：10mA～1500A，最大允许误差：±（0.05%～5%）。

4.5 恒阻放电电阻设置值

范围：10mΩ～2kΩ，最大允许误差：±（0.1%～5%）。

4.6 保护板过充过放电流

范围：10mA～500A，最大允许误差：±（0.1%～3%）。

4.7　放电容量

范围：10mAh～1000Ah，最大允许误差：±（0.1%～5%）。

4.8　恒流充电电流上升时间

范围：10μs～100ms。

4.9　充放电时间

范围：10s～100h，最大允许误差：±5%。

4.10　脉冲充电

幅度范围：10A～1000A，最大允许误差：±（0.1%～5%）；

宽度范围：1s～120s，最大允许误差：±4%。

4.11　终止充电电流

幅度范围：1mA～10A，最大允许误差：±（0.02%～2%）。

5　校准条件

5.1　环境条件

5.1.1　环境温度：（23±5）℃。

5.1.2　相对湿度：≤75%。

5.1.3　供电电源：（220±22）V；（50±1）Hz。

5.1.4　周围无影响正常工作的机械振动和电磁干扰。

5.2　（测量）标准及其它设备

5.2.1　直流数字电压表

测量范围：±（0.1V～1000V）；

最大允许误差：±（0.005%～1%）；

输入阻抗：≥10MΩ。

5.2.2　标准电压源、直流稳定电源

5.2.2.1　标准电压源

测量范围：±（0.1V～1000V）；

最大允许误差：±（0.005%～1%）。

5.2.2.2　直流稳定电源

稳定电压设定值范围：±（0.1V～1000V）；

最大允许误差：±（0.01%～1%）。

稳定电流设定值范围：±（0.1A～1000A）；

最大允许误差：±（0.01%～1%）。

5.2.3　直流数字电流表，直流分流器或电流传感器

5.2.3.1　直流数字电流表

测量范围：10mA～10A；

最大允许误差：±0.01%～1%。

5.2.3.2 直流分流器

测量范围：10A～1500A（直流），阻值范围：10μΩ～1Ω；

最大允许误差：±0.3%。

5.2.3.3 电流传感器

测量范围：10mA～1500A；

最大允许误差：±0.01%～1%。

5.2.4 时间间隔测量仪、计时器或秒表

5.2.4.1 时间间隔测量仪

时间：100ps～10s；

最大允许误差：$\pm 1 \times 10^{-6}$。

5.2.4.2 计时器或秒表

测量范围：10s～100h，最大允许误差：±1%。

5.2.5 数字示波器

频带宽度：DC～500MHz（-3dB）；

垂直偏转因数：1mV/div～10V/div。

最大允许误差：±2%。

扫描时间因数：0.5ns/div～50s/div；

最大允许误差：±（0.3%～1）%。

5.2.6 直流电子负载或滑线变阻器

5.2.6.1 直流电子负载

额定功率：1W～10kW

电压设定范围：±（0.1V～1000V）；

最大允许误差：±（0.005%～1%）。

电流设定范围：±（10mA～1500A）；

最大允许误差：±（0.005%～1%）。

5.2.6.2 滑线变阻器

额定功率：1W～10kW

阻值范围：10μΩ～100Ω

最大允许误差：±（0.01%～1%）。

5.2.7 取样数字电压表

幅度范围：±（0.1V～10V），最大允许误差：±0.05%；

采样速率：$\geqslant 5 \times 10^{4} S/s$。

5.2.8 脉冲分流器

测量范围：100A～1500A（脉冲），带宽：≥35kHz，阻值范围：10μΩ～1Ω；

最大允许误差：±0.3%。

5.2.9 脉冲充电电池

充电范围：100A～1500A（脉冲），作为脉冲充电负载，电池容量满足脉冲充电要求。

6 校准方法

6.1 校准前的准备

6.1.1 外观和附件检查

被校电池充放电测试系统（以下简称被校系统）的仪器名称、型号、制造厂名或商标、出厂编号、额定输入电压和频率等信息齐全；开关、旋钮、按键、插接及连接器应通断分明，旋转灵活平滑、换位准确、插接正确、连接牢固，无松动、损伤、脱落；各种功能标志应齐全清晰。

6.1.2 工作正常性检查

被校系统的各开关和指示灯功能应正常，通电后应能正常工作，各种指示应正确。电池充放电测试系统软件功能正常，接口通信正常。

6.1.3 预热

标准设备以及被校系统按说明书要求开机预热，无要求时，预热时间应不少于30min。

将结果记录在附录A表A.1中。

6.2 电压设置和电压测量

6.2.1 校准点的选取

被校系统每个量程均匀选取3至5个校准点，包括量程的10%、50%、100%点。

注：可根据客户实际需要选择校准点。

电压设置采用标准电压表法。电压测量采用标准电压源法或标准电压表法，两种方法任选其一。

6.2.2 标准电压源法

6.2.2.1 连接如图1所示。将被校系统的电压采样端与标准电压源的电压输出端相连接。根据选取的校准点，设置标准电压源的电压值 U_0 并输出，读取被校系统的电压示值 U_X，分别记录在附录A表A.2中。

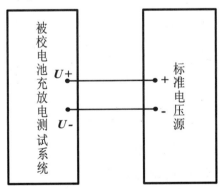

图1 标准电压源法校准连接图

6.2.2.2 按式（1）计算被校系统电压测量误差 ΔU，并记录在附录A表A.2中。

$$\Delta U = U_X - U_0 \tag{1}$$

式中：

ΔU ——被校系统电压测量误差,单位:V；

U_x ——被校系统电压测量值,单位:V；

U_0 ——标准电压源的输出值,单位:V。

6.2.3 标准电压表法

6.2.3.1 连接如图2所示。

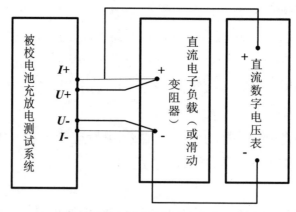

图2 标准电压表法校准连接图

6.2.3.2 设置被校系统为恒压充电模式。

设置直流电子负载为恒阻模式,根据恒压充电终止电流 I_E 和最小电压校准点 U_{min},按式(2)计算被校系统的负载电阻值 R_L,使直流电子负载(或滑动变阻器)设置值 R_S 小于 R_L。

$$R_L = \frac{U_{min}}{I_E} \tag{2}$$

式中:

R_L ——被校系统的负载电阻值,单位:Ω；

U_{min} ——被校系统的电压量程最小电压校准点,单位:V；

I_E ——恒压充电终止电流值,单位:A。

接通直流电子负载。设置被校系统的电压设置值 U_{X1},输出并读取被校系统电压示值 U_X 以及直流数字电压表的示值 U_0,分别记录在附录 A 表 A.2 中。

6.2.3.3 按6.2.2中式(1)计算被校系统电压测量误差 ΔU,按式(3)计算电压设置误差 ΔU_1,并分别记录在附录 A 表 A.2 中。

$$\Delta U_1 = U_{X1} - U_0 \tag{3}$$

式中:

ΔU_1 ——被校系统电压设置误差,单位:V；

U_{X1} ——被校系统电压设置值,单位:V；

U_0 ——直流数字电压表的指示值,单位:V。

6.3 充放电电流设置和充放电电流测量

6.3.1 校准点的选取

按6.2.1选取校准点。

6.3.2 充电电流设置和充电电流测量

设置被校系统为恒流充电模式。

可采用标准电流表法、直流分流器法和电流传感器法三种方法进行校准。当被校电流小于10A建议采用标准电流表法，当被校电流大于10A时，可以采用直流分流器法或电流传感器法。

6.3.2.1 标准电流表法

a）连接如图3（a）所示。

b）设置直流电子负载为恒阻模式，根据恒流充电终止电压 U_E 和最大电流校准点 I_{max}，按式（4）计算被校电池充电测试系统的负载电阻值 R_L，使直流电子负载（或滑动变阻器）设置值 R_S 小于 R_L。也可以使用充放电电流等于最大电流校准点的可充放电电池作为负载。

$$R_L = \frac{U_E}{I_{max}} \tag{4}$$

式中：

R_L ——被校系统的负载电阻值，单位：Ω；

U_E ——被校系统的恒流充电终止电压值，单位：V；

I_{max} ——被校系统的电流量程最大电流校准点，单位：A。

接通直流电子负载。设置被校系统的充电电流并输出。读取被校系统的充电电流设置值 I_{X1}，充电电流示值 I_X 以及直流数字电流表的示值 I_0。并分别记录在附录 A 表 A.3 中。

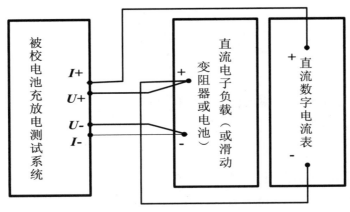

（a）标准电流表法

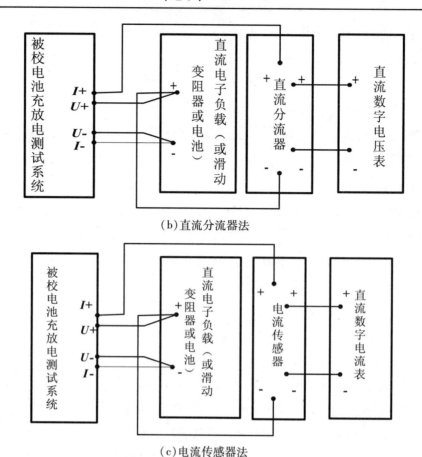

（b）直流分流器法

（c）电流传感器法

图3　恒流充电电流校准连接图

c）按式（5）计算被校系统充电电流设置误差 ΔI_1，按式（6）计算充电电流测量误差 ΔI，并分别记录在附录A表A.3中。

$$\Delta I_1 = I_{X1} - I_0 \qquad (5)$$

$$\Delta I = I_X - I_0 \qquad (6)$$

式中：

ΔI_1 ——被校系统充电电流设置误差，单位：A；

I_{X1} ——被校系统的充电电流设置值，单位：A；

ΔI ——被校系统充电电流测量误差，单位：A；

I_X ——被校系统的充电电流测量值，单位：A；

I_0 ——直流数字电流表的示值，单位：A。

6.3.2.2　直流分流器法

a）连接如图3（b）所示。

b）按6.3.2.1 b）设置直流电子负载。

接通直流电子负载。设置被校系统的充电电流并输出。读取被校系统的充电电流设置值 I_{X1}，充电电流示值 I_X 以及标准数字电压表测量值 U_0，按式（7）计算直流电流标准值 I_0。并分别记录在附录A表A.3中。

$$I_0 = \frac{U_0}{R_0} \qquad (7)$$

式中：

I_0 ——直流电流标准值,单位：A;

U_0 ——直流分流器采样端的直流数字电压表示值,单位：V;

R_0 ——直流分流器的电阻值,单位：Ω。

c）按式（5）计算被校系统充电电流设置误差 ΔI_1,按式（6）计算充电电流测量误差 ΔI,并分别记录在附录 A 表 A.3 中。

6.3.2.3 电流传感器法

a）连接如图 3（c）所示。

b）按 6.3.2.1 b）设置直流电子负载。

接通直流电子负载。设置被校系统的输出电流并输出。读取被校系统的充电电流设置值 I_{X1},充电电流测量值 I_X 以及电流传感器二次电流表测量值 I_n,按式（8）计算直流电流标准值 I_0。并分别记录在附录 A 表 A.3 中。

$$I_0 = KI_n \tag{8}$$

式中：

I_0 ——直流电流标准值,单位：A;

I_n ——标准电流表读取的电流传感器二次端电流值,单位：A;

K ——电流传感器的电流变比。

c）按式（5）计算被校系统充电电流设置误差 ΔI_1,按式（6）计算充电电流测量误差 ΔI,并分别记录在附录 A 表 A.3 中。

6.3.3 放电电流设置和放电电流测量

设置被校系统为恒流放电模式。

采用标准电流表法、直流分流器法或电流互感器法。可根据具体情况选用其中一种方法进行校准。

6.3.3.1 标准电流表法

a）连接如图 4（a）所示。

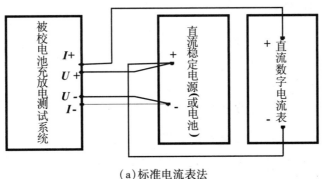

（a）标准电流表法

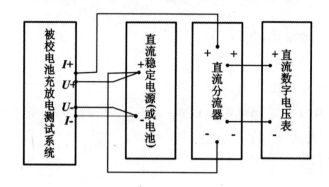

（b）直流分流器法

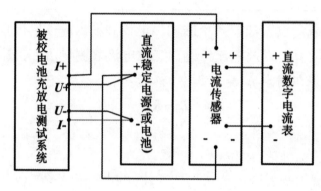

（c）电流传感器法

图4　恒流放电电流校准连接图

b）设置直流稳定电源为恒压模式，设置输出电压大于放电终止电压 U_E，设置电流大于被校电流量程上限值。也可以使用充放电电流等于最大电流校准点的可充放电电池作为电源。

使直流稳定电源输出，启动被校系统恒流放电。读取并记录被校系统的放电电流设置值 I_{d1}，放电电流示值 I_d 以及直流数字电流表的示值 I_0。并分别记录在附录 A 表 A.3 中。

c）按式（9）计算被校系统放电电流设置误差 ΔI_{d1}，按式（10）计算放电电流测量的误差 ΔI_d，并分别记录在附录 A 表 A.3 中。

$$\Delta I_{d1} = I_{d1} - I_0 \qquad (9)$$

$$\Delta I_d = I_d - I_0 \qquad (10)$$

式中：

ΔI_{d1}——被校系统放电电流设置误差，单位：A；

I_{d1}　——被校系统的放电电流设置值，单位：A；

ΔI_d　——被校系统放电电流测量误差，单位：A；

I_d　——被校系统的放电电流测量值，单位：A；

I_0　——直流电流标准值，单位：A。

6.3.3.2　直流分流器法

a）连接如图4（b）所示。

b）按照6.3.3.1 b)设置直流稳定电源。

使直流稳定电源输出，启动被校系统恒流放电。读取并记录被校系统的放电电流设置值 I_{d1}，放电电流示值 I_d 以及直流数字电压表测量值 U_0，按式（7）计算直流电流标准值 I_0。并分别记录在附录 A 表 A.3 中。

c）按式（9）计算被校系统放电电流设置误差 I_{d1}，按式（10）计算放电电流测量的误差 I_d，并分别记录在附录 A 表 A.3 中。

6.3.3.3 电流传感器法

a）连接如图4(c)所示。

b）按照6.3.3.1 b)设置直流稳定电源。

使直流稳定电源输出，启动被校系统恒流放电。读取并记录被校系统的放电电流设置值 I_{d1}，被校系统的放电电流测量值 I_d 以及电流传感器二次电流表测量值 I_n，按式（8）计算直流电流标准值 I_0。并分别记录在附录 A 表 A.3 中。

c）按式（9）计算被校系统放电电流设置误差 I_{d1}，按式（10）计算放电电流测量的误差 I_d。并分别记入附录 A 表 A.3 中。

6.4 恒阻放电电阻设置

电池充放电测试系统恒阻放电电阻设置，在恒阻放电模式下，采用间接测量法校准。其中电压测量采用标准表法，电流测量有标准电流表法、直流分流器法和电流传感器法三种方法。当被校电流小于 10A 建议采用标准电流表法，当被校电流大于 10A 时，可以采用直流分流器法或电流传感器法。

a）校准点的选取

在恒阻放电模式下，均匀选取不少于 3 个校准点，通常选取电流量程的 10%、50%，100% 为校准点。

b）连接如图 5 所示。

c）设置被校系统为恒阻放电模式。

设置直流稳定电源恒压状态，输出电压大于放电终止电压，输出电流大于被校系统电流量程的上限值。

设置被校系统放电电阻值 R_x。

使直流稳定电源输出，启动被校系统恒阻放电。读取直流数字电流表的示值 I_0 以及直流数字电压表的示值 U_0，按式（11）计算电阻测量标准值 R_0。记入附录 A 表 A.4 中。

$$R_0 = \frac{U_0}{I_0} \tag{11}$$

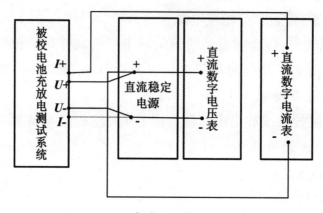

（a）标准电流表法

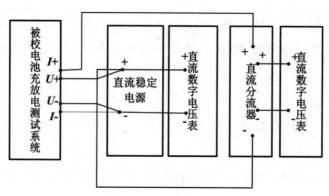

（b）直流分流器法

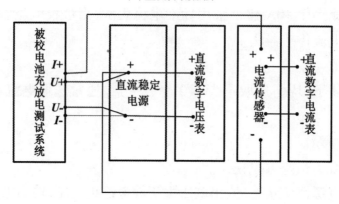

（c）电流传感器法

图 5　恒阻放电校准连接图

d）按式（12）计算被校系统恒阻放电电阻设置的误差 ΔR，并记录在附录 A 表 A.4 中。

$$\Delta R = R_X - R_0 \tag{12}$$

式中：

ΔR —— 被校系统恒阻放电电阻设置误差，单位：Ω；

R_X —— 被校系统的放电电阻设置值，单位：Ω；

R_0 —— 电阻测量标准值，单位：Ω。

6.5　保护板过充过放电流

保护板过充过放电流，可采用标准电流表法、直流分流器法和电流传感器法三种方法进行校准。当被校电流小于 10A 建议采用标准电流表法，当被校电流大于 10A 时，可以采用直流分流器法或电流传感器法。

6.5.1　校准点的选取

均匀选取不少于 3 个校准点,包括量程的 10%、50%、100% 点。

6.5.2　保护板过充电流

连接如图 3,校准方法同 6.3.2。

读取被校系统的过充电流设置值 I_{X1},过充电流示值 I_X 以及直流数字电流表的示值 I_0。并分别记录在附录 A 表 A.5 中。

按式(5)计算过充电流设置误差 ΔI_1,按式(6)计算过充电流测量误差 ΔI,并分别记入附录 A 表 A.5 中。

6.5.3　保护板过放电流

连接如图 4,校准方法同 6.3.3。

读取被校系统的过放电流设置值 I_{d1},过放电流示值 I_d 以及直流数字电流表的示值 I_0,并分别记录在附录 A 表 A.5 中。

按式(9)计算过放电流设置误差 I_{d1}。按式(10)计算过放电流测量误差 I_d。并分别记入附录 A 表 A.5 中。

6.6　放电容量设置

a)校准点的选取

均匀选取不少于 3 个校准点,通常选取电流量程的 10%、50%,100% 为校准点。

b)连接如图 6 所示。

c)设置电池充放电测试系统为恒流放电模式。采用电流时间积测量放电容量。

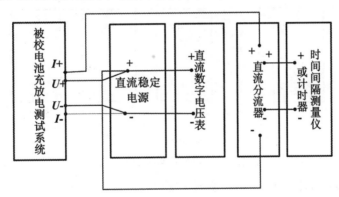

图 6　放电容量设置校准连接图

设置直流稳定电源输出电压大于放电终止电压,输出电流大于被校系统电流量程的上限值。

设置时间间隔测量仪的启动电压和停止电压为直流分流器阻值和放电电流值乘积的一半。

接通直流稳定电源输出。启动被校系统。试验停止后,读取被校系统的容量设置值 C_X,直流数字电压表读数 U_0,直流分流器的标准电阻值 R_0 及时间间隔测量仪的测量值 T_0,按式(13)计算电池容量标准值 C_0。并分别记录在附录 A 表 A.6 中。

$$C_0 = \frac{U_0}{R_0} T_0 \qquad (13)$$

式中：

C_0——电池容量标准值，单位：Ah；

U_0——直流分流器采样端的直流数字电压表示值，单位：V；

T_0——时间间隔测量仪的测量值，单位：h；

R_0——直流分流器的电阻值，单位：Ω。

d）按式（14）计算被校系统放电容量设置的误差 ΔC，并记录在附录 A 表 A.6 中。

$$\Delta C = C_X - C_0 \qquad (14)$$

式中：

ΔC ——被校系统放电容量设置误差，单位：Ah；

C_X ——被校系统放电容量设置值，单位：Ah；

C_0 ——电池容量标准值，单位：Ah。

6.7 恒流充电电流上升时间

a）连接如图 7 所示。

b）设置被校系统为恒流充电模式。设置充电电流值为额定值。采用数字示波器测量恒流充电电流上升时间。

按 6.3.2.1 b）设置直流电子负载 R_S。

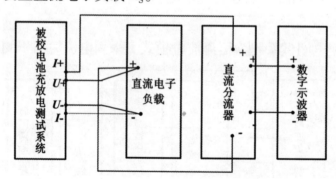

图7 恒流充电电流上升时间校准连接图

根据被校系统的额定电流值和直流分流器的电阻值乘积，设置数字示波器垂直偏转系数。根据被校系统的技术指标，设置示波器水平偏转系数。选择示波器上升时间测量功能，设为单次触发。

接通直流电子负载。启动被校系统恒流充电。读取示波器上升时间 T_0，并记录在附录 A 表 A.7 中。

6.8 充放电时间

a）校准点的选取

通常选取 60s 为校准点，充放电电流设置值为充放电电流量程的 10%。也可根据用户要求增加校准点。

b）连接如图 4 所示。

c）设置电池充放电测试系统为恒流充电或放电模式（任选一种）。采用电子秒表测量充放电时间。

d）按6.3.2.1 b）设置直流电子负载 R_s 或按照6.3.3.1 b）设置直流稳定电源。

接通直流电子负载或直流稳定电源，设置被校系统恒流充放电时间。启动时同时按下电子秒表，设置时间到，再次按下电子秒表，读取被校系统的充放电时间设置值 T_x，电子秒表的测量值 T_0。并分别记录在附录 A 表 A.8 中。

d）按式（15）计算被校系统充放电时间设置误差 ΔT，并分别记录在附录 A 表 A.8 中。

$$\Delta T = T_X - T_0 \tag{15}$$

式中：

ΔT ——被校系统电池充放电时间设置误差，单位：s；

T_X ——被校系统充放电时间设置测量值，单位：s；

T_0 ——电子秒表的测量值，单位：s。

6.9 脉冲充电

a）校准点的选取

通常选取电流量程的 10%、50%，100% 为校准点。校准点不少于 3 个。

b）连接如图 8 所示。

采用脉冲分流器法测量脉冲充电电流。

设置被校系统为脉冲充电模式，设置脉冲充电电流并输出。读取被校系统的脉冲充电电流设置值 I_{ms} 以及脉冲分流器 R_f 电压采样端取样数字电压表测量值 U_c，按式（16）计算被校系统脉冲充电电流设置的误差 ΔI_P，并分别记录在附录 A 表 A.9 中。

$$\Delta I_P = I_{ms} - \frac{U_c}{R_f} \tag{16}$$

式中：

ΔI_p ——脉冲充电电流设置误差；

I_{ms} ——被校系统脉冲充电电流的设置值；

U_c ——取样数字多用表的电压测量值；

R_f ——脉冲分流器的阻值。

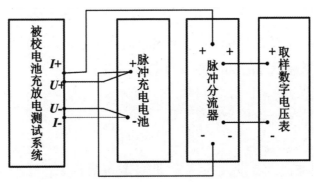

图 8 脉冲充电电流校准连接图

6.10 终止充电电流

a）校准点的选取

通常选取电流量程的 10% 为校准点。也可根据用户要求增加校准点。

b）连接如图 3 所示。

c）设置被校系统为恒压充电模式。可采用标准电流表法、直流分流器法和电流传感器法三种方法进行校准。当被校电流小于 10A 建议采用标准电流表法，当被校电流大于 10A 时，可以采用直流分流器法或电流传感器法。

按 6.3.2.1 b）设置直流电子负载 R_s。

接通直流电子负载。启动被校系统。缓慢增大直流电子负载的电阻值，使充电回路中的电流减小至充电终止电流值 I_E，试验停止。读取被校系统的恒压充电终止电流值 I_E，标准电流表示值 I_0，并分别记录在附录 A 表 A.10 中

d）按式（17）计算被校系统恒压充电终止电流设置误差 ΔE，并记录在附录 A 表 A.10 中

$$\Delta E = I_E - I_0 \tag{17}$$

式中：

ΔE　——被校系统恒压充电终止电流设置误差，单位：A；

I_E　——被校系统恒压充电终止电流设定值，单位：A；

I_0　——标准数字电流表示值，单位：A。

7　校准结果表达

校准结果应在校准证书上反映。校准证书应至少包括以下信息：

a）标题："校准证书"；

b）实验室名称和地址；

c）进行校准的地点（如果与实验室的地址不同）；

d）证书的唯一性标识（如编号），每页及总页数的标识；

e）客户的名称和地址；

f）被校对象的描述和明确标识；

g）进行校准的日期，如果与校准结果的有效性和应用有关时，应说明被校对象的接收日期；

h）校准所依据的技术规范的标识，包括名称及代号；

i）本次校准所用测量标准的溯源性及有效性说明；

j）校准环境的描述；

k）校准结果及测量不确定度的说明；

l）对校准规范的偏离的说明；

m）校准证书和校准报告签发人的签名、职务或等效标识；

n）校准结果仅对被校对象有效的说明；

o）未经实验室书面批准，不得部分复制证书的声明。

8 复校时间间隔

建议复校的时间间隔为 1 年。由于复校时间间隔的长短是由仪器使用情况、使用者、仪器本身质量等诸因素所决定的,因此,送校单位可根据实际情况自主决定复校时间间隔。

附录 A

校准原始记录格式

一　外观及工作正常性检查

表 A.1　外观及工作正常性检查记录表

外观检查：合格 □　不合格 □：＿＿＿＿＿＿＿＿＿＿＿＿

工作正常性检查：合格 □　不合格 □：＿＿＿＿＿＿＿＿＿＿＿＿

二　电压设置和电压测量

表 A.2　电压设置和电压测量记录表

量程	设置值	示值	标准值	设置误差	测量不确定度 $U(k=2)$	测量误差	测量不确定度 $U(k=2)$

三　充放电电流设置和电流测量

表 A.3　充放电电流设置和电流测量记录表

量程	设置值	示值	标准值	设置误差	测量不确定度 $U(k=2)$	测量误差	测量不确定度 $U(k=2)$

四 恒阻放电电阻设置

表 A.4 恒阻放电电阻设置记录表

量程	设置值	标准值	设置误差	测量不确定度 $U(k=2)$

五 保护板过充过放电流

表 A.5 保护板过充过放电流记录表

量程	设置值	示值	标准值	设置误差	测量不确定度 $U(k=2)$	测量误差	测量不确定度 $U(k=2)$

六 放电容量

表 A.6 放电容量记录表

量程	设置值	标准值	设置误差	测量不确定度 $U(k=2)$

七 恒流充电电流上升时间

表 A.7 恒流充电上升时间记录表

上升时间	测量不确定度 $U(k=2)$

八 充放电时间

表 A.8 充放电时间记录表

量程	设置值	标准值	设置误差	测量不确定度 $U(k=2)$

九 脉冲充电

表 A.9 脉冲充电记录表

量程	设置值	标准值	设置误差	测量不确定度 $U(k=2)$

十 终止充电电流

表 A.10 终止充电电流记录表

量程	设置值	标准值	设置误差	测量不确定度 $U(k=2)$

附录 B

测量不确定度分析示例

电池充放电测试系统校准规范，主要包括技术指标 9 项，其中直流电压参数 2 项；电阻参数 1 项；直流电流参数 3 项；脉冲充放电电流参数 1 项；时间参数 3 项，包括充放电时间、恒流充电电流上升时间和电流时间积等。

本附录以直流电压参数、直流电流参数、脉冲充电电流参数等校准项目的测量不确定度评定为例，说明电池充放电测试系统校准项目的测量不确定度评定的程序。由于校准方法和所用仪器设备相同或近似，其它一些项目的测量不确定度评定与以上一些项目也是相同或近似的。

本示例中，作为标准器的直流数字电压表、直流数字电流表以及取样数字多用表均以 Agilent34411A 型数字多用表为例进行分析。

B.1　直流电压校准结果的测量不确定度评定

B.1.1　校准方法

校准连接如图 2 所示。设置被校系统为恒压充放电模式。设置被校系统的输出电压并输出。读取被校系统的充放电电压测量值 U_X 以及直流数字电压表的示值 U_0，误差为 ΔU，获得数学模型。

B.1.2　测量模型

$$\Delta U = U_X - U_0 \tag{B.1}$$

式中：

ΔU　——被校系统电压测量误差，单位：V；

U_X　——被校系统电压测量值，单位：V；

U_0　——直流数字电压表的指示值，单位：V。

B.1.3　不确定度来源

a）直流数字电压表电压测量不准引入的不确定度分量 u_{B1}；

b）直流数字电压表电压测量分辨力引入的不确定度分量 u_{B2}；

c）被校系统的充放电电压测量分辨力引入的不确定度分量 u_{A1}；

d）被校系统测量重复性引入的不确定度分量 u_{A2}。

B.1.4　不确定度评定

a）直流数字电压表电压测量不准引入的不确定度分量 u_{B1}

按 B 类进行评定。以测量充放电电压 10V 为例进行分析。直流数字电压表在 10V 量程测量 10V 电压时的允许误差极限为 ±（0.0030% reading + 0.0005% range），即为 ±350μV；则其区间半宽度为 $a_1 = 350$μV，认为在该区间内服从均匀分布，包含因子 $k_1 = \sqrt{3}$，

127

则 $u_{B1} = \dfrac{a_1}{k_1} = 202\mu V$，相对值为 0.0021%。

b）直流数字电压表电压测量分辨力引入的不确定度分量 u_{B2}

按 B 类进行评定。直流数字电压表在 10V 量程其分辨力为 1mV，则其区间半宽度为 $a_2 = 500\mu V$，认为在该区间内服从均匀分布，包含因子 $k_2 = \sqrt{3}$，则 $u_{B2} = \dfrac{a_2}{k_2} = 289\mu V$，相对值约为 0.006%。

c）被校系统电压测量分辨力引入的不确定度分量 u_{A1}

按 B 类进行评定。根据被校系统的技术说明书可知，在 10V 量程其分辨力为 1mV，则其区间半宽度为 $a_2 = 500\mu V$，认为在该区间内服从均匀分布，包含因子 $k_2 = \sqrt{3}$，则 $u_{B2} = \dfrac{a_2}{k_2} = 289\mu V$，相对值约为 0.006%。

d）被校系统测量重复性引入的不确定度分量 u_{A2}

按 A 类进行评定。用直流数字电压表对稳定的被校系统的充放电电压（10V）进行短期重复测量，独立测量 $n = 10$ 次，重复性测试数据见表 B.1，$u_A = s_n(x)/\bar{x} \approx 0.02\%$。

表 B.1　电池充放电测试系统充放电电压重复测量 10 次数据

单位：V

x_1	x_2	x_3	x_4	x_5	x_6	x_7	x_8	x_9	x_10	$\bar{x}$	$s_n(x)$
10.001	10.001	10.002	9.999	10.000	10.002	10.001	10.001	10.003	10.002	10.0012	0.00114

B.1.5　合成不确定度

电池充放电测试系统充放电电压校准结果的测量不确定度的来源及数值汇总于表 B.2 中

表 B.2　不确定度分量汇总表

不确定度分量	不确定度来源	评定方法	分布	k 值	标准不确定度
u_{B1}	直流数字电压表电压测量不准不准	B 类	均匀	$\sqrt{3}$	0.0021%
u_{B2}	直流数字电压表电压分辨力	B 类	均匀	$\sqrt{3}$	0.006%
u_{A1}	电池充放电测试系统充放电电压分辨力	B 类	均匀	$\sqrt{3}$	0.006%
u_{A2}	电池充放电测试系统充放电电压测量重复性	A 类	/	/	0.02%

合成时，舍去电池充放电测试系统充放电电压分辨力 u_{A1} 和电池充放电测试系统充放电电压测量重复性 u_{A2} 之中较小值，则有

$$u_c = \sqrt{u_{B1}^2 + u_{B2}^2 + u_{A2}^2} = 0.02\%$$

A.1.6　扩展不确定度

取包含因子 $k = 2$，则扩展不确定度为：$U = k \times u_c = 0.04\%$。

B.2 充电电流设置校准结果的测量不确定度评定

以充电电流 1A 点为例。

B.2.1 测量方法

仪器连接如图 3 所示。将直流数字电流表和被校系统的充电电流输出端相连。当被校系统输出电流值 1A 时，使用直流数字电流表进行测量。

B.2.2 数学模型

$$\Delta I_1 = I_{X1} - I_0 \tag{B.2}$$

式中：

ΔI_1 ——被校系统充电电流设置误差，单位：A；

I_{X1} ——被校系统的充电电流设置值，单位：A；

I_0 ——直流数字电流表的示值，单位：A。

B.2.3 不确定度来源

a）直流数字电流表直流电流测量不准引入的不确定度分量 u_{B1}；

b）直流数字电流表测量分辨率所引入的不确定度分量 u_{B2}；

c）测量重复性变化引入的不确定度分量 u_A。

B.2.4 不确定度评定

a）直流数字电流表直流电流测量不准引入的不确定度分量 u_{B1}；

用 B 类标准不确定度评定。以 1A 测试点进行分析。直流数字电流表在 1A 量程 1A 测试点，其允许误差极限为 $\pm(0.100\% \times$ 读数 $+ 0.010\% \times$ 量程)，所以 1A 的允许误差极限为 $\pm0.0011A$，即 $a = 0.0011A$，估计为均匀分布，则 $k = \sqrt{3}$，故其不确定度分量 $u_{B1} = a/k = 0.0007V$，相对值为 0.007%。

b）直流数字电流表测量分辨率所引入的不确定度分量 u_{B2}；

用 B 类标准不确定度评定。直流数字电流表在 1A 量程的分辨率为 $1\mu A$，区间半宽为 $0.5\mu A$，即 $a = 0.5\mu A$，估计为均匀分布，则 $k = \sqrt{3}$，故其不确定度分量 $u_{B2} = a/k = 0.29\mu A$，相对值为 0.0000029%。

c）测量重复性变化引入的不确定度分量 u_A

按 A 类评定，用直流数字电流表对被校系统的充电电流（1A）进行独立重复测量 10 次，重复性测试数据见表 B.3：

$$u_A = s_n(x) = \sqrt{\frac{\sum_{i=1}^{10}(x_i - \bar{x})^2}{n-1}} \, 0.0000099A，相对值为 0.001\%。$$

表 B.3　电池充放电测试系统充电电流设置重复测量 10 次数据

单位：A

x_1	x_2	x_3	x_4	x_5	x_6	x_7	x_8	x_9	x_10	$\bar{x}$	$s_n(x)$
1.00003	1.00004	1.00002	1.00001	1.00002	1.00003	1.00004	1.00004	1.00003	1.00003	1.000029	0.0000099

B.2.5　合成标准不确定度 u_c

电池充放电测试系统充放电电压校准结果的测量不确定度的来源及数值汇总于表 B.4 中

表 B.4　不确定度分量汇总表

不确定度分量	不确定度来源	评定方法	分布	k 值	标准不确定度
u_{B1}	直流数字电流表电流测量不准	B 类	均匀	$\sqrt{3}$	0.007%
u_{B2}	直流数字电流表电流分辨力	B 类	均匀	$\sqrt{3}$	0.0000029%
u_A	电池充放电测试系统充电电流设置测量重复性	A 类	/	/	0.001%

以上各不确定度分量独立不相关，根据下面公式，则合成标准不确定度为：

$$u_c = \sqrt{(u_{B1})^2 + (u_{B2})^2 + (u_A)^2} \approx 0.0012\%$$

B.2.6　扩展不确定度 U

取 $k=2$，则扩展不确定度 $U = u_c \times k = 0.0024\%$。

B.3　脉冲充电电流设置校准结果的测量不确定度评定

B.3.1　测量方法

测量框图如图 8，将被校系统的脉冲电流输出端通过脉冲分流器和取样数字多用表相连，设置取样数字多用表于直流电压采样功能，量程置"自动"，积分周期（NPLC）置"0.001"。

B.3.2　数学模型

$$\Delta I_P = I_{ms} - \frac{U_c}{R_f} \tag{B.3}$$

式中：

ΔI_P　——脉冲充电电流设置误差；

I_{ms}　——被校系统脉冲充电电流的设置值；

U_c　——取样数字多用表的电压测量值；

R_f　——脉冲分流器的阻值。

B.3.3　不确定度来源

d）取样数字多用表脉冲电压测量不准引入的不确定度分量 u_{B1}；

e）取样数字多用表的脉冲电压测量分辨率所引入的不确定度分量 u_{B2}；

f）取样数字多用表输入电阻引入的不确定度分量 u_{B3}；

g）脉冲分流器阻值不准引入的不确定度分量 u_{B4}；

h）测量重复性变化引入的不确定度分量 u_A。

B.3.4 不确定度评定

a）由取样数字多用表脉冲电压测量不准引入的不确定度分量 u_{B1}

按 B 类评定，以 200A 测试点进行分析，选用脉冲分流器为 0.01Ω，测试电压应为 2V 左右：

1）根据高速数据采集单元 34411A 技术说明书可知，在 10V 量程测量 2V 电压时的允许误差极限为 ±（0.0030% reading + 0.0005% range），即为 ±110μV；

2）由于采样速率设为 50kS/s，采样速率引入的附加噪声误差为 $Noise = \dfrac{2 \times Range(V)}{\sqrt{12} \times 2^{Bits}}$，50kS/s 采样速率对应 14Bits，所以在 10V 量程，附加噪声误差为 ±352μV；

3）根据 34411A 说明书，在 50kS/s 采样速率下，由于 Auto Zero 功能"OFF"引入的误差为 ±2ppm of Range，即为 ±20μV；

4）在 50kS/s 采样速率下，由于 ADC Calibration 功能"OFF"引入的误差为 ±3ppm of Reading，即为 ±15μV。

综合以上误差来源，2V 电压测量的允许误差限为 ±497μV，则允许误差的区间半宽度为 $a_1 = 497$μV，认为在该区间内服从均匀分布，包含因子 $k_1 = \sqrt{3}$，则 $\Delta Iu_{B1} = \dfrac{a_1}{k_1} = 287$μV，相对值为 0.014%。

b）取样数字多用表的脉冲电压测量分辨率所引入的不确定度分量 u_{B2}

按 B 类评定，以 2V 电压为例进行分析。在采样速率设为 50kS/s 时，34411A 相当于 4 位半数字表，在 10V 量程其分辨力为 1mV，则其区间半宽度为 $a_2 = 500$μV，认为在该区间内服从均匀分布，包含因子 $k_2 = \sqrt{3}$，则 $u_{B2} = \dfrac{a_2}{k_2} = 289$μV，相对值约为 0.014%。

c）取样数字多用表输入电阻引入的不确定度分量 u_{B3}

在 10V 量程，高速数据采集单元输入阻抗为 10MΩ，远远大于精密四线电阻 R，所以不会产生分流作用，则由输入阻抗引入的不确定度分量 u_{B3} 可忽略不计。

d）脉冲分流器阻值不准引入的不确定度分量 u_{B4}

按 B 类评定，所使用的脉冲分流器经校准，其最大允许误差不超过 ±0.1%，则其区间半宽度为 $a_3 = 0.1\%$，认为在该区间内服从均匀分布，包含因子 $k_3 = \sqrt{3}$，则 $u_{B3} = \dfrac{a_3}{k_3} = 289$μV。

e）测量重复性变化引入的不确定度分量 u_A

按 A 类评定，用校准装置对被校系统的脉冲电流（200A）进行独立重复测量 10 次，重复性测试数据见表 B.5，$u_\mathrm{A} = s_n(x) = \sqrt{\dfrac{\sum\limits_{i=1}^{10}(x_i - \bar{x})^2}{n-1}}$ 0.00253A，相对值为 0.013%。

表 B.5　电池充放电测试系统充放电电压重复测量 10 次数据

单位：A

x_1	x_2	x_3	x_4	x_5	x_6	x_7	x_8	x_9	x_10	$\bar{x}$	$s_n(x)$
200.016	200.018	200.023	200.021	200.017	200.023	200.021	200.022	200.018	200.019	200.0198	0.00253

B.3.5　合成标准不确定度 u_c

电池充放电测试系统脉冲充电电流设置校准结果的测量不确定度的来源及数值汇总于表 B.6 中。

表 B.6　不确定度分量汇总表

不确定度分量	不确定度来源	评定方法	分布	k 值	标准不确定度
u_{B1}	取样数字多用表脉冲电压测量不准	B 类	均匀	$\sqrt{3}$	0.014%
u_{B2}	取样数字多用表的脉冲电压测量分辨率	B 类	均匀	$\sqrt{3}$	0.014%
u_{B3}	取样数字多用表输入电阻	B 类	均匀	$\sqrt{3}$	/
u_{B4}	脉冲分流器阻值不准	B 类	均匀	$\sqrt{3}$	0.058%
u_A	电池充放电测试系统脉冲电流设置测量重复性	A 类	/	/	0.013%

以上各不确定度分量独立不相关，根据下面公式，则合成标准不确定度为：

$$u_c = \sqrt{(u_{B1})^2 + (u_{B2})^2 + (u_{B3})^2 + (u_{B4})^2 + (u_A)^2} \approx 0.06\%$$

B.3.6　扩展不确定度 U

取 $k = 2$，则扩展不确定度 $U = u_c \times k = 0.12\%$。

中华人民共和国工业和信息化部
电子计量技术规范

JJF（电子）0017—2018

电器电子产品有害物质检测用能量
色散型 X 射线荧光光谱仪校准规范

Calibration specification of energy dispersive X – ray fluorescence
spectrometry used for screening test of hazardous substances in
electrical and electronic products

2018 – 04 – 30 发布   2018 – 07 – 01 实施

中华人民共和国工业和信息化部 发布

电器电子产品有害物质检测用能量色散型 X 射线荧光光谱仪校准规范

Calibration specification of energy dispersive X – ray fluorescence spectrometry used for screening test of hazardous substances in electrical and electronic products

JJF（电子）0017—2018

归 口 单 位：中国电子技术标准化研究院

主要起草单位：中国电子技术标准化研究院

本规范技术条文委托起草单位负责解释

本规范主要起草人：

程　涛（中国电子技术标准化研究院）

邢卫兵（中国电子技术标准化研究院）

武海云（中国电子技术标准化研究院）

于晓林（中国电子技术标准化研究院）

裴　静（中国电子技术标准化研究院）

参加起草人：

吴　静（岛津企业管理（中国）有限公司）

目　　录

引　言

　　本规范依据国家计量技术规范 JJF1071—2010《国家计量校准规范编写规则》编制。JJF1071—2010《国家计量校准规范编写规则》、JJF1001—2011《通用计量术语及定义》及JJF1059.1—2012《测量不确定度评定与表示》共同构成支撑本校准规范制定工作的基础性系列规范。

　　本规范为首次发布。

电器电子产品有害物质检测用能量
色散型 X 射线荧光光谱仪校准规范

1 范围

本规范适用于电器电子产品有害物质检测用能量色散型 X 射线荧光光谱仪（以下简称 XRF 光谱仪）的校准。

2 引用文件

本规范引用了以下文件：

GB/T 26572–2011 电子电气产品中限用物质的限量要求

GB/T 33352–2016 电子电气产品中限用物质筛选应用通则 X 射线荧光光谱法

注：凡是注日期的引用文件，仅注日期的版本适用于本规范；凡是不注日期的引用文件，其最新版本（包括最新的修改单）适用于本规范。

3 术语

3.1 半高宽 full width at half maximum（简称 FWHM）

在单峰构成的分布曲线上，峰值一半处曲线上两点的横坐标间的距离。

[GB/T 4960.6—2008，定义 3.2.27]

3.2 能量分辨率（半导体探测器的）energy resolution（of semiconductor detector）

半导体探测器对能谱的半高宽（FWHM）的贡献（包括探测器的漏电流噪声），通常用能量单位表示。

[GB/T 11685 — 2003，定义 3.6]

注：能量分辨率数值越小，分辨率越高。

3.3 峰位 peak position

在脉冲幅度谱中一个峰（谱线）的矩心处的能量或等效量。

[GB/T 11685 — 2003，定义 3.18]

4 概述

XRF 光谱仪主要由源级射线发生系统（高压电源及 X 光管）、光路系统、探测系统（包括探测器、制冷装置、前置放大器等）、多道脉冲处理系统（多道分析器、A/D 转换）所组成。工作原理主要为样品中待测元素的原子受到 X 射线或高能辐射激发而引起内层电子的跃迁，同时发射出具有一定特征能量的荧光 X 射线，根据测得谱线的能量和强度来对待测元素进行定性和定量分析。

电子电气产品的广泛使用使人们更加关注其对环境的影响，世界上许多国家或地区制定专门的法规限制铅（Pb）、汞（Hg）、镉（Cd）、六价铬（Cr（Ⅵ）），以及多溴联苯（PBB）和多溴二苯醚（PBDE）等有害物质在电子电气产品中使用。XRF 光谱仪因其检测速度快、操作简便、检测成本低等优势，已广泛应用于电子电气产品中上述物质的筛选测试。

5　计量特性

XRF 光谱仪计量特性包括能量分辨率、能量位置偏差、稳定性、精密度和检出限等，详见表 1 所示。

表 1　XRF 光谱仪的计量特性及要求

级别	A 级	B 级
能量分辨率/eV	≤170	≤300
能量位置偏差/keV	±0.05	±0.10
稳定性/%	≤10	≤20
精密度/mg·kg^{-1}	对于目标元素含量为限值要求 ±15% 范围内的有证标准物质： 聚合物材料： 3σ(Pb)≤限值×2.2 % 3σ(Hg)≤限值×2.2 % 3σ(Cr)≤限值×2.2 % 3σ(Cd)≤限值×10 % 3σ(Br)≤限值×5 % 金属材料： 3σ(Pb)≤限值×7.5 % 3σ(Hg)≤限值×7.5 % 3σ(Cr)≤限值×7.5 % 3σ(Cd)≤限值×20 %	对于目标元素含量为限值要求 ±15% 范围内的有证标准物质： 聚合物材料： 3σ(Pb)≤限值×4.5 % 3σ(Hg)≤限值×4.5 % 3σ(Cr)≤限值×4.5 % 3σ(Cd)≤限值×20 % 3σ(Br)≤限值×10 % 金属材料： 3σ(Pb)≤限值×15 % 3σ(Hg)≤限值×15 % 3σ(Cr)≤限值×15 % 3σ(Cd)≤限值×20 %
检出限/mg·kg^{-1}	对聚合物材料标准物质中的各目标元素，LOD≤限值×2.5 %；对金属材料标准物质中的各目标元素，LOD≤限值×10 %。	对聚合物材料标准物质中的各目标元素，LOD≤限值×5 %；对金属材料标准物质中的各目标元素，LOD≤限值×15 %。

注 1：Pb、Hg、Cd、Cr 的限值依据 GB/T 26572－2011，Br 的限值在考虑了最为不利的情形下为 300 mg/kg。

注 2：XRF 光谱仪计量要求参考 GB/T 33352－2016 附录 A 的规定。

6　校准条件

6.1　环境条件

6.1.1　环境温度：（25±10）℃；

6.1.2　相对湿度：20%～80%；

6.1.3　供电电源:(220±11)V;频率:50±1 Hz

6.1.4　周围无影响正常工作的机械振动和电磁干扰。

6.2　校准用标准物质及试剂

6.2.1　校准用标准物质

校准时采用下列有证标准物质:

RoHS 检测 X 荧光分析用 ABS 中镉、铬、汞、铅成分分析标准物质;

RoHS 检测 X 荧光分析用聚丙烯中镉、铬、汞、铅成分分析标准物质;

RoHS 检测 X 荧光分析用黄铜合金中铅成分分析标准物质;

RoHS 检测 X 荧光分析用纯铜合金中铅成分分析标准物质;

6.2.2　校准用试剂

铅片(纯度为99.9%及以上);

二氧化锰(纯度为分析纯及以上)。

7　校准项目和校准方法

7.1　外观检查

7.1.1　被校设备应具有下列标识:名称、型号、制造商、出厂日期、仪器序列号等。

7.1.2　主机及配件齐全。仪器的按键开关、各调节旋钮均应正常工作,无松动现象,指示灯显示正常。

7.1.3　将检查结果记录于附录 A 的 A.1 中。

7.2　能量分辨率校准

XRF 光谱仪的分辨率应以锰的 K_α 线(5.895 keV)脉冲高度分布的半高宽(FWHM)来表示,见图1。

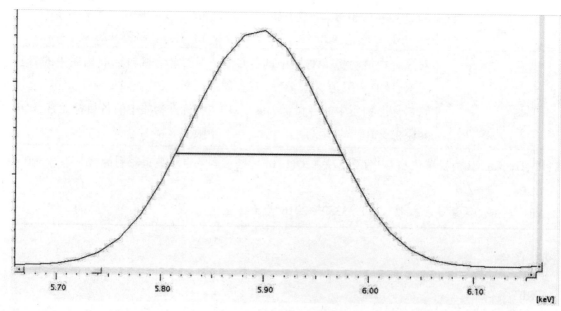

图1　锰的 K_α 线及半高宽的位置

7.2.1　将二氧化锰放置于 XRF 光谱仪的样品台。

7.2.2 使用仪器厂商推荐的测试条件（不低于 1000 cps）或将 X 光管的高压设定为 15 kV，电流为自动，空气光路，无滤光片，测试时间为 50 s。

7.2.3 测试二氧化锰压片，得到锰的 K_α 线的半高宽即为被测试仪器的能量分辨率。

7.2.4 将校准结果记录于附录 A 的 A.2 中。

7.3 能量位置偏差校准

7.3.1 将铅片放置于 XRF 光谱仪的样品台上。选择铅的 $L_{\alpha 1}$ 线验证其能量位置。

7.3.2 使用仪器厂商推荐的测试条件或将 X 光管的高压设定到 40 kV 以上，电流为自动，无滤光片，测试时间为 100 s，测试铅片。

7.3.3 记录铅的 $L_{\alpha 1}$ 线实际谱峰的峰位，计算实际峰位与铅的 $L_{\alpha 1}$ 理论值（10.552 keV）的偏差。

7.3.4 将校准结果记录于附录 A 的 A.3 中。

7.4 稳定性校准

7.4.1 将铅片放置于 XRF 光谱仪的样品台上。

7.4.2 使用仪器厂商推荐的测试条件或将 X 光管的高压设定到 40 kV 以上，电流为自动，无滤光片，测试时间为 100 s，测试铅片。

7.4.3 测得第一次铅的 $L_{\alpha 1}$ 强度之后，每隔 1 h 测量 1 次，连续测量 3 h，分别可得到第二次、第三次和第四次的记录铅的铅的 $L_{\alpha 1}$ 强度。按公式（1）计算 1 h、2 h 和 3 h 的铅的 $L_{\alpha 1}$ 强度变化率。

$$\eta = \frac{|i_1 - i_i|}{(i_1 + i_i)/2} \times 100\% \tag{1}$$

式中：

η ——强度变化率；

i_1 ——第一次测得的铅的 $L_{\alpha 1}$ 强度；

i_i ——每隔 1 h 测得的铅的 $L_{\alpha 1}$ 强度。

7.4.4 将校准结果记录于附录 A 的 A.4 中。

7.5 精密度指标校准

7.5.1 选取一种 RoHS 检测 X 荧光分析用 ABS 中镉、铬、汞、铅成分分析标准物质和一种 RoHS 检测 X 荧光分析用黄铜合金中铅成分有证标准物质，分别将其放置于 XRF 光谱仪样品台上.

7.5.2 使用仪器厂商推荐的测试条件，空气光路，设置单次测试的活时间分别为聚合物材料标准物质不超过 100 s，金属材料标准物质不超过 300 s。

7.5.3 在样品同一部位连续 7 次测量铅（Pb）、汞（Hg）、镉（Cd）、铬（Cr）、溴（Br）含量，按公式（2）计算出各自的标准偏差 σ。

$$\sigma = \sqrt{\frac{\sum_{i=1}^{n}(X_i - \overline{X})^2}{n-1}} \tag{2}$$

式中：

σ ——标准偏差，单位为毫克每千克（$mg \cdot kg^{-1}$）；

X_i ——第 i 次测量结果，单位为毫克每千克（$mg \cdot kg^{-1}$）；

$\overline{X}$ ——n 次测量结果的平均值，单位为毫克每千克（$mg \cdot kg^{-1}$）；

n ——测量次数。

7.5.4　将校准结果记录于附录 A 的 A.5 中。

7.6　检出限校准

7.6.1　将 RoHS 检测 X 荧光分析用聚丙烯中镉、铬、汞、铅成分分析标准物质的空白标准物质和 RoHS 检测 X 荧光分析用纯铜合金中铅成分的空白有证标准物质分别放置于 XRF 光谱仪的样品台上.

7.6.2　使用仪器厂商推荐的测试条件，空气光路，设置单次测试的活时间分别为聚合物材料标准物质不超过 100 s，金属材料标准物质不超过 300 s。

7.6.3　在样品同一部位连续 7 次测量铅（Pb）、汞（Hg）、镉（Cd）、铬（Cr）、溴（Br）含量，按公式（3）计算出各自的检出限。

$$LOD = 3\sigma \tag{3}$$

式中：

LOD ——检出限，单位为毫克每千克（$mg \cdot kg^{-1}$）；

σ ——空白标准物质多次测量结果的标准偏差，按公式（3）计算，单位为毫克每千克（$mg \cdot kg^{-1}$）。

7.6.4　将校准结果记录于附录 A 的 A.6 中。

8　校准结果表达

为全面衡量能量色散型 XRF 光谱仪的性能，所校准项目及其结果均应在校准证书中反映。校准结果的表达按照 JJF1071 - 2010 技术规范的要求，包括标题、实验室名称和地址、送校单位的名称和地址、校准日期、校准所用测量标准的溯源性及有效性说明、校准环境等方面内容。

9　复校时间间隔

送校单位可根据实际使用情况自主决定复校时间间隔，建议复校时间间隔为 1 年；仪器修理或调整后应及时校准。

附录 A

电器电子产品有害物质检测用能量色散型 X 射线荧光光谱仪校准记录格式

A.1 外观检查：

外观检查：合格 □　不合格 □：＿＿＿＿＿＿＿＿＿＿＿＿

A.2 能量分辨率：

＿＿＿＿＿＿＿＿＿＿＿＿ eV

A.3 能量位置偏差：

＿＿＿＿＿＿＿＿＿＿＿＿ keV

A.4 稳定性：

1 h：＿＿＿＿＿＿＿＿＿＿ ％

2 h：＿＿＿＿＿＿＿＿＿＿％

3 h：＿＿＿＿＿＿＿＿＿＿％

A.5 精密度：

标准物质：

结果（单位：$mg \cdot kg^{-1}$）：

标物	聚合物					金属
	铅（Pb）	镉（Cd）	汞（Hg）	铬（Cr）	溴（Br）	铅（Pb）
1						
2						
3						
4						
5						
6						
7						
均值						
s						
σ（3s）						
δ						

A.6 检出限：

标准装置/物质：

结果（单位：mg·kg^{-1}）：

标物	聚合物					金属
	铅（Pb）	镉（Cd）	汞（Hg）	铬（Cr）	溴（Br）	铅（Pb）
1						
2						
3						
4						
5						
6						
7						
s						
LOD						

附录 B

电器电子产品有害物质检测用能量色散型 X 射线荧光光谱仪校准的测量不确定度评定

B.1 概述

校准项目的确定主要基于电器电子产品有害物质检测用能量色散型 X 射线荧光光谱仪的性能特性和构成单元，主要包括能量分辨率、能量位置偏差、仪器稳定性、精密度和检出限，因此校准项目中涵盖这些单元的重要参数。

B.2 不确定度评定

覆盖参数：

(1)能量分辨率；

(2)能量位置偏差；

(3)稳定性；

(4)精密度：聚合物材料：铅、汞、镉、铬、溴。金属材料：铅；

(5)检出限：聚合物材料：铅、汞、镉、铬、溴。金属材料：铅。

B.2.1 能量分辨率的测量不确定度评定

B.2.1.1 测量方法及数学模型

光谱仪的分辨率应以锰的 K_α 线(5.895 keV)脉冲高度分布的半高宽(FWHM)来表示。如图 1。

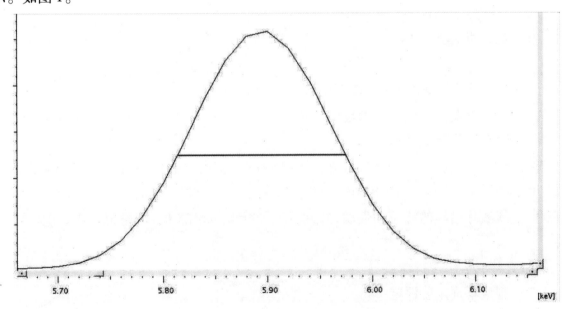

图 1 锰的 K_α 线及半高宽的位置

使用仪器厂商推荐的测试条件(不低于 1000 cps)或将 X 光管的高压设定为 15 kV，

电流为自动,空气光路,无滤光片,测试时间为 50 s,测试二氧化锰压片,得到锰的 K_α 线的半高宽即为被测试仪器的能量分辨率。

采用直接测量法进行测量。

B.2.1.2　测量不确定度评定

B.2.1.2.1　不确定度来源

能量分辨率校准的测量不确定度来源主要有以下几项：

a）由仪器本身引入的不确定度分量 u_B

b）由测量重复性引入的不确定度分量 u_A

B.2.1.2.2　不确定度分析

a）由仪器本身引入的不确定度分量 u_B

按 B 类评定。查阅仪器,没有给出不确定度。本次评定中,我们认为 B 类不确定度可忽略不计。

b）由测量重复性引入的不确定度分量 u_A

按 A 类评定。

对于能量分辨率,用二氧化锰对一个被校测试系统进行独立重复测量 7 次,重复性测试数据见下表,

则 $u_A = s_n(x) = \sqrt{\dfrac{\sum\limits_{i=1}^{7}(X_i - \overline{X})^2}{n-1}} = 0.432$ eV,相对值为 0.0034。

x_1	x_2	x_3	x_4	x_5	x_6	x_7	$\overline{x}$	$s_n(x)$
128.1	127.9	128.0	128.6	128.4	129.1	128.7	128.4	0.432

可计算出合成标准不确定度为：$u_c = 0.34\%$

B.2.1.2.3　扩展不确定度

取 $k=2$,根据公式：

$$U = u_c \times k$$

可得出,能量分辨率的扩展不确定度为 0.68%。

B.2.2　能量位置偏差的测量不确定度评定

B.2.2.1　测量方法及数学模型

选择铅的 $L_{\alpha 1}$ 线验证其能量位置并记录其强度。使用仪器厂商推荐的测试条件或将 X 光管的高压设定到 40 kV 以上,电流为自动,无滤光片,测试时间为 100 s,测试铅片,记录铅的 $L_{\alpha 1}$ 线实际谱峰的峰位和强度,并计算实际峰位与铅的 $L_{\alpha 1}$ 理论值（10.552 keV）的偏差。

采用直接测量法进行测量。

B.2.2.2　测量不确定度评定

B.2.2.2.1　不确定度来源

能量位置偏差校准的测量不确定度来源主要有以下几项：

a）由仪器本身引入的不确定度分量 u_B

b）由测量重复性引入的不确定度分量 u_A

B.2.2.2.2　不确定度分析

a）由仪器本身引入的不确定度分量 u_B

按 B 类评定。查阅仪器，没有给出不确定度。本次评定中，我们认为 B 类不确定度可忽略不计。

b）由测量重复性引入的不确定度分量 u_A

按 A 类评定。

对于能量位置偏差，用铅片对一个被校测试系统进行独立重复测量 7 次，重复性测试数据见下表，

则 $u_A = s_n(x) = \sqrt{\dfrac{\sum_{i=1}^{7}(X_i - \bar{X})^2}{n-1}} = 0.0006$ keV，相对值为 0.072。

x_1	x_2	x_3	x_4	x_5	x_6	x_7	$\bar{x}$	$s_n(x)$
0.008	0.007	0.008	0.008	0.008	0.009	0.008	0.008	0.0006

可计算出合成标准不确定度为：$u_c = 7.2\%$

B.2.2.2.3　扩展不确定度

取 $k=2$，根据公式：

$$U = u_c \times k$$

可得出，能量位置偏差的扩展不确定度为 14%。

B.2.3　稳定性的测量不确定度评定

B.2.3.1　测量方法及数学模型

测试纯铅，每隔 1 h 测量 1 次，连续测量 4 h，记录铅的 $L_{\alpha1}$ 线实际谱峰的峰位和强度，并计算实际峰位与铅的 $L_{\alpha1}$ 理论值（10.552 keV）的偏差，其任意一次偏差应不超过 ±0.05 keV，并按公式（1）计算铅的 $L_{\alpha1}$ 强度变化率。

$$\eta = \frac{|i_1 - i_i|}{(i_1 + i_i)/2} \times 100\% \tag{1}$$

式中：

η ——强度变化率；

i_1 ——第一次测得的铅的 $L_{\alpha1}$ 强度；

i_i ——每隔 1 h 测得的铅的 $L_{\alpha1}$ 强度。

采用直接测量法进行测量。

B.2.3.2　测量不确定度评定

B.2.3.2.1　不确定度来源

稳定性校准的测量不确定度来源主要有以下几项：

a）由仪器本身引入的不确定度分量 u_B

b）由测量重复性引入的不确定度分量 u_A

B.2.3.2.2　不确定度分析

a）由仪器本身引入的不确定度分量 u_B

按 B 类评定。查阅仪器，没有给出不确定度。本次评定中，我们认为 B 类不确定度可忽略不计。

b）由测量重复性引入的不确定度分量 u_A

按 A 类评定。

对于稳定性，用铅片对一个被校测试系统进行独立重复测量 7 次，重复性测试数据见下表，

则 $u_A = s_n(x) = \sqrt{\dfrac{\sum\limits_{i=1}^{7}(X_i - \overline{X})^2}{n-1}} = 0.0049$，相对值为 0.073。

x_1	x_2	x_3	x_4	x_5	x_6	x_7	$\overline{x}$	$s_n(x)$
0.06	0.07	0.07	0.07	0.07	0.06	0.07	0.067	0.0049

可计算出合成标准不确定度为：$u_c = 7.3\%$

B.2.3.2.3　扩展不确定度

取 $k=2$，根据公式：

$$U = u_c \times k$$

可得出，稳定性的扩展不确定度为 15%。

B.2.4　精密度校准中聚合物铅的测量不确定度评定

B.2.4.1　测量方法及数学模型

选取限用物质含量为 GB/T 26572 – 2011 中限值要求 ±15% 范围内的标准物质（包括聚合物材料标准物质和金属材料标准物质），使用仪器厂商推荐的测试条件，空气光路，设置单次测试的活时间分别为聚合物材料标准物质不超过 100 s，金属材料标准物质不超过 300 s，在样品同一部位连续 7 次测量铅（Pb）、汞（Hg）、镉（Cd）、铬（Cr）、溴（Br）含量，按公式（2）计算出各自的标准偏差 σ。

$$\sigma = \sqrt{\dfrac{\sum\limits_{i=1}^{n}(X_i - \overline{X})^2}{n-1}} \tag{2}$$

式中：

σ ——标准偏差，单位为毫克每千克（mg·kg^{-1}）；

X_i ——第 i 次测量结果，单位为毫克每千克（mg·kg^{-1}）；

$\overline{X}$ ——n 次测量结果的平均值，单位为毫克每千克（mg·kg^{-1}）；

n ——测量次数。

精密度为标准偏差 σ 的 3 倍。

采用直接测量法进行测量。

B.2.4.2 测量不确定度评定

B.2.4.2.1 不确定度来源

精密度校准的铅的测量不确定度来源主要有以下几项：

a）由标准物质本身引入的不确定度分量 u_B

b）由测量重复性引入的不确定度分量 u_A

B.2.4.2.2 铅的不确定度分析

a）由标准物质引入的不确定度分量 u_B

按 B 类评定。查阅标准物质的证书，不确定度如下表：

待测元素	含量 （mg·kg^{-1}）	证书给出的不确定度 （mg·kg^{-1}）	u_B
铅（Pb）	1122	37	0.0330

b）由测量重复性引入的不确定度分量 u_A

按 A 类评定。

对于聚合物材料的铅，用校准装置对一个被校测试系统的的铅含量进行独立重复测量 7 次，重复性测试数据见下表，

则 $u_A = s_n(x) = \sqrt{\dfrac{\sum\limits_{i=1}^{7}(X_i - \bar{X})^2}{n-1}} = 22.17 \text{ mg·kg}^{-1}$，相对值为 0.02。

x_1	x_2	x_3	x_4	x_5	x_6	x_7	$\bar{x}$	$s_n(x)$
1097	1154	1101	1121	1136	1150	1127	1127	22.17

B.2.4.2.3 合成标准不确定度 u_c

以上各不确定度分量独立不相关，根据下列公式，

$$u_c^2 = u_b^2 + u_a^2$$

可计算出合成标准不确定度为：$u_c = 3.80\%$

B.2.4.2.4 扩展不确定度

取 $k = 2$，根据公式：

$$U = u_c \times k$$

可得出，精密度校准中聚合物中铅含量的扩展不确定度为 7.6%。

B.2.5 精密度校准中聚合物汞的测量不确定度评定

B.2.5.1 测量方法及数学模型

选取限用物质含量为 GB/T 26572—2011 中限值要求 ±15% 范围内的标准物质（包括聚合物材料标准物质和金属材料标准物质），使用仪器厂商推荐的测试条件，空气光路，设置单次测试的活时间分别为聚合物材料标准物质不超过 100 s，金属材料标准物质不超过 300 s，在样品同一部位连续 7 次测量铅（Pb）、汞（Hg）、镉（Cd）、铬（Cr）、溴（Br）含量，按公式（2）计算出各自的标准偏差 σ。

B.2.5.2 测量不确定度评定

B.2.5.2.1 不确定度来源

精密度校准的汞的测量不确定度来源主要有以下几项：

a）由标准物质本身引入的不确定度分量 u_B

b）由测量重复性引入的不确定度分量 u_A

B.2.5.2.2 汞的不确定度分析

a）由标准物质引入的不确定度分量 u_B

按 B 类评定。查阅标准物质的证书，不确定度如下表：

待测元素	含量 （mg·kg^{-1}）	证书给出的不确定度 （mg·kg^{-1}）	u_B
汞（Hg）	1096	41	0.0374

b）由测量重复性引入的不确定度分量 u_A

按 A 类评定。

对于聚合物材料的汞，用校准装置对一个被校测试系统的的汞含量进行独立重复测量 7 次，重复性测试数据见下表，

则 $u_A = s_n(x) = \sqrt{\dfrac{\sum\limits_{i=1}^{7}(X_i - \overline{X})^2}{n-1}} = 35.74$ mg·kg^{-1}，相对值为 0.034。

x_1	x_2	x_3	x_4	x_5	x_6	x_7	$\overline{x}$	$s_n(x)$
1032	1058	1054	1123	1021	1095	1048	1062	35.74

B.2.5.2.3 合成标准不确定度 u_c

以上各不确定度分量独立不相关，根据下列公式，

$u_c{}^2 = u_b{}^2 + u_a{}^2$

可计算出合成标准不确定度为：$u_c = 5.05\ \%$

B.2.5.2.4 扩展不确定度

取 $k = 2$，根据公式：

$U = u_c \times k$

可得出，精密度校准中聚合物中汞含量的扩展不确定度为 10 %。

B.2.6 精密度校准中聚合物铬的测量不确定度评定

B.2.6.1 测量方法及数学模型

选取限用物质含量为 GB/T 26572－2011 中限值要求 ±15% 范围内的标准物质（包括聚合物材料标准物质和金属材料标准物质），使用仪器厂商推荐的测试条件，空气光路，设置单次测试的活时间分别为聚合物材料标准物质不超过 100 s，金属材料标准物质不超过 300 s，在样品同一部位连续 7 次测量铅（Pb）、汞（Hg）、镉（Cd）、铬（Cr）、溴（Br）含量，按公式（2）计算出各自的标准偏差 σ。

B.2.6.2 测量不确定度评定

B.2.6.2.1 不确定度来源

精密度校准的铬的测量不确定度来源主要有以下几项：

a）由标准物质本身引入的不确定度分量 u_B

b）由测量重复性引入的不确定度分量 u_A

B.2.6.2.2 铬的不确定度分析

a）由标准物质引入的不确定度分量 u_B

按 B 类评定。查阅标准物质的证书，不确定度如下表：

待测元素	含量 （mg·kg^{-1}）	证书给出的不确定度 （mg·kg^{-1}）	u_B
铬（Cr）	1122	38	0.0339

b）由测量重复性引入的不确定度分量 u_A

按 A 类评定。

对于聚合物材料的铬，用校准装置对一个被校测试系统的的铬含量进行独立重复测量 7 次，重复性测试数据见下表，

$$u_A = s_n(x) = \sqrt{\frac{\sum_{i=1}^{7}(X_i - \bar{X})^2}{n-1}} = 46.88 \text{ mg·kg}^{-1}$$，相对值为 0.042。

x_1	x_2	x_3	x_4	x_5	x_6	x_7	$\bar{x}$	$s_n(x)$
1078	1147	1102	1070	1059	1189	1088	1105	46.88

B.2.6.2.3 合成标准不确定度 u_c

以上各不确定度分量独立不相关，根据下列公式，

$$u_c^2 = u_b^2 + u_a^2$$

可计算出合成标准不确定度为：$u_c = 5.40\%$

B.2.6.2.4 扩展不确定度

取 $k=2$，根据公式：

$$U = u_c \times k$$

可得出，精密度校准中聚合物中铬含量的扩展不确定度为 11 %。

B.2.7 精密度校准中聚合物镉的测量不确定度评定

B.2.7.1 测量方法及数学模型

选取限用物质含量为 GB/T 26572－2011 中限值要求（±15%范围内的标准物质（包括聚合物材料标准物质和金属材料标准物质），使用仪器厂商推荐的测试条件，空气光路，设置单次测试的活时间分别为聚合物材料标准物质不超过 100 s，金属材料标准物质不超过 300 s，在样品同一部位连续 7 次测量铅（Pb）、汞（Hg）、镉（Cd）、铬（Cr）、溴（Br）含量，按

公式（2）计算出各自的标准偏差 σ。

B.2.7.2　测量不确定度评定

B.2.7.2.1　不确定度来源

精密度校准的镉的测量不确定度来源主要有以下几项：

a）由标准物质本身引入的不确定度分量 u_B

b）由测量重复性引入的不确定度分量 u_A

B.2.7.2.2　铬的不确定度分析

a）由标准物质引入的不确定度分量 u_B

按 B 类评定。查阅标准物质的证书，不确定度如下表：

待测元素	含量 （mg·kg^{-1}）	证书给出的不确定度 （mg·kg^{-1}）	u_B
镉（Cd）	107	3	0.0280

b）由测量重复性引入的不确定度分量 u_A

按 A 类评定。

对于聚合物材料的镉，用校准装置对一个被校测试系统的的镉含量进行独立重复测量 7 次，重复性测试数据见下表，

则 $u_A = s_n(x) = \sqrt{\dfrac{\sum\limits_{i=1}^{7}(X_i - \overline{X})^2}{n-1}} = 7.68$ mg·kg^{-1}，相对值为 0.072。

x_1	x_2	x_3	x_4	x_5	x_6	x_7	$\bar{x}$	$s_n(x)$
101	97.3	117	114	102	100	110	106	7.68

B.2.7.2.3　合成标准不确定度 u_c

以上各不确定度分量独立不相关，根据下列公式，

$$u_c^2 = u_b^2 + u_a^2$$

可计算出合成标准不确定度为：$u_c = 7.70\ \%$

B.2.7.2.4　扩展不确定度

取 $k = 2$，根据公式：

$$U = u_c \times k$$

可得出，精密度校准中聚合物中镉含量的扩展不确定度为 15 %。

B.2.8　精密度校准中聚合物溴的测量不确定度评定

B.2.8.1　测量方法及数学模型

选取限用物质含量为 GB/T 26572-2011 中限值要求 ±15% 范围内的标准物质（包括聚合物材料标准物质和金属材料标准物质），使用仪器厂商推荐的测试条件，空气光路，设置单次测试的活时间分别为聚合物材料标准物质不超过 100 s，金属材料标准物质不超过 300 s，在样品同一部位连续 7 次测量铅（Pb）、汞（Hg）、镉（Cd）、铬（Cr）、溴（Br）含量，按

公式（2）计算出各自的标准偏差 σ。

B.2.8.2 测量不确定度评定

B.2.8.2.1 不确定度来源

精密度校准的溴的测量不确定度来源主要有以下几项：

a）由标准物质本身引入的不确定度分量 u_B

b）由测量重复性引入的不确定度分量 u_A

B.2.8.2.2 溴的不确定度分析

a）由标准物质引入的不确定度分量 u_B

按 B 类评定。查阅标准物质的证书，没有给出不确定度。本次评定中，我们认为 B 类不确定度可忽略不计。

b）由测量重复性引入的不确定度分量 u_A

按 A 类评定。

对于聚合物材料的溴，用校准装置对一个被校测试系统的的溴含量进行独立重复测量 7 次，重复性测试数据见下表，

则 $u_A = s_n(x) = \sqrt{\dfrac{\sum\limits_{i=1}^{7}(X_i - \overline{X})^2}{n-1}} = 27.76 \ \mathrm{mg \cdot kg^{-1}}$，相对值为 0.025。

x_1	x_2	x_3	x_4	x_5	x_6	x_7	$\overline{x}$	$s_n(x)$
1101	1089	1147	1095	1158	1139	1108	1120	27.76

可计算出合成标准不确定度为：$u_c = 2.50\ \%$

B.2.8.2.3 扩展不确定度

取 $k=2$，根据公式：

$$U = u_c \times k$$

可得出，精密度校准中聚合物中溴含量的扩展不确定度为 5.0 %。

B.2.9 精密度校准中金属铅的测量不确定度评定

B.2.9.1 测量方法及数学模型

选取限用物质含量为 GB/T 26572－2011 中限值要求 ±15% 范围内的标准物质（包括聚合物材料标准物质和金属材料标准物质），使用仪器厂商推荐的测试条件，空气光路，设置单次测试的活时间分别为聚合物材料标准物质不超过 100 s，金属材料标准物质不超过 300 s，在样品同一部位连续 7 次测量铅（Pb）、汞（Hg）、镉（Cd）、铬（Cr）、溴（Br）含量，按公式（2）计算出各自的标准偏差 σ。

B.2.9.2 测量不确定度评定

B.2.9.2.1 不确定度来源

精密度校准的铅的测量不确定度来源主要有以下几项：

a）由标准物质本身引入的不确定度分量 u_B

b）由测量重复性引入的不确定度分量 u_A

B.2.9.2.2　铅的不确定度分析

a）由标准物质引入的不确定度分量 u_B

按 B 类评定。查阅标准物质的证书，不确定度如下表：

待测元素	含量 （mg·kg^{-1}）	证书给出的不确定度 （mg·kg^{-1}）	u_B
铅（Pb）	1033	139	0.1356

b）由测量重复性引入的不确定度分量 u_A

按 A 类评定。

对于金属材料的铅，用校准装置对一个被校测试系统的的铅含量进行独立重复测量 7 次，重复性测试数据见下表，

$$则 u_A = s_n(x) = \sqrt{\frac{\sum_{i=1}^{7}(X_i - \overline{X})^2}{n-1}} = 10.71 \text{ mg·kg}^{-1}，相对值为 0.010。$$

x_1	x_2	x_3	x_4	x_5	x_6	x_7	$\overline{x}$	$s_n(x)$
1061	1074	1065	1077	1055	1072	1087	1070	10.71

B.2.9.2.3　合成标准不确定度 u_c

以上各不确定度分量独立不相关，根据下列公式，

$$u_c^2 = u_b^2 + u_a^2$$

可计算出合成标准不确定度为：$u_c = 1.68 \%$

B.2.9.2.4　扩展不确定度

取 $k = 2$，根据公式：

$$U = u_c \times k$$

可得出，精密度校准中金属中铅含量的扩展不确定度为 3.4 %。

B.2.10　检出限校准中聚合物铅的测量不确定度评定

B.2.10.1　测量方法及数学模型

选取空白标准物质（包括聚合物材料空白标准物质和金属材料空白标准物质），使用仪器厂商推荐的测试条件，空气光路，设置单次测试的活时间分别为聚合物材料标准物质不超过 100 s，金属材料标准物质不超过 300 s，在样品同一部位连续 7 次测量铅（Pb）、汞（Hg）、镉（Cd）、铬（Cr）、溴（Br）含量，按公式（3）计算出各自的检出限。

$$LOD = 3\sigma \tag{3}$$

式中：

LOD——检出限，单位为毫克每千克（mg·kg^{-1}）；

σ　——空白标准物质多次测量结果的标准偏差，按公式（3）计算，单位为毫克每千克（mg·kg^{-1}）。

采用直接测量法进行测量。

B.2.10.2　测量不确定度评定

B.2.10.2.1　不确定度来源

检出限校准的铅的测量不确定度来源主要有以下几项：

a）由标准物质本身引入的不确定度分量 u_B

b）由测量重复性引入的不确定度分量 u_A

B.2.10.2.2　不确定度分析

a）由标准物质引入的不确定度分量 u_B

按 B 类评定。查阅标准物质的证书，没有给出不确定度。本次评定中，我们认为 B 类不确定度可忽略不计。

b）由测量重复性引入的不确定度分量 u_A

按 A 类评定。

对于聚合物材料的铅，用校准装置对一个被校测试系统的的铅含量进行独立重复测量 7 次，重复性测试数据见下表，

则 $u_A = s_n(x) = \sqrt{\dfrac{\sum\limits_{i=1}^{7}(X_i - \overline{X})^2}{n-1}} = 0.23 \ \mathrm{mg \cdot kg^{-1}}$，相对值为 0.042。

x_1	x_2	x_3	x_4	x_5	x_6	x_7	$\overline{x}$	$s_n(x)$
5.8	5.4	5.5	5.1	5.2	5.3	5.4	5.4	0.23

可计算出合成标准不确定度为：$u_c = 4.2\ \%$

B.2.10.2.3　扩展不确定度

取 $k = 2$，根据公式：

$$U = u_c \times k$$

可得出，检出限校准中聚合物中铅含量的扩展不确定度为 8.4 %。

B.2.11　检出限校准中聚合物汞的测量不确定度评定

B.2.11.1　测量方法及数学模型

选取空白标准物质（包括聚合物材料空白标准物质和金属材料空白标准物质），使用仪器厂商推荐的测试条件，空气光路，设置单次测试的活时间分别为聚合物材料标准物质不超过 100 s，金属材料标准物质不超过 300 s，在样品同一部位连续 7 次测量铅（Pb）、汞（Hg）、镉（Cd）、铬（Cr）、溴（Br）含量，按公式（3）计算出各自的检出限。

B.2.11.2　测量不确定度评定

B.2.11.2.1　不确定度来源

检出限校准的汞的测量不确定度来源主要有以下几项：

a）由标准物质本身引入的不确定度分量 u_B

b）由测量重复性引入的不确定度分量 u_A

B.2.11.2.2　不确定度分析

a）由标准物质引入的不确定度分量 u_B

按 B 类评定。查阅标准物质的证书，没有给出不确定度。本次评定中，我们认为 B 类不确定度可忽略不计。

b）由测量重复性引入的不确定度分量 u_A

按 A 类评定。

对于聚合物材料的汞，用校准装置对一个被校测试系统的的汞含量进行独立重复测量 7 次，重复性测试数据见下表，

则 $u_A = s_n(x) = \sqrt{\dfrac{\sum\limits_{i=1}^{7}(X_i - \overline{X})^2}{n-1}} = 0.17 \text{ mg} \cdot \text{kg}^{-1}$，相对值为 0.023。

x_1	x_2	x_3	x_4	x_5	x_6	x_7	$\overline{x}$	$s_n(x)$
7.5	7.6	7.5	7.6	7.2	7.2	7.4	7.43	0.17

可计算出合成标准不确定度为：$u_c = 2.3\%$

B.2.11.2.3 扩展不确定度

取 $k = 2$，根据公式：

$$U = u_c \times k$$

可得出，检出限校准中聚合物中汞含量的扩展不确定度为 4.6 %。

B.2.12 检出限校准中聚合物铬的测量不确定度评定

B.2.12.1 测量方法及数学模型

选取空白标准物质（包括聚合物材料空白标准物质和金属材料空白标准物质），使用仪器厂商推荐的测试条件，空气光路，设置单次测试的活时间分别为聚合物材料标准物质不超过 100 s，金属材料标准物质不超过 300 s，在样品同一部位连续 7 次测量铅（Pb）、汞（Hg）、镉（Cd）、铬（Cr）、溴（Br）含量，按公式（3）计算出各自的检出限。

B.2.12.2 测量不确定度评定

B.2.12.2.1 不确定度来源

检出限校准的铬的测量不确定度来源主要有以下几项：

a）由标准物质本身引入的不确定度分量 u_B

b）由测量重复性引入的不确定度分量 u_A

B.2.12.2.2 不确定度分析

a）由标准物质引入的不确定度分量 u_B

按 B 类评定。查阅标准物质的证书，没有给出不确定度。本次评定中，我们认为 B 类不确定度可忽略不计。

b）由测量重复性引入的不确定度分量 u_A

按 A 类评定。

对于聚合物材料的铬，用校准装置对一个被校测试系统的的铬含量进行独立重复测量 7 次，重复性测试数据见下表，

$$\text{则 } u_A = s_n(x) = \sqrt{\frac{\sum\limits_{i=1}^{7}(X_i - \overline{X})^2}{n-1}} = 0.19 \text{ mg} \cdot \text{kg}^{-1}，\text{相对值为 } 0.049。$$

x_1	x_2	x_3	x_4	x_5	x_6	x_7	$\overline{x}$	$s_n(x)$
5.3	5.6	5.1	5.3	5.6	5.2	5.3	5.34	0.19

可计算出合成标准不确定度为：$u_c = 4.9\%$

B.2.12.2.3　扩展不确定度

取 $k=2$，根据公式：

$$U = u_c \times k$$

可得出，检出限校准中聚合物中铬含量的扩展不确定度为 9.8%。

B.2.13　检出限校准中聚合物镉的测量不确定度评定

B.2.13.1　测量方法及数学模型

选取空白标准物质（包括聚合物材料空白标准物质和金属材料空白标准物质），使用仪器厂商推荐的测试条件，空气光路，设置单次测试的活时间分别为聚合物材料标准物质不超过 300 s，金属材料标准物质不超过 300 s，在样品同一部位连续 7 次测量铅（Pb）、汞（Hg）、镉（Cd）、铬（Cr）、溴（Br）含量，按公式（3）计算出各自的检出限。

B.2.13.2　测量不确定度评定

B.2.13.2.1　不确定度来源

检出限校准的镉的测量不确定度来源主要有以下几项：

a）由标准物质本身引入的不确定度分量 u_B

b）由测量重复性引入的不确定度分量 u_A

B.2.13.2.2　不确定度分析

a）由标准物质引入的不确定度分量 u_B

按 B 类评定。查阅标准物质的证书，没有给出不确定度。本次评定中，我们认为 B 类不确定度可忽略不计。

b）由测量重复性引入的不确定度分量 u_A

按 A 类评定。

对于聚合物材料的镉，用校准装置对一个被校测试系统的的镉含量进行独立重复测量 7 次，重复性测试数据见下表，

$$\text{则 } u_A = s_n(x) = \sqrt{\frac{\sum\limits_{i=1}^{7}(X_i - \overline{X})^2}{n-1}} = 0.15 \text{ mg} \cdot \text{kg}^{-1}，\text{相对值为 } 0.049。$$

x_1	x_2	x_3	x_4	x_5	x_6	x_7	$\overline{x}$	$s_n(x)$
3.2	2.9	3.1	3.3	3.1	2.9	3.0	3.1	0.15

可计算出合成标准不确定度为：$u_c = 4.9\%$

B.2.13.2.3　扩展不确定度

取 $k=2$，根据公式：

$$U = u_c \times k$$

可得出，检出限校准中聚合物中镉含量的扩展不确定度为 9.8 %。

B.2.14　检出限校准中聚合物溴的测量不确定度评定

B.2.14.1　测量方法及数学模型

选取空白标准物质（包括聚合物材料空白标准物质和金属材料空白标准物质），使用仪器厂商推荐的测试条件，空气光路，设置单次测试的活时间分别为聚合物材料标准物质不超过 100 s，金属材料标准物质不超过 300 s，在样品同一部位连续 7 次测量铅（Pb）、汞（Hg）、镉（Cd）、铬（Cr）、溴（Br）含量，按公式（3）计算出各自的检出限。

B.2.14.2　测量不确定度评定

B.2.14.2.1　不确定度来源

检出限校准的溴的测量不确定度来源主要有以下几项：

a）由标准物质本身引入的不确定度分量 u_B

b）由测量重复性引入的不确定度分量 u_A

B.2.14.2.2　不确定度分析

a）由标准物质引入的不确定度分量 u_B

按 B 类评定。查阅标准物质的证书，没有给出不确定度。本次评定中，我们认为 B 类不确定度可忽略不计。

b）由测量重复性引入的不确定度分量 u_A

按 A 类评定。

对于聚合物材料的溴，用校准装置对一个被校测试系统的的溴含量进行独立重复测量 7 次，重复性测试数据见下表，

则 $u_A = s_n(x) = \sqrt{\dfrac{\sum\limits_{i=1}^{7}(X_i - \bar{X})^2}{n-1}} = 0.18 \ \mathrm{mg \cdot kg^{-1}}$，相对值为 0.039。

x_1	x_2	x_3	x_4	x_5	x_6	x_7	$\bar{x}$	$s_n(x)$
4.6	4.4	4.9	4.7	4.6	4.8	4.9	4.7	0.18

可计算出合成标准不确定度为：$u_c = 3.9 \ \%$

B.2.14.2.3　扩展不确定度

取 $k=2$，根据公式：

$$U = u_c \times k$$

可得出，检出限校准中聚合物中溴含量的扩展不确定度为 7.8 %。

B.2.15　检出限校准的金属中铅的测量不确定度评定

B.2.15.1　测量方法及数学模型

选取空白标准物质（包括聚合物材料空白标准物质和金属材料空白标准物质），使用仪器厂商推荐的测试条件，空气光路，设置单次测试的活时间分别为聚合物材料标准物质

不超过100 s,金属材料标准物质不超过300 s,在样品同一部位连续7次测量铅（Pb）、汞（Hg）、镉（Cd）、铬（Cr）、溴（Br）含量,按公式(3)计算出各自的检出限。

B.2.15.2　测量不确定度评定

B.2.15.2.1　不确定度来源

检出限校准的金属铅的测量不确定度来源主要有以下几项：

a）由标准物质本身引入的不确定度分量 u_B

b）由测量重复性引入的不确定度分量 u_A

B.2.15.2.2　不确定度分析

a）由标准物质引入的不确定度分量 u_B

按B类评定。查阅标准物质的证书,没有给出不确定度。本次评定中,我们认为B类不确定度可忽略不计。

b）由测量重复性引入的不确定度分量 u_A

按A类评定。

对于金属材料的铅,用校准装置对一个被校测试系统的的铅含量进行独立重复测量7次,重复性测试数据见下表,

则 $u_A = s_n(x) = \sqrt{\dfrac{\sum\limits_{i=1}^{7}(X_i - \overline{X})^2}{n-1}}$ 1.71 mg · kg^{-1},相对值为0.05。

x_1	x_2	x_3	x_4	x_5	x_6	x_7	$\overline{x}$	$s_n(x)$
33.4	35.1	34.7	30.7	35.3	35.7	34.6	34.2	1.71

可计算出合成标准不确定度为：$u_c = 5.0\%$

B.2.15.2.3　扩展不确定度

取 $k=2$,根据公式：

$$U = u_c \times k$$

可得出,检出限校准中金属中铅含量的扩展不确定度为10 %。

中华人民共和国工业和信息化部
电子计量技术规范

JJF（电子）0018—2018

锂离子电池试验机校准规范

Calibration Specification for Li – ion Battery Safety Test Chamber

2018 – 04 – 30 发布

2018 – 07 – 01 实施

中华人民共和国工业和信息化部 发布

锂离子电池试验机校准规范

Calibration Specification for Li – ion Battery Safety Test Chamber

JJF（电子）0018—2018

归 口 单 位：中国电子技术标准化研究院

主要起草单位：中国电子技术标准化研究院

本规范技术条文委托起草单位负责解释

本规范主要起草人：

      黄英龙（中国电子技术标准化研究院）

      阚劲松（中国电子技术标准化研究院）

      王　酣（中国电子技术标准化研究院）

      刘　冲（中国电子技术标准化研究院）

      孙和泰（江苏方天电力技术有限公司）

      叶加星（江苏方天电力技术有限公司）

目　录

引　言

本规范依据国家计量技术规范 JJF1071—2010《国家计量校准规范编写规则》编制。JJF1071—2010《国家计量校准规范编写规则》、JJF1001—2011《通用计量术语及定义》及JJF1059.1—2012《测量不确定度评定与表示》共同构成支撑本校准规范制定工作的基础性系列规范。

本规范为首次发布。

锂离子电池试验机校准规范

1 范围

本规范适用于便携式锂离子电池安全试验用洗涤试验机、挤压试验机、燃烧试验机、针刺试验机等试验机的校准。

2 引用文献

GB 31241-2014 便携式电子产品用锂离子电池和电池组安全要求

GB 8897.4-2008/IEC 60086-4:2007 原电池第4部分:锂电池的安全要求

JJF1101-2003 环境试验设备温度、湿度校准规范

JJF1030-2010 恒温槽技术性能测试规范

GB/T 5169.15-2008 电工电子产品着火危险试验第15部分:试验火焰500W火焰装置和确认试验方法

GB/T 5169.22-2008 电工电子产品着火危险试验第22部分:试验火焰50W火焰装置和确认试验方法

GB/T 5169.16-2008 电工电子产品着火危险试验第16部分:试验火焰50W水平与垂直火焰试验方法

GB/T 5169.5-2008 电工电子产品着火危险试验第5部分:试验火焰针焰试验方法装置、确认试验方法和导则

使用本规范时,应注意使用上述引用文献的现行有效版本。

3 术语

3.1 温度偏差 temperature deviation

洗涤池稳定状态下,显示温度平均值与洗涤溶液中心点实测温度平均值的差值。

3.2 温度波动度 temperature volatility

洗涤池稳定状态下,洗涤池洗涤溶液在一定时间间隔内,温度随时间的变化。

3.3 温度均匀度 temperature uniformity

洗涤池稳定状态下,洗涤池洗涤溶液某一瞬时任意两点温度之间的最大差值。

3.4 火焰温度上升时间 flame temperature rising time

火焰温度测量铜块温度从 $100℃±5℃$ 升高到 $700℃±3℃$ 所需时间。

4 概述

锂离子电池试验机主要用于锂离子电池安全试验。洗涤试验机由洗涤池及控制系统组成,利用加温装置把洗涤液加温到试验温度,通过洗涤池中旋转架的转动对锂离子电池

进行洗涤。挤压试验机主要由挤压平行板和动力系统组成,试验时通过挤压产生压力对锂离子电池进行施加一定压力,检验锂离子电池是否会发生起火、爆炸。燃烧试验机主要由燃烧器、网筛、测试罩和计时器组成,试验时把锂离子电池放置于试验机产生的火焰上,观察在规定时间内是否发生爆炸。针刺试验机主要由钢针及控制系统组成,试验时将钢针以一定速率将锂离子电池刺穿,检验锂离子电池是否发生短路起火。

5 计量特性

5.1 洗涤试验机

5.1.1 洗涤池温度

范围:20℃～80℃,最大允许误差:±2℃;

温度波动度:±1℃;

温度均匀度:±2℃。

5.1.2 螺旋桨转速

范围:(30～800)r/min。

5.2 挤压试验机

挤压力范围:(1～20)kN,最大允许误差:±1%。

5.3 燃烧试验机

5.3.1 火焰量规

5.3.1.1 针焰

长度:12mm±1mm;

角度:30°±5°。

5.3.1.2 50W 火焰

长度:(4～120)mm,最大允许误差:±0.1mm;

角度:45°±30′。

5.3.1.3 500W 火焰

长度:(4～135)mm,最大允许误差:±0.5mm;

角度:30°±5°。

5.3.2 火焰温度上升时间

火焰温度测量铜块温度从100℃升高到700℃所需时间。

针焰:44s±2s;

50W 火焰:23.5s±1.0s;

500W 火焰:54s±2s。

5.3.3 计时器

范围:(1～999.9)s,最大允许误差:±0.5s。

5.4 针刺试验机

5.4.1 钢针直径

范围：(3～8)mm。

5.4.2　针刺行程

范围：(0～1000)mm。

5.4.3　针刺速度

范围：(10～80)mm/min，最大允许误差：±0.1mm/s。

6　校准条件

6.1　环境条件

6.1.1　环境温度：(20±5)℃。

6.1.2　相对湿度：不大于75%。

6.1.3　供电电源：(220±11)V；(50±1)Hz。

6.1.4　周围无影响正常工作的机械振动和电磁干扰。

6.2　（测量）标准及其它设备

6.2.1　温度测量标准

温度测量标准由热电偶（通常用四线制铂热电阻）和显示仪表组成。测量范围：(20～120)℃，最大允许误差：±0.2℃。

6.2.2　转速表

范围：(1～1000)r/min，最大允许误差：±0.1%。

6.2.3　卡尺

范围：(0～200)mm，最大允许误差：±0.03mm。

6.2.4　钢直尺

范围：(0～300)mm，最大允许误差：±0.1mm。

(0～500)mm，最大允许误差：±0.15mm。

(0～1000)mm，最大允许误差：±0.20mm。

6.2.5　角度尺

范围：0°～320°，最大允许误差：±2′。

6.2.6　火焰温度测量标准

通常由显示仪表、热电偶和铜块组成。适合测量铜块温度从100℃±5℃升高到700℃±3℃的仪器，时间误差为0.1s。计时器的允差应不大于0.5s。

6.2.6.1　铜块

针焰：铜块材料应规定为Cu－ETP UNS C11000，在完成全部机加工但未钻孔的情况下，铜块直径为4.00mm±0.01mm，质量为0.58g±0.01g，尺寸具体要求见附录B.1.1。

50W火焰：铜块直径为5.5mm，质量为1.76g±0.01g，尺寸具体要求见附录B.2.1。

500W火焰：铜块直径为9mm，具体要求见附录B.3.1。

6.2.6.2　热电偶

针焰：铠装K型(NiCr/NiAl)细丝，带有一个直径为0.5mm的护套。在确保热电偶插入孔的全部深度之后，将热电偶固定到铜块上，其优选方法是挤压热电偶周围的铜块。

50W 火焰：带有绝缘结点的一级矿物绝缘金属装细丝的热电偶，用于测量铜块的温度，其标称直径为0.5mm，例如镍铬 NiCr 和镍铝 NiAl（K 型）线材，有位于铠装套内的焊接点，铠装套应由金属制成，适合温度至少为1050℃的条件下连续工作。

500W 火焰：要求同50W。

6.2.7　电子秒表

范围：（1～3600）s，分辨力：0.01s。

6.2.8　标准测力仪

范围：（1～50）kN，最大允许误差：±0.3%。

7　校准项目和校准方法

7.1　外观和工作正常性检查

电池试验机应无影响正常工作及正确读数的机械损伤，制造厂及出厂编号等各种标志应清晰完整。

7.2　校准方法

7.2.1　洗涤试验机

7.2.1.1　洗涤池温度校准

1）温度校准连接图

洗涤机洗涤池温度校准设备连接如图1所示，热电偶分布示意图如图2所示：

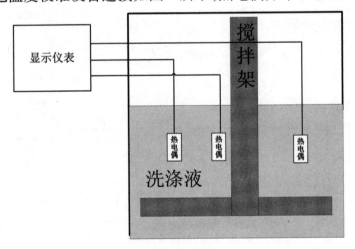

图1　洗涤试验机洗涤池校准设备连接意图

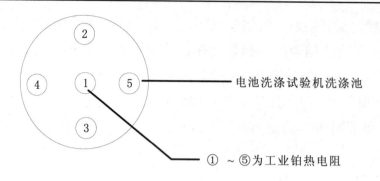

① ～ ⑤为工业铂热电阻

图 2　洗涤池温度传感器放置位置俯视图

2）温度点选择

通常选择电池洗涤机的上限、下限和中间温度，也可根据客户的要求选择常用温度进行校准。

3）测温区分布

使用温度测量标准测量洗涤池温度，温度传感器在洗涤池中具体分布见图 1。使用 5 个温度传感器分别放插入洗涤池工作区域内 1/2 深度位置的同一个平面上。①位于洗涤池中心，②～⑤以①为圆心均匀分布于洗涤池的四周。

4）测温方法

设定洗涤池校准温度值，待显示温度示值稳定后，在保持温度设定值不变 30min 内（每 2min 测试一次），读取 5 个温度传感器的示值，数据记录格式参见附录 A.1.1 中。

5）数据处理

a. 温度偏差计算公式如下：

$$\Delta t_d = t_d - t_0 \tag{1}$$

式中：

Δt_d——温度偏差，℃；

t_0　——中心点 n 次温度测量的平均值，℃；

t_d　——被校设备显示温度平均值，℃。

b. 温度均匀度计算公式如下：

$$\Delta t_u = \sum_{i=1}^{n} (t_{i\max} - t_{i\min})/n \tag{2}$$

式中：

t_u　——温度均匀度，℃；

n　——测量次数；

$t_i\max$——各校准点在第 i 次测得的最高温度，℃；

$t_i\min$——各校准点在第 i 次测得的最低温度，℃。

c. 温度波动度计算公式如下：

$$\Delta t_f = \pm (t_{o\max} - t_{o\min})/2 \tag{3}$$

式中：

170

t_f ——温度波动度，℃；

t_{omax} ——中心点 n 次测量中的最高温度，℃；

t_{omix} ——中心点 n 次测量中的最低温度，℃。

7.2.1.2 转速校准

1）校准原理

将转速表置于洗涤池旋转架上部，测量洗涤池洗涤架转速，洗涤池洗涤架示意图如图 3 所示：

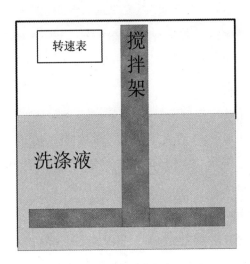

图 3 转速校准示意图

2）校准方法

在试验机转速量程范围内均匀选取 10 个转速值，待转速达到设定值后，使用转速表测量洗涤腔体中搅拌器的转速，分别记录各点转速的设定值和测量值，数据记录格式参见附录 A.1.2。

按式（4）计算其示值误差，并记入附录 A.1.2。

$$\Delta n = n_s - n_c \tag{4}$$

式中：

Δn ——示值误差，r/min；

n_s ——设定值，r/min；

n_c ——测量值，r/min。

7.2.2 挤压试验机

7.2.2.1 挤压力校准

将压力传感器放入试验机挤压平板中，具体方法见图 4。在试验机挤压力量程范围内选择不少于 3 个测试点，设置挤压力值，使用标准测力仪测量并记录测量结果，记录设备设定值与测量值，并计算示值误差，数据记录格式分别记录于附录 A.2.1。

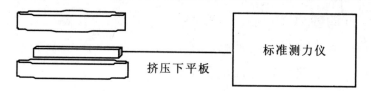

图4　压力校准连接示意图

按式(5)计算其示值误差,并记入附录 A.2.1。

$$\Delta F = F_s - F_c \tag{5}$$

式中：

ΔF ——示值误差,kN；

F_s ——设定值,kN；

F_c ——测量值,kN。

7.2.3　燃烧试验机

7.2.3.1　火焰量规校准

火焰量规在燃烧试验中用于测量火焰高度,对火焰高度的校准可归于火焰量规校准。校准时使用游标卡尺测量量规尺寸,使用角度尺测量量规角度,检查量规是否符合 GB/T5169 要求,具体要求见附录 B。

7.2.3.2　火焰温度上升时间

使用火焰温度测量装置测量铜块温度上升时间,应进行三次测量,测量装置示意图见图 5。在两次测量之间,允许铜块在空气中自然冷却到 50℃ 以下。记录升温时间,记录格式参见附录表 A.3.1。升温时间应符合计量特性 5.3.2 要求。

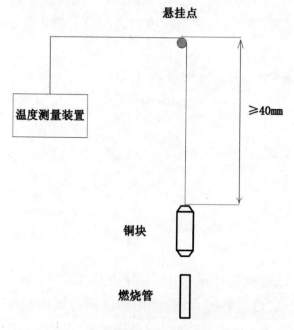

图5　火焰温度上升时间校准示意图

7.2.3.3　计时器

按设备计时器时间量程或客户实际使用需求设定燃烧时间,使用电子秒表对计时器

172

进行校准,分别记录计时器的设定值和电子秒表的测量值,计算示值误差,计算公式如式(6),数据记录格式分别参见附录 A.3.1。

$$\Delta t = t_s - t_c \tag{6}$$

式中:

Δt ——示值误差,s;

t_s ——设定值,s;

t_c ——测量值,s。

7.2.4 针刺试验机

7.2.4.1 钢针直径

使用卡尺测量针刺试验机配备的钢针直径,记录钢针直径标称值和测量值,数据记录格式参见附录 A.4.1。

按式(7)计算其示值误差,并记入附录 A.4.1。

$$\Delta D = D_b - D_c \tag{7}$$

式中:

ΔD ——示值误差,mm;

D_b ——设定值,mm;

D_c ——测量值,mm。

7.2.4.2 针刺行程校准

在针刺试验机针刺行程量程范围内选取针刺行程 3 个针刺行程值,分别设定相应量程后,使用用钢直尺测量试验机的针刺行程,记录设定值和测量值,数据记录格式参见附录 A.4.2。

按式(8)计算其示值误差,并记入附录 A.4.2。

$$\Delta L = L_s - L_c \tag{8}$$

式中:

ΔL ——示值误差,mm;

L_s ——设定值,mm;

L_c ——测量值,mm。

7.2.4.3 针刺速率校准

在试验机针刺行程量程范围内选择最大针刺行程设定值,使用钢直尺测量试验机实际工作行程,记录针刺行程测量数据。使用电子秒表记录该针刺行程所用时间,记录测量数据。通过测量工作行程值和针刺所用时间,计算试验机针刺速率,数据记录格式参见附录 A.4.3。

按式(9)计算针刺速率,并记入附录 A.4.3。

$$v = s/t \tag{9}$$

式中:

v ——示值误差,mm;

s ——设定值，mm；

t ——测量值，mm。

8 校准结果表达

经校准后的仪器应出具校准证书。校准证书应包含所用标准的溯源性及有效性说明，校准结果及其不确定度等。

9 复校时间间隔

送校单位可根据实际使用情况决定复校时间间隔，建议复校时间间隔为 1 年；仪器修理或调整后应及时校准。

附录 A

锂离子试验机校准原始记录参考格式

A.1　电池洗涤试验机

一、外观检查

合格□　不合格□

二、工作正常性检查

正常□　不正常□

三、温度校准

表 A.1.1　电池洗涤试验机温度校准原始记录

次数	试验机示值/ ℃	温度/℃				
		1	2	3	4	5

四、转速校准

表 A.1.2　洗涤试验机转速校准原始记录

设定值 r/min	测量值 r/min	示值误差 r/min	不确定度 U （$k=2$）

A.2 挤压试验机

一、外观检查

合格□　不合格□

二、工作正常性检查

正常□　不正常□

三、挤压力校准

表 A.2.1　挤压力校准记录

设定值/kN	测量值/kN	示值误差/kN	不确定度 U ($k=2$)

A.3 燃烧试验机

一、外观检查

合格□　不合格□

二、工作正常性检查

正常□　不正常□

三、火焰量规：

合格□　不合格□

四、火焰温升时间校准

表 A.3.1　火焰温升时间校准数据原始记录格式

校准项目	测量值/s	不确定度 U ($k=2$)
火焰温升时间		

五、计时器校准

表 A.3.2　燃烧试验机计时器数据原始记录格式

设定值/mm	测量值/s	示值误差/s	不确定度 U ($k=2$)
火焰温升时间			

A.4　针刺试验机

一、外观检查

合格□　不合格□

二、工作正常性检查

正常□　不正常□

三、钢针直径校准

表 A.4.1　针刺试验机钢针直径校准数据记录格式

标称值/mm	测量值/mm	示值误差/mm	不确定度 U ($k=2$)

四、针刺行程校准

表 A.4.2　电池针刺试验机针刺行程校准数据原始记录格式

设定值/mm	测量值/mm	示值误差/mm	不确定度 U ($k=2$)

五、针刺速率校准

表 A.4.3　电池针刺试验机针刺速度校准数据原始记录格式

设定值/mm	针刺行程 测量值/mm	针刺时间 测量值/min	针刺速率/mm/min	不确定度 U （$k=2$）

附录 B

GB/T5169 相关要求

B.1 针焰

该部分主要依据 GBT 5169.5 – 2008《电工电子产品着火危险试验第 5 部分：试验火焰针焰试验方法装置、确认试验方法和导则要求》。

B.1.1 铜块

铜块要求如图 6 所示，尺寸单位为 mm。铜块表面全部抛光，除非另有说明，公差为 ± 0.1，±30′。

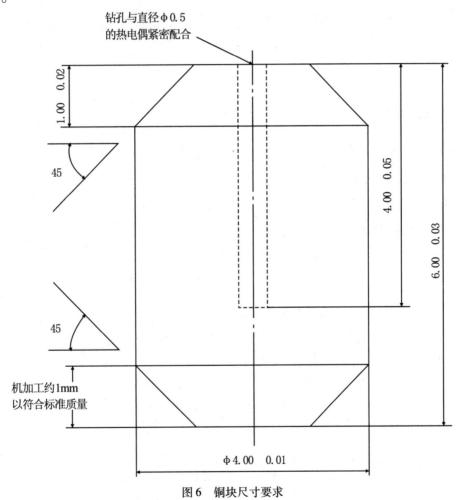

图6　铜块尺寸要求

B.1.2 火焰量规

火焰量规要求如图 7 所示，尺寸单位为 mm。除非另有说明，公差为 ±1，±5°

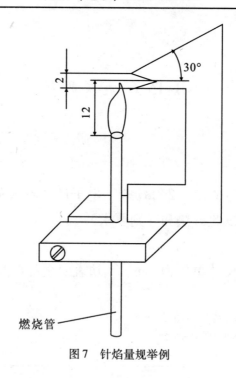

图7 针焰量规举例

B.2 50W 火焰要求

该部分主要依据 GBT5169.22 −2008《电工电子产品着火危险试验第 22 部分试验火焰 50W 火焰装置和确认试验方法》。

B.2.1 铜块

铜块尺寸要求如图 8 所示,尺寸单位为 mm。

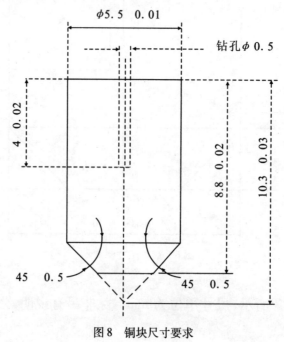

图8 铜块尺寸要求

B.2.2 火焰量规

火焰量规尺寸要求如图 9 所示,尺寸单位为 mm。

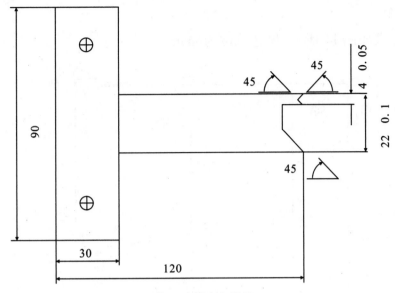

图9　火焰高度量规

B.3　500W 火焰

该部分主要依据 GBT5169.15－2008《电工电子产品着火危险试验第15部分试验火焰 500W 火焰装置和确认试验方法》。

B.3.1　铜块要求

铜块的尺寸要求见图10所示,尺寸单位为 mm。

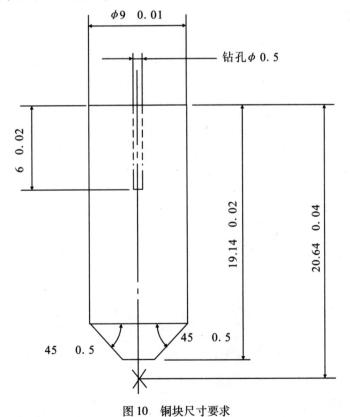

图10　铜块尺寸要求

B.3.2　火焰量规

火焰量规要求如图 11 所示,尺寸单位为 mm。

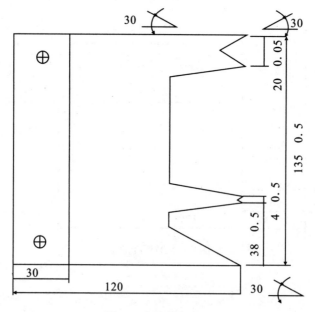

图 11　火焰高度量规

附录 C

不确定度评定示例

锂离子电池试验机校准规范，主要包括温度、转速、尺寸和时间等 4 个参数。由于各参数均为直接测量方法，本部分以转速参数校准项目的测量不确定度评定为例，说明锂离子电池试验机校准项目的测量不确定度评定的程序，其它参数可参照该示例不确定评定方法进行评定。

C.1　数学模型

转速表测量洗涤机转速测量模型为：

$$\Delta n = n_x - n_o \tag{B.1}$$

式中：

Δn　——为洗涤机转速测量结果的示值误差，单位均为 r/min；

n_x　——为洗涤架桨转速设定值，单位为 r/min。

n_o　——为洗涤架桨转速测量值，单位为 r/min；

C.2　测量不确定度来源

a）测量重复性引入的不确定度 u_1；

b）转速表误差引入的不确定度 u_2。

C.3　测量不确定度评定

a）测量重复性引入的不确定度 u_1

该部分分量采用 A 类方法进行评定，对洗涤机转速设置值进行 10 次重复测量，所得的数据如下：

测量次数	测量结果（V）
1	136.5 r/min
2	137.0 r/min
3	137.9 r/min
4	138.8 r/min
5	140.6 r/min
6	136.2 r/min
7	137.9 r/min
8	139.6 r/min
9	138.8 r/min
10	135.8 r/min

平均值为：

$$\bar{x} = \frac{1}{n}\sum_{i=1}^{10} x_i = 137.96r/min \tag{B.2}$$

单次试验标准差：

$$s = \sqrt{\frac{\sum_{i=1}^{n}(X_i - \overline{X})}{n-1}} = 1.39r/min \tag{B.3}$$

b）转速表误差引入的不确定度 u_2

采用 B 类方法进行评定，转速表分度值为 0.1 r/min，准确度等级为 0.5% ±0.1r/min；即允许误差限为：$(136 \times 0.5\% \pm 0.1)$ r/min = (0.68 ± 0.1) r/min，取 0.78 r/min，在区间内可认为均匀分布，k 值取 $\sqrt{3}$，标准不确定度为 $u_2 = 0.78/\sqrt{3}$ r/min = 0.45 r/min。

c）合成标准不确定度评定

1）标准不确定度汇总表

标准不确定度 u	不确定度来源	标准不确定度
u_1	测量重复性引入的不确定度	1.39 r/min
u_2	转速表误差引入的不确定度	0.45 r/min

2）合成标准不确定度的计算

$$u_c = \sqrt{u_1^2 + u_2^2} = \sqrt{1.39^2 + 0.45^2} = 1.46r/min \tag{B.4}$$

3）扩展不确定度的评定

取置信度 $p = 95\%$，$k = 2$，则扩展不确定度为：

$$U = ku_c = 2 \times 1.46r/min \tag{B.5}$$

中华人民共和国工业和信息化部
电子计量技术规范

JJF（电子）0019—2018

汽车电瞬态传导骚扰模拟器校准规范

Calibration Specification for Road vehicles – Electrical
Transient Conduction Disturbance Simulator

2018 - 04 - 30 发布　　　　　　　　　2018 - 07 - 01 实施

中华人民共和国工业和信息化部　发布

汽车电瞬态传导骚扰
模拟器校准规范

Calibration Specification for Road
vehicles – Electrical Transient Conduction
Disturbance Simulator

归 口 单 位:中国电子技术标准化研究院

主要起草单位:广州广电计量检测股份有限公司

本规范技术条文委托起草单位负责解释

本规范主要起草人：

    张　辉（广州广电计量检测股份有限公司）

    曾　昕（广州广电计量检测股份有限公司）

    吕东瑞（广州广电计量检测股份有限公司）

    钟　毅（广州广电计量检测股份有限公司）

参加起草人：

    郭湘黔（广州广电计量检测股份有限公司）

    李建征（广州广电计量检测股份有限公司）

    龙　阳（广州广电计量检测股份有限公司）

    潘泽锋（广州广电计量检测股份有限公司）

目　录

引　言

本校准规范依据国家计量技术规范 JJF 1071《国家计量校准规范编写规则》、JJF 1001《通用计量术语及定义》、JJF 1059.1《测量不确定度评定与表示》编制。

本规范为首次制定。

汽车电瞬态传导骚扰模拟器校准规范

1 范围

本规范适用于车辆电气系统中传导电瞬态电磁兼容性能测试的骚扰模拟器的校准。车辆制造商和设备供应商提出的特殊试验脉冲模拟器可参照执行。

2 引用文件

本规范引用了下列文件：

GB/T 21437.1-2008/ISO 7637-1:2002 道路车辆-由传导和耦合引起的电骚扰-第1部分:定义和一般描述

ISO 7637-2:2011 道路车辆-由传导和耦合引起的电骚扰-第2部分沿电源线的电瞬态传导(Road vehicles - Elcctrical disturbances from conduction and coupling - Part 2:Electrical transient conduction along supply lines only)

ISO 16750-2:2012 道路车辆-电气及电子设备的环境条件和试验-第2部分:电气负荷(Road vehicles - Environmental conditions and testing for electrical and electronic equipment - Part 2:Electrical loads)

ISO 21848:2005 道路车辆-42V 试验电压的电气和电子设备-电气负载(Road vehicles - Electrical and electronic equipment for a supply voltage of 42 V - Electrical loads)

凡是注日期的引用文件,仅注日期的版本适用于本规范;凡是不注日期的引用文件,其最新版本(包括所有的修改单)适用于本规范。

3 术语和计量单位

3.1 峰值 peak amplitude
瞬态(脉冲)幅度的最大值。

3.2 脉冲上升时间 pluse rise time
脉冲值从 10% 峰值上升到 90% 峰值所需要的时间。

3.3 脉冲下降时间 pluse fall time
脉冲值从 90% 峰值下降到 10% 峰值所需要的时间。

3.4 脉冲宽度 pluse duration
脉冲值上升到 10% 峰值至下降到 10% 峰值之间的持续时间。

3.5 脉冲重复时间 pluse repetition time
在一个猝发中,两个重复脉冲起点之间的间隔时间。

3.6 试验脉冲 test pluse

3.6.1 试验脉冲 1

模拟电源与感性负载断开连接时所产生的瞬态现象,试验脉冲1波形如下图1所示。

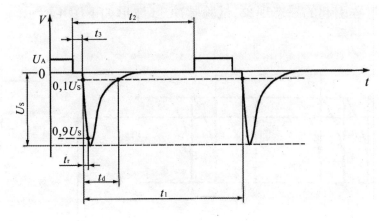

图1　试验脉冲1波形图

3.6.2　试验脉冲2a

模拟由于线束电感使与负载并联的装置内电流突然中断引起的瞬态现象,试验脉冲2a波形如下图2所示。

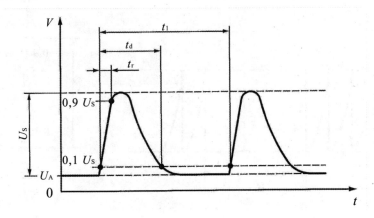

图2　试验脉冲2a波形图

3.6.3　试验脉冲2b

模拟直流电机充当发电机,点火开关断开时的瞬态现象,试验脉冲2b波形如下图3所示。

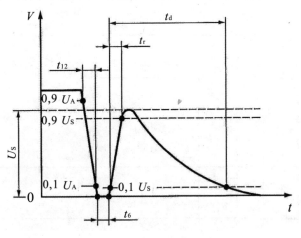

图3　试验脉冲2b波形图

3.6.4 试验脉冲 3a

模拟由开关过程引起的瞬态现象，试验脉冲 3a 波形如下图 4 所示。

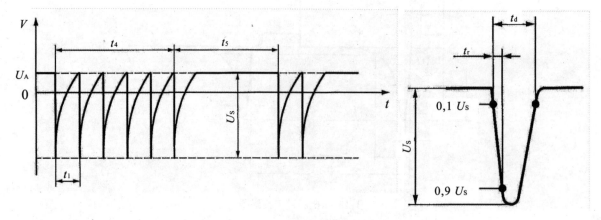

图 4 试验脉冲 3a 波形图

3.6.5 试验脉冲 3b

模拟由开关过程引起的瞬态现象，试验脉冲 3b 波形如下图 5 所示。

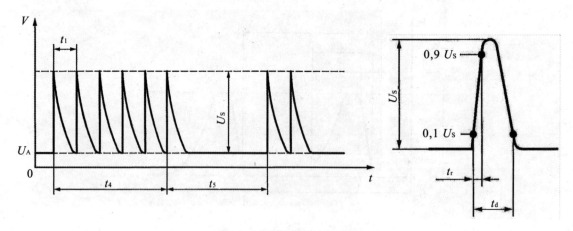

图 5 试验脉冲 3b 波形图

3.6.6 试验脉冲 4（启动脉冲）

模拟内燃机的起动机电路通电时产生的电源电压的降低，不包括启动时的尖峰，试验脉冲 4（启动脉冲）波形如下图 6 或图 7 所示。

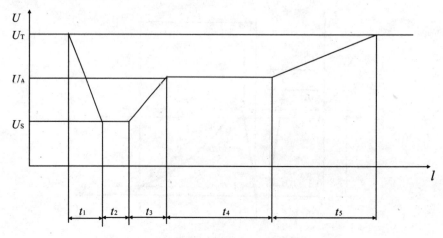

图 6 试验脉冲 4（启动脉冲）波形图 1

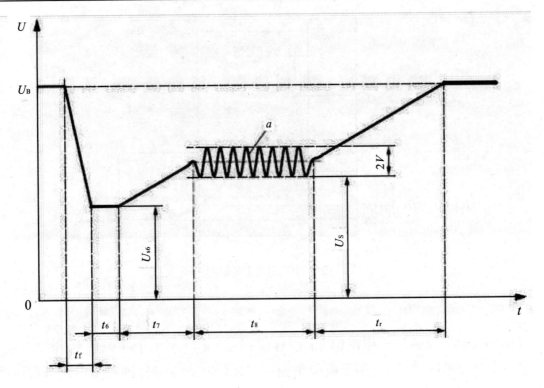

图7　试验脉冲4（启动脉冲）波形图2

3.6.7　试验脉冲5a

模拟抛负载瞬态现象，即模拟在断开电池（亏电状态）的同时，交流发电机正在产生充电电流，而发电机电路上仍有其他负载时产生的瞬态，试验脉冲5a波形如下图8所示。

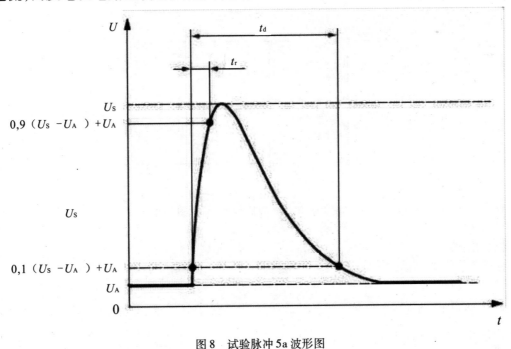

图8　试验脉冲5a波形图

3.6.8　试验脉冲5b

模拟抛负载瞬态现象，即模拟在断开电池（亏电状态）的同时，交流发电机正在产生充电电流，而发电机电路上仍有其他负载时产生的瞬态，试验脉冲5b波形如下图9所示。

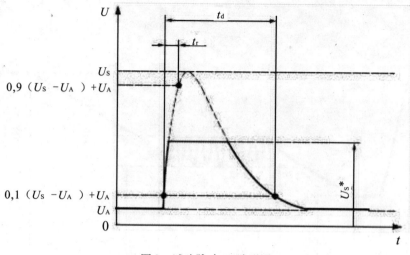

图9　试验脉冲5b波形图

4　概述

汽车电瞬态传导骚扰模拟器（以下简称模拟器）是汽车电子系统传导和瞬态骚扰电磁兼容性能测试的主要设备,用于模拟车辆正常运行时产生的各种典型电磁骚扰脉冲,从而进行车辆电子系统的抗扰度测试。

图10描述了模拟器的基本原理和结构。模拟器一般由系统电源、电容、具有内阻的脉冲形成网络组成;系统电源为电容充电,测试时闭合开关,电压经脉冲形成网络产生试验脉冲,由脉冲输出端输出。

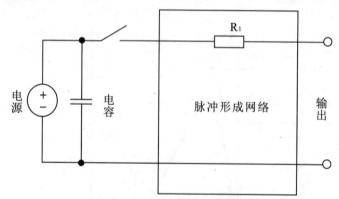

图10　模拟器的基本结构示意图

5　计量特性

5.1　试验电压

12V 系统:(13.5 ±0.5)V;

24V 系统:(27 ±1)V;

42V 系统:(30 ~48)V, ±10%。

5.2　试验脉冲特性

试验脉冲特性见表1。

表1　试验脉冲特性

试验脉冲	试验电压	负载	脉冲峰值 U_S	脉冲上升时间 t_r	脉冲宽度 t_d
试验脉冲1	12V 系统	无	(-100 ± 10)V	$(1^{0}_{-0.5})\mu s$	$(2000\pm400)\mu s$
		10Ω	(-50 ± 10)V	/	$(1500\pm300)\mu s$
	24V 系统	无	(-600 ± 60)V	$(3^{0}_{-1.5})\mu s$	$(1000\pm200)\mu s$
		50Ω	(-300 ± 60)V	/	$(1000\pm200)\mu s$
试验脉冲2a	12V 系统、24V 系统	无	(75 ± 7.5)V	$(1^{0}_{-0.5})\mu s$	$(50\pm10)\mu s$
		2Ω	(37.5 ± 7.5)V	/	$(12\pm2.4)\mu s$
试验脉冲2b	12V 系统	无	(10 ± 1)V	(1 ± 0.5)ms	(2 ± 0.4)s
		电源下降时间:$t_{12}(1\pm0.5)$ms			
	24V 系统	无	(20 ± 2)V	(1 ± 0.5)ms	(2 ± 0.4)s
		电源下降时间 t_{12}:(1 ± 0.5)ms			
试验脉冲3a	12V 系统、24V 系统	无	(-200 ± 20)V	(5 ± 1.5)ns	(150 ± 45)ns
		50Ω	(-100 ± 20)V	(5 ± 1.5)ns	(150 ± 45)ns
试验脉冲3b	12V 系统、24V 系统	无	(200 ± 20)V	(5 ± 1.5)ns	(150 ± 45)ns
		50Ω	(100 ± 20)V	(5 ± 1.5)ns	(150 ± 45)ns
试验脉冲5	12V 系统	无	(100 ± 10)V	(10^{0}_{-5})ms	(400 ± 80)ms
		2Ω	(50 ± 10)V	/	(200 ± 40)ms
	24V 系统	无	(200 ± 20)V	(10^{0}_{-5})ms	(350 ± 70)ms
		2Ω	(100 ± 20)V	/	(175 ± 35)ms

试验脉冲4/启动脉冲	脉冲参数(图4)							
试验电压	U_B	U_{S6}	U_S	t_f	t_6	t_7	t_8	t_r
12V 系统	$(12^{0.2}_{0})$V	$(6^{0}_{-0.2})$V	$(6.5^{0}_{-0.2})$V	(5 ± 0.5)ms	(15 ± 1.5)ms	(50 ± 5)ms	(1000 ± 100)ms	$(5/100\pm0.5/10)$ms
24V 系统	$(24^{0.2}_{0})$V	$(6^{0}_{-0.2})$V	$(10^{0}_{-0.2})$V	(10 ± 1)ms	(50 ± 5)ms	(50 ± 5)ms	(1000 ± 100)ms	$(10/100\pm1/10)$ms
42V 系统	(42 ± 4.2)V	(18 ± 1.8)V	(21 ± 2.1)V	(5 ± 0.5)ms	(15 ± 1.5)ms	(50 ± 5)ms	(10 ± 1)s	(100 ± 10)ms

12V 系统 $t_r=5$ms 是曲轴转动后发动机启动时的典型值,而 $t_r=100$ms 是发动机未启动的典型值;24V 系统 $t_r=5$ms 是曲轴转动后发动机启动时的典型值,而 $t_r=100$ms 是发动机未启动的典型值

6　校准条件

6.1　环境条件

6.1.1　环境温度:(23 ± 5)℃。

6.1.2　环境相对湿度:≤80%。

6.1.3　供电电源:电压(220±10)V,频率（50±1）Hz。

6.1.4　其他:周围无影响正常校准工作的机械振动和电磁干扰。

6.2　测量标准及其它设备

6.2.1　数字示波器

带宽:≥400MHz;

采样率:≥2Gs/s;

直流增益:±2.0%。

6.2.2　示波器探头

衰减比:10:1 或 100:1;

最大输入电压:500V 或 1000V;

带宽:≥400MHz;

输入阻抗:≥1MΩ。

6.2.3　同轴装置

阻抗:50Ω(1±2%)Ω,1000(1±2%)Ω;

带宽:≥400MHz。

6.2.4　负载电阻

阻值:2Ω、10Ω、50Ω;

最大允许误差:±1.0%;

带宽:≥20MHz;

功率:≥25W。

6.2.5　数字电压表

直流电压:(1~1000)V;

最大允许误差:±1.0%。

7　校准项目和校准方法

7.1　校准项目

校准项目见表2。

表2　校准项目一览表

序号	校准项目	校准方法条款
1	外观及工作正常性检查	7.2.1
2	试验电压的校准	7.2.2
3	试验脉冲1的校准	7.2.3
4	试验脉冲2a的校准	7.2.4
5	试验脉冲2b的校准	7.2.5

序号	校准项目	校准方法条款
6	试验脉冲 3a 的校准	7.2.6
7	试验脉冲 3b 的校准	7.2.7
8	试验脉冲 4（启动脉冲）的校准	7.2.8
9	试验脉冲 5a 的校准	7.2.9
10	试验脉冲 5b 的校准	7.2.10

7.2 校准方法

7.2.1 外观及工作正常性检查

被校模拟器外观应完好，标示清晰完整；无影响其正常工作的机械损伤；电源开关、功能设置开关和旋钮应灵活、可靠，输出端口牢固，附件及使用说明书应齐全。

7.2.2 试验电压的校准

7.2.2.1 试验电压校准时，仪器连接如下图 11 所示。试验电压输出接至数字电压表的输入端，数字电压表设置为直流电压测量功能；模拟器选择为 12V 系统，根据试验电压调节范围设置试验电压 U_T，待数字电压表示电压值示值稳定后，读取数字电压表电压示值 U_0，并记录在附录 A 的表 A.1 中。

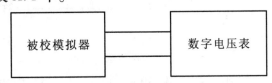

图 11　试验电压校准连接示意图

7.2.2.2 被校模拟器试验电压的误差按公式（1）计算：

$$\triangle = U_\mathrm{T} - U_0 \tag{1}$$

式中：

$\triangle$　——示值误差，V；

U_T　——被校模拟器试验电压设置值，V；

U_0　——数字电压表的示值，V。

7.2.2.3 改变试验电压为 24V 系统或 42V 系统，重复上述操作步骤并记录在附录 A 的表 A.1 中。

7.2.3 试验脉冲 1 的校准

7.2.3.1 试验脉冲 1 空载状态脉冲参数

a）试验脉冲 1 空载状态校准时，仪器连接如下图 12 所示。被校模拟器的输出接至示波器探头输入端，示波器探头输出端接至示波器；模拟器输出设置为试验脉冲 1，设置试验电压为 12V 系统，试验电压 U_A 设置为零。

图 12　空载校准连接示意图

b）设置示波器触发模式为自动，输入阻抗 1MΩ，垂直偏转系数和扫描时间于适当档位，使示波器能够观测到试验脉冲完整波形，试验脉冲波形如图 1 所示。

c）分别测量试验脉冲波形的峰值 U_S、脉冲上升时间 t_r、脉冲宽度 t_d 等参数，记录在附录 A 的表 A.2 中，并保存试验脉冲波形图。

d）被校模拟器波形参数的误差按公式（2）计算：

$$\triangle = T_N - T_0 \tag{2}$$

式中：

$\triangle$ ——示值误差，V 或 s；

T_N ——被校模拟器脉冲参数的标称值，V 或 s；

T_0 ——示波器的示值，V 或 s。

e）改变试验电压为 24V 系统，试验电压 U_A 设置为零，重复上述操作步骤并记录在附录 A 的表 A.2 中。

7.2.3.2 试验脉冲 1 负载状态脉冲参数

a）试验脉冲 1 负载状态下校准时，仪器连接如图 13 所示。

图 13 负载校准连接示意图

b）12V 系统时在模拟器输出端接 10Ω 负载，试验电压 U_A 设置为零，示波器探头接负载两端，调节示波器的设置，使示波器能够观测到试验脉冲完整波形的合适偏转系数和触发模式。

c）分别测量试验脉冲波形的脉冲峰值 U_S、脉冲宽度 t_d 等参数，记录在原始记录表格 A.3 中，并保存试验脉冲波形图。

d）按公式（2）计算试验脉冲 1 负载状态波形参数的误差。

e）改变试验电压为 24V 系统，模拟器输出端接 50Ω 负载，试验电压 U_A 设置为零，重复上述操作步骤并记录在附录 A 的表 A.3 中。

7.2.4 试验脉冲 2a 的校准

7.2.4.1 试验脉冲 2a 空载状态脉冲参数

a）试验脉冲 2a 空载状态校准时，仪器连接如图 12 所示。模拟器输出设置为试验脉冲 2a，设置试验电压为 12V 系统，试验电压 U_A 设置为零，示波器设置同 7.2.3.1，试验脉冲波形如下图 2 所示。

b）分别测量试验脉冲波形的脉冲峰值 U_S、脉冲上升时间 t_r、脉冲宽度 t_d 等参数，记录在原始记录表格 A.4 中，并保存试验脉冲波形图。

c）按公式（2）计算试验脉冲 2a 空载状态波形参数的误差。

d）改变试验电压为 24V 系统，试验电压 U_A 设置为零，重复上述操作步骤并记录在附录 A 的表 A.4 中。

7.2.4.2　试验脉冲2a负载状态脉冲参数

a)试验脉冲2a负载状态下校准时,仪器连接如图13所示。

b)模拟器输出端接2Ω负载,输出设置为试验脉冲2a,设置试验电压为12V系统,试验电压U_A设置为零,示波器设置同7.2.3.1。

c)分别测量试验脉冲波形的脉冲峰值U_s、脉冲宽度t_d等参数,记录在原始记录表格A.5中,并保存试验脉冲波形图。

d)按公式(2)计算试验脉冲2a负载状态波形参数的误差。

e)改变试验电压为24V系统,试验电压U_A设置为零,重复上述操作步骤并记录在附录A的表A.5中。

7.2.5　试验脉冲2b的校准

a)试验脉冲2b在空载状态下校准,仪器连接如图12所示。

b)模拟器输出设置为试验脉冲2b,设置试验电压为12V系统,试验电压U_A设置为零,示波器设置同7.2.3.1,试验脉冲波形如图3所示。

c)分别测量试验脉冲波形的脉冲峰值U_s、电源下降时间t_{12}、脉冲上升时间t_r、脉冲宽度t_d等参数,记录在原始记录表格A.6中,并保存试验脉冲波形图。

d)按公式(2)计算试验脉冲2b波形参数的误差。

e)改变试验电压为24V系统,试验电压U_A设置为零,重复上述操作步骤并记录在附录A的表A.6中。

7.2.6　试验脉冲3a的校准

7.2.6.1　试验脉冲3a空载状态脉冲参数

a)试验脉冲3a空载状态校准时,仪器连接如图14所示。

图14　脉冲3a空载校准连接示意图

b)模拟器输出设置为试验脉冲3a,设置试验电压为12V系统,试验电压U_A设置为零;模拟器输出接1000Ω同轴装置,同轴装置输出端接数字示波器,示波器触发模式为设置为自动,输入阻抗1MΩ,垂直偏转系数和扫描时间于适当档位,试验脉冲波形如图4所示。

c)分别测量试验脉冲波形的脉冲峰值U_s、脉冲上升时间t_r、脉冲宽度t_d、脉冲重复时间t_1、猝发宽度t_4、猝发间隔时间t_5等参数,记录在原始记录表格A.7中,并保存试验脉冲波形图。

d)按公式(2)计算试验脉冲3a空载状态波形参数的误差。

e)改变试验电压为24V系统,试验电压U_A设置为零,重复上述操作步骤并记录在附录A的表A.7中。

7.2.6.2　试验脉冲3a负载状态脉冲参数

a）试验脉冲 3a 负载状态校准时，仪器连接如下图 15 所示。

| 被校模拟器 | 50Ω
同轴装置 | 数字示波器 |

图 15　负载校准连接示意图

b）模拟器输出设置为试验脉冲 3a，设置试验电压为 12V 系统，试验电压 U_A 设置为零；模拟器输出端接 50Ω 同轴装置，同轴装置输出端接数字示波器；示波器触发模式为设置为自动，输入阻抗 1MΩ，垂直偏转系数和扫描时间于适当档位，使示波器能够观测到试验脉冲完整波形。

c）分别测量试验脉冲波形的脉冲峰值 U_s、脉冲上升时间 t_r、脉冲宽度 t_d、脉冲重复时间 t_1、猝发宽度 t_4、猝发间隔时间 t_5 等参数，记录在原始记录表格 A.8 中，并保存试验脉冲波形图。

d）按公式（2）计算试验脉冲 3a 负载状态波形参数的误差。

e）改变试验电压为 24V 系统，试验电压 U_A 设置为零，重复上述操作步骤并记录在附录 A 的表 A.8 中。

7.2.7　试验脉冲 3b 的校准

7.2.7.1　试验脉冲 3b 空载状态脉冲参数

a）试验脉冲 3b 空载状态校准时，仪器连接如图 14 所示。

b）模拟器输出设置为试验脉冲 3b，设置试验电压为 12V 系统，试验电压 U_A 设置为零；模拟器输出接 1000Ω 同轴装置，同轴装置输出端接数字示波器，示波器设置同 7.2.6.1，试验脉冲波形如图 5 所示。

c）分别测量试验脉冲波形的脉冲峰值 U_s、脉冲上升时间 t_r、脉冲宽度 t_d、脉冲重复时间 t_1、猝发宽度 t_4、猝发间隔时间 t_5 等参数，记录在原始记录表格 A.9 中，并保存试验脉冲波形图。

d）按公式（2）计算试验脉冲 3b 空载状态波形参数的误差。

e）改变试验电压为 24V 系统，试验电压 U_A 设置为零，重复上述操作步骤并记录在附录 A 的表 A.9 中。

7.2.7.2　试验脉冲 3b 负载状态脉冲参数

a）试验脉冲 3b 负载状态下校准时，仪器连接如图 15 所示。

b）模拟器输出设置为试验脉冲 3b，设置试验电压为 12V 系统，试验电压 U_A 设置为零；模拟器输出端接 50Ω 同轴装置，同轴装置输出端接数字示波器；示波器触发模式为设置为自动，输入阻抗 1MΩ，垂直偏转系数和扫描时间于适当档位，使示波器能够观测到试验脉冲完整波形。

c）分别测量试验脉冲波形的脉冲峰值 U_s、脉冲上升时间 t_r、脉冲宽度 t_d、脉冲重复时间 t_1、猝发宽度 t_4、猝发间隔时间 t_5 等参数，记录在原始记录表格 A.10 中，并保存试验脉冲波形图。

d）按公式（2）计算试验脉冲 3b 负载状态波形参数的误差。

e）改变试验电压 24V 系统，试验电压 U_A 设置为零，重复上述操作步骤并记录在附录 A 的表 A.10 中。

7.2.8 试验脉冲 4（启动脉冲）的校准

a）试验脉冲 4（启动脉冲）校准时，仪器连接如图 12 所示。

b）模拟器输出设置为试验脉冲 4，设置试验电压为 12V 系统，试验电压 U_A 设置为零，示波器设置同 7.2.3.1，试验脉冲波形应如图 6 或图 7 所示。

c）分别测量试验脉冲的脉冲峰值 U_A、U_s、脉冲下降时间 t_1、持续时间 t_2、t_3、t_4、上升时间 t_5 等参数（图 6），或测量试验脉冲的脉冲峰值 U_s、U_{s6}、脉冲下降时间 t_f、持续时间 t_6、t_7、t_8、上升时间 t_r 等参数（图 7），记录在原始记录表格 A.11 中，并保存试验脉冲波形图。

d）按公式（2）计算试验脉冲 4 波形参数的误差。

e）改变试验电压为 24V 系统或 42V 系统，试验电压 U_A 设置为零，重复上述操作步骤并记录在附录 A 的表 A.11 中。

7.2.9 试验脉冲 5a 的校准

7.2.9.1 试验脉冲 5a 空载状态脉冲参数

a）试验脉冲 5a 空载状态校准时，仪器连接如图 12 所示。

b）模拟器输出设置为试验脉冲 5a，设置试验电压为 12V 系统，试验电压 U_A 设置为零；示波器设置同 7.2.3.1，试验脉冲波形如图 8 所示。

c）分别测量试验脉冲波形的脉冲峰值 U_s、脉冲上升时间 t_r、脉冲宽度 t_d 等参数，记录在原始记录表格 A.12 中，并保存试验脉冲波形图。

d）按公式（2）计算试验脉冲 5a 空载状态波形参数的误差。

e）改变试验电压为 24V 系统或 42 系统，试验电压 U_A 设置为零，重复上述操作步骤并记录在附录 A 的表 A.12 中。

7.2.9.2 试验脉冲 5a 负载状态脉冲参数

a）试验脉冲 5a 负载状态下校准时，仪器连接如图 13 所示。

b）模拟器输出设置为试验脉冲 5a，设置试验电压为 12V 系统，试验电压 U_A 设置为零，模拟器内阻设置为 2Ω，输出端接 2Ω 负载；示波器设置同 7.2.3.1，使示波器能够观测到试验脉冲完整波形。

c）分别测量试验脉冲波形的脉冲峰值 Us、脉冲宽度 t_d 等参数，记录在原始记录表格 A.13 中，并保存试验脉冲波形图。

d）按公式（2）计算试验脉冲 5a 负载状态波形参数的误差。

e）改变试验电压为 24V 系统或 42 系统，试验电压 U_A 设置为零，模拟器内阻设置为 2Ω，重复上述操作步骤并记录在附录 A 的表 A.13 中。

7.2.10 试验脉冲 5b 的校准

7.2.10.1 试验脉冲 5b 空载状态脉冲参数

a）试验脉冲 5b 空载状态校准时，仪器连接如图 12 所示。

　　b）模拟器输出设置为试验脉冲5b，设置试验电压为12V系统，试验电压U_A设置为零；示波器设置同7.2.3.1，试验脉冲波形如图9所示。

　　c）测量试验脉冲波形的箝位电压U_s^*，记录在原始记录表格A.14中，并保存试验脉冲波形图。

　　d）按公式（2）计算试验脉冲5b空载状态波形参数的误差。

　　e）改变试验电压为24V系统或24系统，试验电压U_A设置为零，重复上述操作步骤并记录在附录A的表A.14中。

7.2.10.2　试验脉冲5b负载状态脉冲参数

　　a）试验脉冲5b负载状态下校准时，仪器连接如图13所示。

　　b）模拟器输出设置为试验脉冲5b，设置试验电压为12V系统，试验电压U_A设置为零，模拟器内阻设置为2Ω，输出端接2Ω负载；示波器设置同7.2.3.1，使示波器能够观测到试验脉冲完整波形。

　　c）测量试验脉冲波形的箝位电压U_s^*，记录在原始记录表格A.15中，并保存试验脉冲波形图。

　　d）按公式（2）计算试验脉冲5b负载状态波形参数的误差。

　　e）改变试验电压24V系统或42系统，试验电压U_A设置为零，模拟器内阻设置为2Ω，重复上述操作步骤并记录在附录A的表A.15中。

8　校准结果表达

　　校准完成后的汽车电瞬态传导骚扰模拟器应出具校准证书。校准证书应至少包含以下信息：

　　a）标题："校准证书"；

　　b）实验室名称和地址；

　　c）进行校准的地点；

　　d）证书或报告的唯一性标识（如编号），每页及总页数的标识；

　　e）送校单位的名称和地址；

　　f）被校准对象的描述和明确标识；

　　g）校准的日期，如果与校准结果的有效性有关时，应说明被校对象的接收日期；

　　h）校准所依据的技术规范的标识，包括名称和代号；

　　i）本次校准所用测量标准的溯源性及有效性说明；

　　j）校准环境的描述；

　　k）校准结果及测量不确定度的说明；

　　l）校准证书（报告）签发人的签名、职务或等效标识；

　　m）校准结果仅对被校对象有效的声明；

　　n）未经试验室书面批准，不得部分复制证书或报告的声明。

9 复校时间间隔

建议复校时间间隔不超过 1 年。由于复校时间间隔的长短是由仪器的使用情况、使用者、仪器本身质量等诸多因素决定的,因此,送校单位可根据实际使用情况自主决定复校时间间隔。经修理或调整后的模拟器应校准后再使用。

附录 A

校准记录格式

A.1 外观及工作正常性检查

□正常   □不正常_____

A.2 校准结果

A.2.1 试验电压校准结果

表 A.1 试验电压

试验电压	标称值	参考值	示值误差	不确定度($k=2$)
12V 系统				
24V 系统				
42V 系统				

A.2.2 试验脉冲1校准结果

A.2.2.1 试验脉冲1空载脉冲参数

表 A.2 试验脉冲1空载脉冲参数

脉冲参数	标称值	参考值	示值误差	不确定度($k=2$)
脉冲峰值				
脉冲上升时间				
脉冲宽度				

A.2.2.2 试验脉冲1负载脉冲参数

表 A.3 试验脉冲1负载脉冲参数

脉冲参数	标称值	参考值	示值误差	不确定度($k=2$)
脉冲峰值				
脉冲上升时间				
脉冲宽度				

A.2.3 试验脉冲2a校准结果

A.2.3.1 试验脉冲2a空载脉冲参数

表 A.4　试验脉冲 2a 空载脉冲参数

脉冲参数	标称值	参考值	示值误差	不确定度（$k=2$）
脉冲峰值				
脉冲上升时间				
脉冲宽度				

A.2.3.2　试验脉冲 2a 负载脉冲参数

表 A.5　试验脉冲 2a 负载脉冲参数

脉冲参数	标称值	参考值	示值误差	不确定度（$k=2$）
脉冲峰值				
脉冲上升时间				
脉冲宽度				

A.2.4　试验脉冲 2b 校准结果

表 A.6　试验脉冲 2b 脉冲参数

脉冲参数	标称值	参考值	示值误差	不确定度（$k=2$）
脉冲峰值				
脉冲上升时间				
脉冲宽度				

A.2.5　试验脉冲 3a 校准结果

A.2.5.1　试验脉冲 3a 空载脉冲参数

表 A.7　试验脉冲 3a 空载脉冲参数

脉冲参数	标称值	参考值	示值误差	不确定度（$k=2$）
脉冲峰值				
脉冲上升时间				
脉冲宽度				
脉冲重复时间				
猝发宽度				
猝发间隔时间				

A.2.5.2　试验脉冲 3a 负载脉冲参数

表 A.8　试验脉冲 3a 负载脉冲参数

脉冲参数	标称值	参考值	示值误差	不确定度（$k=2$）
脉冲峰值				
脉冲上升时间				
脉冲宽度				
脉冲重复时间				
猝发宽度				
猝发间隔时间				

A.2.6　试验脉冲 3b 校准结果

A.2.6.1　试验脉冲 3b 空载脉冲参数

表 A.9　试验脉冲 3b 空载脉冲参数

脉冲参数	标称值	参考值	示值误差	不确定度（$k=2$）
脉冲峰值				
脉冲上升时间				
脉冲宽度				
脉冲重复时间				
猝发宽度				
猝发间隔时间				

A.2.6.2　试验脉冲 3b 负载脉冲参数

表 A.10　试验脉冲 3b 负载脉冲参数

脉冲参数	标称值	参考值	示值误差	不确定度（$k=2$）
脉冲峰值				
脉冲上升时间				
脉冲宽度				
脉冲重复时间				
猝发宽度				
猝发间隔时间				

A.2.7　试验脉冲 4 校准结果

表 A.11　试验脉冲 4 脉冲参数

脉冲参数	标称值	参考值	示值误差	不确定度（$k=2$）
脉冲峰值				
脉冲下降时间				
持续时间				
脉冲上升时间				

A.2.8　试验脉冲 5a 校准结果

A.2.8.1　试验脉冲 5a 空载脉冲参数

表 A.12　试验脉冲 5a 空载脉冲参数

脉冲参数	标称值	参考值	示值误差	不确定度（$k=2$）
脉冲峰值				
脉冲上升时间				
脉冲宽度				

A.2.8.2　试验脉冲 5a 负载脉冲参数

表 A.13　试验脉冲 5a 负载脉冲参数

脉冲参数	标称值	参考值	示值误差	不确定度（$k=2$）
脉冲峰值				
脉冲上升时间				
脉冲宽度				

A.2.9　试验脉冲 5b 校准结果

A.2.9.1　试验脉冲 5b 空载脉冲参数

表 A.14　试验脉冲 5b 空载脉冲参数

脉冲参数	标称值	参考值	示值误差	不确定度（$k=2$）
箝位电压				

A.2.9.2　试验脉冲 5b 负载脉冲参数

表 A.15　试验脉冲 5b 负载脉冲参数

脉冲参数	标称值	参考值	示值误差	不确定度（$k=2$）
箝位电压				

附：试验脉冲波形图

附录 B

测量结果的不确定度评定示例

B.1 脉冲峰值测量的不确定度评定

B.1.1 数学模型

用示波器对汽车电瞬态传导骚扰模拟器的脉冲峰值进行测量,采用直接测量法。数学模型为:

$$V_0 = V_x + \delta_R + \delta_{ATT} \tag{B.1}$$

式中:

V_0——示波器的电压实测值;

V_x ——被校模拟器的电压标称值;

δ_R ——负载电阻误差;

δ_{ATT}——示波器探头衰减误差。

B.1.2 标准不确定度评定

不确定度来源主要有:测量重复性,标准自身的误差引入的不确定度分量,环境条件影响引起的误差等。由于测量是在试验室中进行,环境条件影响引起的误差可忽略不计。

B.1.2.1 示波器电压测量最大允许误差引入的不确定度分量 u_1

示波器直流增益最大允许误差为 $\pm 1.5\%$,按均匀分布,取 $k = \sqrt{3}$,不确定度分量 $u_1 = 1.5\%/\sqrt{3} = 0.87\%$。

B.1.2.2 负载电阻最大允许误差引入的不确定度分量 u_2

负载电阻最大允许误差为 $\pm 1\%$,按均匀分布,取 $k = \sqrt{3}$,不确定度分量 $u_2 = 1\%/\sqrt{3} = 0.58\%$。

B.1.2.3 示波器探头的衰减比误差引入的不确定度分量 u_3

示波器探头衰减比最大允许误差为为 $\pm 1\%$,按均匀分布,取 $k = \sqrt{3}$,不确定度分量 $u_3 = 1\%/\sqrt{3} = 0.58\%$

B.1.2.4 示波器电压示值分辨力引入的标准不确定度分量 u_4

脉冲电压幅度测量时,示波器探头衰减 10 倍,设置示波器显示倍率为 $\times 10$ 倍,直接读取示波器的示值。测量输出电压 100V 时,示波器的分辨率为 0.1V,按均匀分布,$k = \sqrt{3}$,不确定度分量为 $u_4 = 0.05/\sqrt{3} = 0.029V$,试验脉冲峰值为 100V 时,不确定度分量 $u_4 = 0.029\%$。

B.1.2.5 测量重复性引入的标准不确定度分量 u_A

按照重复性测量要求对汽车电瞬态传导骚扰模拟器脉冲 1 负载脉冲峰值进行连续 10

次,结果如下表（V）:

测量序号	1	2	3	4	5
测量结果	−105.9	−105.1	−105.9	−105.7	−104.9
测量序号	6	7	8	9	10
测量结果	−105.9	−104.9	−106.0	−105.1	−105.7
平均值 $\bar{x}_n$	−105.51		标准差 s	0.45	

则 $u_A = s = \sqrt{\dfrac{\sum_{i=1}^{10}(x_i - \bar{x}_a)^2}{n-1}} = 0.45V$,相对不确定度分量 $u_A = 0.45\%$

由于测量重复性包含了人员读数时因分辨率引入的误差,因此由分辨率引入的不确定度分量 u_4 和测量重复性引入的不确定度分量 u_A 取大者。

B.1.3 合成标准不确定度的计算

B.1.3.1 主要不确定度汇总表

不确定度来源（x_i）	a_i	k_i	$u(x_i)$
示波器最大允差引入的不确定度分量 u_1	1.5%	$\sqrt{3}$	0.87%
负载电阻误差引入的不确定度分量 u_2	1%	$\sqrt{3}$	0.58%
示波器探头衰减比误差引入的不确定度分量 u_3	1%	$\sqrt{3}$	0.58%
分辨率引入的不确定度分量 u_4	0.1V	$\sqrt{3}$	0.029%（舍弃）
测量重复性引入的不确定度分量 u_A	0.45%	1	0.45%

B.1.3.2 合成不确定度计算

以上各项不确定度分量相互独立不相关,所以合成标准不确定度为:

$$u_c = \sqrt{u_1^2 + u_2^2 + u_3^2 + u_A^2} = 1.3\%$$

B.1.4 扩展不确定度的计算

取包含因子 $k=2$,则扩展不确定度为

$$U_{rel} = ku_c = 2.6\%, \quad k=2。$$

B.2 脉冲上升时间测量结果的不确定度评定

B.2.1 数学模型

用示波器对汽车电瞬态传导骚扰模拟器的上升时间进行测量,采用直接测量法。数学模型为:

$$T_0 = T_x + \delta_R \tag{B.2}$$

式中:

T_0 ——示波器的上升时间实测值;

T_x ——被校模拟器上升时间标称值;

δ_R ——示波器上升时间测量误差。

209

B.2.2　标准不确定度评定

不确定度来源有所用标准器的最大允许误差、分辨力、测量重复性以及环境条件的影响等。因校准时按照要求的环境条件进行，故其引入的不确定度分量可以忽略不计。

B.2.2.1　示波器上升时间测量误差引入的不确定度分量 u_1

示波器溯源证书中上升时间测量不确定度 $U_{rel} = 5\%$，$k = 2$，则不确定度分量 $u_1 = 2.5\%$。

B.2.2.2　示波器示值分辨力引入的标准不确定度分量 u_2：

示波器测量上升时间时分辨力为 $0.01\mu s$，不确定度分量为 $u_2 = 0.29\delta$，因此分辨率引入的不确定度分量为：$u_2 = 0.0029\mu s$，上升时间为 $1\mu s$ 时相对不确定度分量 $u_2 = 0.29\%$。

B.2.2.3　测量重复性引入的标准不确定度分量 u_A

按照重复性测量要求对汽车电瞬态传导骚扰模拟器负载脉冲上升时间 $1\mu s$ 进行连续10次，结果如下表（μs）：

测量序号	1	2	3	4	5
测量结果	0.97	0.95	0.98	0.95	0.96
测量序号	6	7	8	9	10
测量结果	0.98	0.96	0.97	0.96	0.96
平均值 $\bar{x}_n$	0.964μs		标准差 s	0.0107μs	

则 $u_A = s = \sqrt{\dfrac{\sum\limits_{i=1}^{10}(x_i - \bar{x}_a)^2}{n-1}} = 0.0107\mu s$，相对不确定度分量 $u_A = 1.07\%$

由于测量重复性包含了人员读数时因分辨率引入的误差，因此由分辨率引入的不确定度分量 u_4 和测量重复性引入的不确定度分量 u_A 取大者。

B.2.3　合成标准不确定度的计算

B.2.3.1　主要不确定度汇总表

不确定度来源（x_i）	a_i	k_i	$u(x_i)$
示波器上升时间测量误差引入的不确定度分量 u_1	5%	2	2.5%
分辨率引入的不确定度分量 u_2	0.005	$\sqrt{3}$	0.29%（舍弃）
测量重复性引入的不确定度分量 u_A	1.07%	1	1.07%

B.2.3.2　合成不确定度计算

以上各项不确定度分量相互独立不相关，所以合成标准不确定度为：

$$u_c = \sqrt{u_1^2 + u_A^2} = 2.7\%$$

B.2.4　扩展不确定度的计算

取包含因子 $k = 2$，则扩展不确定度为

$$U_{rel} = ku_c = 5.4\%，k = 2。$$

B.3　脉冲宽度测量结果不确定度的评定

B.3.1　数学模型

用示波器对汽车电瞬态传导骚扰模拟器的脉冲宽度进行测量，采用直接测量法。数学模型为：

$$T_0 = T_x + \delta_R \tag{B.3}$$

式中：

T_0——示波器的脉冲宽度实测值；

T_x——被校模拟器脉冲宽度标称值；

δ_R——示波器时间测量误差。

B.3.2　测量不确定度分量的评定

不确定度来源主要为所用标准器的最大允许误差、分辨力、测量重复性以及环境条件的影响等。因校准时按照要求的环境条件进行，故其引入的不确定度分量可以忽略不计。

B.3.2.1　示波器时间测量误差引入的不确定度分量 u_1

示波器溯源证书中时间测量不确定度 $U_{rel} = 0.1\%$，$k = 2$，则不确定度分量 $u_1 = 0.05\%$。

B.3.2.2　示波器示值分辨力引入的标准不确定度分量 u_2：

示波器测量时间2ms时分辨力为0.01ms，不确定度分量为 $u_2 = 0.29\delta$，因此分辨率引入的不确定度分量为：$u_2 = 0.0029$ms，持续时间为2ms时相对不确定度分量 $u_2 = 0.14\%$。

B.3.2.3　测量重复性引入的标准不确定度分量 u_A

按照重复性测量要求对汽车电瞬态传导骚扰模拟器负载脉冲宽度2ms进行连续10次，结果如下表（ms）：

测量序号	1	2	3	4	5
测量结果	1.97	1.95	1.98	1.95	1.96
测量序号	6	7	8	9	10
测量结果	1.98	1.96	1.97	1.96	1.96
平均值 $\bar{x}_n$	1.964ms		标准差 s	0.0107ms	

则 $u_A = s = \sqrt{\dfrac{\sum_{i=1}^{10}(x_i - \bar{x}_a)^2}{n-1}} = 0.0107$ms，相对不确定度分量 $u_A = 0.54\%$

由于测量重复性包含了人员读数时因分辨率引入的误差，因此由分辨率引入的不确定度分量 u_4 和测量重复性引入的不确定度分量 u_A 取大者，分辨力引入不确定度分量小于测量重复性，因此舍去。

B.3.3　合成标准不确定度的计算

B.3.3.1　主要不确定度汇总表

不确定度来源（x_i）	a_i	k_i	$u(x_i)$
示波器时间测量误差引入的不确定度分量 u_1	0.1%	2	0.05%
分辨率引入的不确定度分量 u_2	0.005	$\sqrt{3}$	0.14%（舍弃）
测量重复性引入的不确定度分量 u_A	0.54%	1	0.54%

B.3.3.2　合成不确定度计算

以上各项不确定度分量相互独立不相关，所以合成标准不确定度为：

$$u_c = \sqrt{u_1^2 + u_A^2} = 0.6\%$$

B.3.4　扩展不确定度的计算

取包含因子 $k=2$，则扩展不确定度为

$$U_{rel} = ku_c = 1.2\%，\quad k = 2。$$

中华人民共和国工业和信息化部
电子计量技术规范

JJF（电子）0020—2018

交流分流器校准规范

Calibration specification for AC shunts

2018 - 04 - 30 发布　　　　　　　　　　　　　2018 - 07 - 01 实施

中华人民共和国工业和信息化部 发布

交流分流器校准规范

Calibration specification for AC shunts

JJF（电子）0020—2018

归 口 单 位 : 中国电子技术标准化研究院

主要起草单位 : 中国电子技术标准化研究院

本规范技术条文委托起草单位负责解释

本规范主要起草人：

  张玉锋（中国电子技术标准化研究院）

  刘 冲（中国电子技术标准化研究院）

  李 洁（中国电子技术标准化研究院）

参加起草人：

  李仰厚（济宁天耕电气有限公司）

  薛剑真（中国电子技术标准化研究院）

目　　录

引　言

　　本规范依据国家计量技术规范 JJF1071—2010《国家计量校准规范编写规则》编制。JJF1071—2010《国家计量校准规范编写规则》、JJF1001—2011《通用计量术语及定义》及JJF1059.1—2012《测量不确定度评定与表示》共同构成支撑本校准规范制定工作的基础性系列规范。

　　本规范为首次发布。

交流分流器校准规范

1 范围

本校准规范适用于输入额定电流 5A ~ 2kA、频率 10Hz ~ 1kHz、额定功率 1W ~ 1kW、阻值范围 0.01mΩ ~ 10Ω 的交流分流器（以下简称分流器）的校准。也适用于测量交流大电流的大功率标准电阻（频率 10Hz ~ 1kHz）的校准。

2 引用文献

无。

3 概述

交流分流器（被校仪器）是测量交流大电流的工作用四端电阻器具。它由两个铜接头及其之间的板状或棒状电阻元件组成，交流分流器上的电压降由安装在接头上的电位端子引出。交流分流器的额定电压降按标准值选取，例如 75mV。交流分流器的电学参数为额定输入电流 I_N，额定输出电压 U_N 和交流分流器标称电阻 R_N（$R_N = U_N/I_N$），当交流分流器施加输入电流 I_1，此时输出电压为 U_2，定义交流分流器实际电阻示值为 $R_M = U_2/I_1$。

4 计量特性

4.1 交流分流器电阻值

输入额定电流 5A ~ 2kA，额定功率 1W ~ 1kW，频率范围：10Hz ~ 1kHz，范围：0.01mΩ ~ 10Ω，最大允许误差：±（0.2% ~ 5%）。

4.2 短期稳定性

在规定的环境条件下，给交流分流器施加额定输入电流，在某一规定的时间间隔内（最短 1min，最长 30min。有说明书的也可按照说明书要求）的输出电压稳定性：±（0.02% ~ 0.5%）。

> 注：因不同被校设备的性能指标各不相同，具体的计量特性（参数项目、量程范围、最大允许误差等），应以被校设备生产厂家的技术手册及该设备的具体选件配置为参考。

5 校准条件

5.1 环境条件

5.1.1 环境温度：（25 ±3）℃

5.1.2 相对湿度：30% ~ 80%

5.1.3 供电电源：电压（220 ±11）V；频率（50 ±1）Hz

5.1.4 外磁场：< 400A/m

5.1.5 空气中不得有影响绝缘性能的有害气体和介质,校准场所没有可察觉的振动。

5.2 （测量）标准及其它设备

5.2.1 大功率交流标准电流源

输出电流 5A～2kA,额定功率 1W～1000W,频率 10Hz～1kHz,最大允许误差:±(0.05%～0.1%)。

对校准等级指数的≤0.2 的交流分流器,输入电流失真度不大于 1%;对校准等级指数≥0.5 的交流分流器,输入电流失真度不大于 3%。输入电流波动对测量结果的影响,应不大于被校交流分流器最大允许误差的 1/10。

5.2.2 交流数字电压表

最大允许误差:±(0.02%～0.1%);

输入阻抗:≥1MΩ。

6 校准项目和校准方法

6.1 校准项目

6.1.1 交流分流器电阻值

6.1.2 短期稳定性

6.2 校准方法

6.2.1 外观检查

交流分流器器身或铭牌上应有产品型号、编号、生产厂家或商标、准确度等级、额定输入电流、额定输出电压的标志。

接线端子齐备,完好,无锈蚀,无严重影响校准工作的其他缺陷。

将结果记录在附录 A 表 A.1 中。

6.2.2 校准步骤

6.2.2.1 校准时,如果被校交流分流器有输出负荷要求,应接入额定负载状态下校准。

6.2.2.2 新制造的交流分流器,在校准前应进行通电预处理。在额定输入电流下预热(15～30)min。通电预处理后在参考工作温度下放置 4h 以上时间。使用中的交流分流器,可不进行预处理。

6.2.2.3 校准时的电流方向

交流分流器校准时应给出校准时电流方向,并记录在附录 A 表 A.2 中。也可根据用户要求校准两个方向下的电阻值。

6.2.3 交流分流器电阻值

6.2.3.1 校准输入电流为频率 50Hz 时,分别校准额定电流的 10%、20%,60%、80%、100%;校准输入电流为频率下限 10Hz 和上限 1kHz 时,只校准额定电流的 100%。也可根据实际情况或送校单位的要求选取校准输入电流值。

6.2.3.2 交流标准源法

交流标准源法校准线路见图 1。调整交流标准电流源 I_N 至规定值,同时用接在分流器电位端钮的交流数字电压表读出电压值 U_N，并记录在附录 A 表 A.2 中，通过公式（1）计算得出交流分流器实际电阻值 R_N。

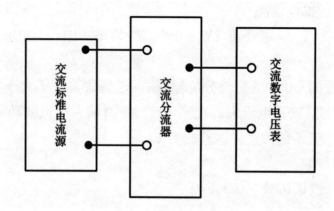

图 1　交流标准源法校准线路图

$$R_N = \frac{U_N}{I_N} \qquad (1)$$

交流分流器误差按式（2）计算，并记录在附录 A 表 A.2 中：

$$\Delta R = R_X - R_N \qquad (2)$$

式（1）式（2）中：

R_N　——交流分流器实际电阻值，$m\Omega$。

ΔR　——交流分流器电阻值示值误差；$m\Omega$；

U_2　——交流分流器输出电压实测值，mV；

I_1　——交流分流器输入电流值，A；

R_X　——交流分流器标称电阻值，$m\Omega$；

6.2.4　短期稳定性

按图 1 连接设备。调节输入电流为额定电流的 100%，输出稳定后，按一定的时间间隔记录交流电压表数值在附录 A 表 A.3 中，并从所有的测量值中选取最大值和最小值。

被校交流分流器的短期稳定性，按式（3）计算，并记录在附录 A 表 A.3 中：

$$S = \left| \frac{U_{max} - U_{min}}{U} \right| \times 100\% \qquad (3)$$

式中：

S　——被校交流分流器的短期稳定性，%；

U_{max}　——规定的时间间隔内被校交流分流器的最大输出电压，V；

U_{min}　——规定的时间间隔内被校交流分流器的最小输出电压，V；

U　——被校交流分流器的输出电压，V。

7　校准结果表达

校准结果应在校准证书上反映。校准证书应至少包括以下信息：

a）标题："校准证书"；

b）实验室名称和地址；

c）进行校准的地点（如果与实验室的地址不同）；

d）证书的唯一性标识（如编号），每页及总页数的标识；

e）客户的名称和地址；

f）被校对象的描述和明确标识；

g）进行校准的日期，如果与校准结果的有效性和应用有关时，应说明被校对象的接收日期；

h）校准所依据的技术规范的标识，包括名称及代号；

i）本次校准所用测量标准的溯源性及有效性说明；

j）校准环境的描述；

k）校准结果及测量不确定度的说明；

l）对校准规范的偏离的说明；

m）校准证书和校准报告签发人的签名、职务或等效标识；

n）校准结果仅对被校对象有效的说明；

o）未经实验室书面批准，不得部分复制证书的声明。

8 复校时间间隔

建议复校的时间间隔为 1 年。由于复校时间间隔的长短是由仪器使用情况、使用者、仪器本身质量等诸因素所决定的，因此，送校单位可根据实际情况自主决定复校时间间隔。

附录 A

校准原始记录格式

A.1 外观及工作正常性检查

表 A.1 外观检查记录表

外观检查:合格 □ 不合格 □:_____

A.2 交流分流器阻值

表 A.2 交流分流器阻值记录表

额定输入电流 I_N：_____（A）　　额定输出电压：_____（V）

标称电阻值 R_X：_____（mΩ）　　输入电流方向_____

输入电流 I_1/A	频率	交流分流器输出电压值 U_2/mV	实测电阻值 R_N/ mΩ	误差 ΔR/ mΩ	测量不确定度 $U(k=2)$
10% I_N	50Hz				
20% I_N	50Hz				
60% I_N	50Hz				
80% I_N	50Hz				
100% I_N	50Hz				
100% I_N	10Hz				
100% I_N	1kHz				

A.3 短期稳定性

表 A.3 交流分流器短期稳定性记录表

输入电流 I_1/A	频率	时间	交流分流器输出电压值 U_2/mV	实测电阻值 R_N/ mΩ	短期稳定性 S	测量不确定度 $U(k=2)$
100% I_N	50Hz	开始				
		加电 s后				
		加电 s后				
		加电 s后				
		加电 s后				

附录 B

测量不确定度评定示例

用标准电流源法对 100A，1V，50Hz，0.01Ω 的交流分流器进行校准。标准器为数字多用表 8508A、交流标准电流源 2000A，50Hz。

B.1 测量模型

交流分流器误差按下式计算：

$$\Delta R = R_X - R_N \tag{B.1}$$

式（B.1）式（B.2）中：

ΔR ——交流分流器电阻值示值误差；

R_X ——交流分流器电阻标称值，mΩ；

R_N ——交流分流器实际电阻值，mΩ。

B.2 标准不确定度评定

B.2.1 标准器不准引入的不确定度 $u(R_N)$ 的评定

B.2.1.1 由交流标准电流源不准引入的不确定度分量 $u(R_{N1})$

根据交流标准电流源 100A，50Hz 上级证书给出的测量不确定度为：0.05%，视为均匀分布，置信水平 95%，包含因子 $k = \sqrt{3}$，则

$u(R_{N1}) = 0.05\% / \sqrt{3} = 0.029\%$

B.2.1.2 由数字多用表测量不准引入的不确定度分量 $u(R_{N2})$

数字多用表 8508A 交流电压（量程 1V，电压值 1V）测量的最大允许误差为 ± 0.016%，视为均匀分布，置信水平 95%，包含因子 $k = \sqrt{3}$，则

$u(R_{N2}) = 0.016\% / \sqrt{3} = 0.0092\%$

B.2.2 被校示值重复性引入的标准不确定度 $u(R_X)$

用 A 类标准不确定度评定。选一稳定交流分流器，输出交流电流 100A，在相同温湿度下、短时间内，同一校准人员条件下，连续独立测量 10 次，其结果见表 B.1：

表 B.1 交流分流器测量重复性记录

次数	测量值（V）
1	0.9975
2	0.9974
3	0.9975
4	0.9976

次数	测量值（V）
5	0.9978
6	0.9975
7	0.9977
8	0.9974
9	0.9975
10	0.9970
平均	0.99749

单次测量实验标准偏差：$s(x) = 0.02\%$

相对不确定度 $u(R_X) = 0.02\%$

B.3 合成标准不确定度

B.3.1 主要标准不确定度汇总见表 B.2。

表 B.2 主要标准不确定度汇总表

不确定度分量	不确定度来源	相对不确定度
$u(R_X)$	测量重复性	0.02%
$u(R_{N1})$	交流标准电流源不准	0.029%
$u(R_{N2})$	数字多用表不准	0.0092%

B.3.2 合成标准不确定度的计算

输入量彼此独立不相关，所以合成标准不确定度可按下式得到：

$$u_C = \sqrt{u^2(R_{N1}) + u^2(R_{N2}) + u^2(R_X)} = 0.04\%$$

B.3.3 扩展不确定度的评定

按置信水平 $p = 95\%$，取包含因子 $k = 2$，扩展不确定度为：

$$U = ku_C = 2u_C = 2 \times 0.04\%$$

相对扩展不确定度 $U_{rel(k)} = 0.1\%$

中华人民共和国工业和信息化部
电子计量技术规范

JJF（电子）0021—2018

数字电视码流发生器校准规范

Calibration Specification of
Digital Television Transport Stream Generators

2018-04-30 发布

2018-07-01 实施

中华人民共和国工业和信息化部 发布

数字电视码流发生器校准规范

Calibration Specification of Digital Television Transport Stream Generators

JJF（电子）0021—2018

归 口 单 位：中国电子技术标准化研究院

主要起草单位：工业和信息化部电子第五研究所

参加起草单位：广州赛宝计量检测中心服务有限公司

本规范技术条文委托起草单位负责解释

本规范主要起草人：

    顾　林（工业和信息化部电子第五研究所）

    杨桥新（工业和信息化部电子第五研究所）

    赵怡然（工业和信息化部电子第五研究所）

参加起草人：

    关广东（广州赛宝计量检测中心服务有限公司）

目　录

引　言

本规范依据 JJF 1071—2010《国家计量校准规范编写规则》编制，测量不确定度评定举例依据 JJF 1059.1—2012《测量不确定度评定与表示》评定。

本规范为首次发布。

数字电视码流发生器校准规范

1 范围

本方法适用于具有数字电视码流发生器（输出信号包括 TS 流信号、SDI 信号）的校准，具有数字电视码流信号输出的数字视频设备也可参照执行。

2 引用文件

SJ/T 11328 -2006 数字电视接收设备接口规范第 2 部分：传送流接口

SJ/T 11324 -2006 数字电视接收设备术语

ETSI TR101290 数字视频广播（DVB）；DVB 系统的测量准则（Digital Video Broadcasting（DVB）；Measurement guidelines for DVB systems）

GB/T 31492 -2015 数字电视码流发生器技术要求和测量方法

以上凡是注日期的引用文件，仅注日期的版本适用于本规范；凡是不注日期的引用文件，其最新版本（包括所有的修改单）适用于本规范。

3 术语和计量单位

3.1 SDI，串行数字接口（Serial Digital Interface）

用于串行传输数字视频、音频、同步等信息的数字视频接口。

3.2 MPEG，运动图像专家组（Moving Picture Experts Group）

ISO/IEC JTC1/SC29/WG11 运动图像专家组的缩写词，其任务是建立运动图像及相应声音信号的编码标准，所以 MPEG 也指运动图像专家组提出的标准。

3.3 TS 流，码流/传送流（Transport Stream）

符合 GB/T 17975.1 -2000 数据结构规定的数字信号序列。

3.4 定时抖动（Timing Jitter）

定时抖动是抖动速率高于规定速率（典型值为 10 Hz 或更低）的信号阶跃位置的变化。

3.5 校准抖动（Alignment Jitter）

校准抖动是信号的跳变位置相对于从该信号中提取的时钟跳变在位置上的变化。时钟提取处理的带宽确定了校准抖动的低频限值（1 kHz～100 kHz，典型值为 1 kHz 和 100 kHz）。

3.6 UI，单位间隔（Unit Intervals）

等步信号两个相邻有效瞬时之间的标称时间差称为单位间隔，记作 UI 即抖动幅度单位。当比特率为 143 Mbit/s 或 270 Mbit/s 时，单位时间间隔 UI 分别为 6.993ns、3.7037ns。

3.7 传输速率（Transmission Rate）

向数字信道上发送数据的速度，也称为数据率，单位是比特每秒，bit/s。

3.8 带宽分布（Bandwidth Distribution）

是单位时间内的最大数据流量，也可以说是单位时间内最大可能提供多少个二进制位传输。

3.9 分组长度（Packet Size）

TS 流将视频、音频、PSI 等数据打包成传输包进行传送，分组长度就是 TS 传输包的长度，单位是字节，byte。

4 概述

数字电视码流发生器是用于数字电视、多媒体产品及广播系统等数字视频产品的性能测试和合格检验的专用测试仪器，广泛应用于数字电视产品、多媒体产品和电视广播系统及网络电视系统等多个领域。

数字电视码流发生器是将数字视频、音频及数据信息等通过复用和压缩处理后，以串行数字流的形式输出基带数字视频信号，常见的压缩标准有 MPEG－2、MPEG－4、AVS 等。

数字电视码流发生器用于数字视频的发射和接收等产品的性能测试，为产品测试提供标准的码流基带信号，其性能质量直接影响测试结果的准确可靠。

5 计量特性

5.1 串行数字信号质量参数

5.1.1 眼图幅度：800 mV_{p-p}，最大允许误差 ±80 mV_{p-p}；

5.1.2 上升/下降时间（20%～80%）：（0.4～1.5）ns；

5.1.3 定时抖动/校准抖动：≤0.2 UI，即≤1.4ns（比特率 143 Mbit/s 时），

≤0.74ns（比特率 270 Mbit/s 时）；

5.1.4 直流偏置：优于 0 V ±0.5 V；

5.1.5 比特率：143 Mbit/s，270 Mbit/s，最大允许误差 $\pm 100 \times 10^{-6}$。

5.2 码流功能性/符合性检查

5.2.1 码流错误监测功能：

5.2.1.1 一级错误监测：测量项目和判断条件见表1。

表1　一级错误监测测量项目和判断条件

信息序号	描述	判断条件
1.1	传输流同步丢失	两个或两个以上传输报连续出现同步字节错误
1.2	同步字节错误	同步字节不等于 0x47

信息序号	描述	判断条件
1.3	PAT 错误	PID＝0x0000 的 TS 包出现下列情况之一： （1）Table_id＝0x00 的 section 出现间隔超过 0.5 s； （2）出现 Table_id 不是 0x00 的 section； （3）scrambling_control_field 不是 00。
1.4	连续计数错误	出现下列情况之一： （1）TS 包顺序错误； （2）同一个 TS 包连续出现两次以上； （3）TS 包丢失。
1.5	PMT 错误	由 PAT 表 program_map_PID 指示 PID 的 TS 包出现下列情况之一： （1）Table_id＝0x02 的 section 出现间隔超过 0.5 s； （2）在包含 section（Table_id＝0x02）的 TS 包中，scrambling_control_field 不等于 00。
1.6	PID 错误	所指的 PID 没有在用户指定的时间间隔内出现。

5.2.1.2　二级错误监测：测量项目和判断条件见表 2。

表 2　二级错误监测测量项目和判断条件

信息序号	描述	判断条件
2.1	传送错误	TS 包头中的传输错误指示为"1"。
2.2	CRC 错误	在 CAT，PAT，PMT，NIT，EIT，BAT，SDT 和 TOT 表中出现 CRC 错误。
2.3a	PCR 间隔错误	两个连续 PCR 值之间的时间间隔大于 40 ms；
2.3b	PCR 不连续错误	两个连续 PCR 的差值（$PCR_{i+1}-PCR_i$）不在 0～100 ms 的范围内，且没有设置不连续指示（discontinuity_indicator＝0）；
2.4	PCR 精确度错误	所选节目的 PRC 精确度超出 ±500 ns；
2.5	PTS 错误	PTS 重复周期大于 700 ms。
2.6	CAT 错误	出现下列情况之一： （1）在 TS 码流中有 transport_scrambling_control 不等于 00 的 TS 流包，但是没有出现 table_id＝0x01（即 CAT）的 section； （2）在 PID 为 0x0001 的 TS 流包中，出现 table_id 不是 0x01 的 section。

5.2.1.3 三级错误监测:测量项目和判断条件见表3。

表3　三级错误监测测量项目和判断条件

信息序号	描述	结果(个数)
3.2	SI 重复率错误 （SI 间隔错误）	SI 表的重复间隔超出规定值,具体如下: (1)若存在 NIT 表,NIT 的任意 section（包括其他 NIT）重复间隔超过 10 s; (2)若存在 BAT 表,BAT 的任意 section 重复间隔超过 10 s; (3)当前 TS 的 SDT 中的任意 section 重复间隔超过 2 s; (4)若存在其他 TS 的 SDT 表,其任意 section 重复间隔超过 10 s; (5)当前 TS 中 EIT P/F 的任意 section 重复间隔超过 2 s; (6)若存在其他 TS 的 EIT P/F 表,其任意 section 重复间隔超过 10 s; (7)若存在包含近 8 d 当前和其他 TS 流 Schedule Table 的 EIT 表,其任意 section 重复间隔超过 10 s; (8)若存在包含 8 d 以后当前和其他 TS 流 Schedule Table 的 EIT 表,其任意 section 重复间隔超过 30 s; (9) TDT 和 TOT 的重复间隔超过 30 s。
3.4	用户 PID 错误 （未引用 PID）	在 0.5 s 内出现了未被 PMT 或 CAT 引用定义的 PID（不包括 PMT_PID 值为 0x00 到 0x1F 的 PID,或是用户定义的私有数据流的 PID）。测量的过渡状态限定为 0.5 s,处于过渡状态时不引发错误指示。

5.2.2 码流监视性能:

5.2.2.1 传输速率;

5.2.2.2 分组长度:188 byte /204 byte;

5.2.2.3 带宽分布。

6　校准条件

6.1　环境条件

6.1.1 环境温度:(23 ±5)℃;

6.1.2 相对湿度:20% ~80%;

6.1.3 供电电压:(220 ±11) V,(50 ±1) Hz;

6.1.4 周围无影响仪器正常工作的机械振动和电磁干扰。

6.2　测量标准及其他设备

6.2.1 MPEG 测量解码器

（1）输入信号

标准制式:DVB,ATSC;

传输流数据率:大于 54 Mbit/s;

数据包长度:188 byte /204 byte（DVB）,188 byte /208 byte（ATSC）。

（2）信号输入

异步串行接口（BNC 连接器）:200 mV$_{p-p}$ ~ 1 V$_{p-p}$,75 Ω;

（3）信号输出

串行接口（BNC 连接器）:800 mV$_{p-p}$,75Ω。

6.2.2 数字视频分析仪

（1）眼图测量

眼图幅度测量范围:（600 ~ 1000）mVp-p,最大允许误差:±5%;

上升/下降时间测量范围:（0.4 ~ 1.5）ns,最大允许误差:±100 ps;

直流偏移测量范围:（-1 ~ +1）V,最大允许误差:±（10 mV + 读数×2%）;

比特率测量范围:143 Mbit/s 和 270 Mbit/s,最大允许误差:±5.4×10^{-8}。

（2）抖动(定时抖动,校准抖动)测量

抖动幅度测量范围:（0 ~ 3）ns,即（0 ~ 0.429）UI（比特率 143 Mbit/s 时）,

（0 ~ 0.81）UI（比特率 270 Mbit/s 时）,

最大允许误差:±（200 ps + 读数×20%）,即

±（0.0286 UI + 读数×20%）,（比特率 143 Mbit/s 时）,

±（0.054 UI + 读数×20%）,（比特率 270 Mbit/s 时）。

6.2.3 码流分析仪

6.2.3.1 输入信号

标准制式:DVB,ATSC;

传输流数据率:250 kbit/s 至 214 Mbit/s。

6.2.3.2 信号输入

异步串行接口（BNC 连接器）:200 mV$_{p-p}$ ~ 800 V$_{p-p}$,75Ω。

6.2.3.3 码流错误监测功能:监测项目及错误描述见表4。

表4 监测项目及错误描述

监测项目	错误描述	监测结果
一级码流错误监测	传输流同步丢失	（正常/不正常）
	同步字节错误	（正常/不正常）
	PAT 错误	（正常/不正常）
	连续计数错误	（正常/不正常）
	PMT 错误	（正常/不正常）
	PID 错误	（正常/不正常）
二级码流错误监测	传输错误	（正常/不正常）
	CRC 错误	（正常/不正常）
	PCR 间隔错误	（正常/不正常）
	PCR 不连续指示错误	（正常/不正常）
	PCR 精度	（正常/不正常）
	PTS 错误	（正常/不正常）
	CAT 错误	（正常/不正常）
三级码流错误监测	SI 重复率错误	（正常/不正常）
	用户 PID 错误	（正常/不正常）

6.2.3.4 码流监视性能：

（1）传输速率；（2）分组长度；（3）带宽分布。

7 校准项目和校准方法

校准项目见表5。

表5 校准项目表

序号	项目名称
1	外观及工作正常性检查
2	串行数字信号质量参数校准
3	码流功能性/符合性检查

7.1 外观及工作正常性检查

7.1.1 被校数字电视码流发生器应无影响仪器电气性能的机械损伤,其开关、按键调节正常,显示屏能正常显示。

7.1.2 被校仪器通电后,应能自动开始自检,自检完成后能正常工作。

7.1.3 进行以下校准时,数字电视码流发生器及校准用设备应按规定时间(一般为30分钟)预热。

7.2 串行数字信号质量参数的校准

7.2.1 仪器连接如图1所示。

图1 TS流信号校准

7.2.2 被校数字电视码流发生器设置输出视频 TS 流信号,通过其异步串行输出端接入 MPEG 测量解码器的异步串行输入端,MPEG 测量解码器串行输出端接入数字视频分析仪的串行输入端。

7.2.3 数字视频分析仪设置对应的信号格式,选择 SDI 眼图【SDI Eye Diagram】测量功能,按运行键,分别测量 SDI 眼图各参数(眼图幅度、上升时间/下降时间、直流偏置等),记录于附录 A 表 A.2.1 中。

7.2.4 眼图幅度示值误差按式(1)计算。

$$\delta = \frac{A_u - A_s}{A_s} \times 100\% \qquad (1)$$

式中:

δ ——眼图幅度误差,%;

A_u ——被校数字电视码流发生器的眼图幅度标称值,mV;

A_s ——数字视频分析仪的眼图幅度读数(实际值),mV。

7.2.5 重复7.2.2条款，先后选择 SDI 抖动【SDI Jitter】测量功能，测量 SDI 信号的其他参数（定时抖动、校准抖动等），记录于附录 A 表 A.2.2 中。

7.2.6 重复7.2.1～7.2.2条款，数字视频分析仪设置对应的信号格式，选择 SDI 眼图【SDI Eye Diagram】测量功能，在此功能下选取菜单【MENU】中的光标选项【Cursors/Units】；调节光标【Time Cursor 1】测量点到眼图第一个交叉点中心 T1，调节光标【Time Cursor 2】测量点到眼图第二个交叉点中心 T2，直接从屏幕上直接读取【T2 − T1】的读数 T，即为一个单位间隔 UI，如图 2 所示。

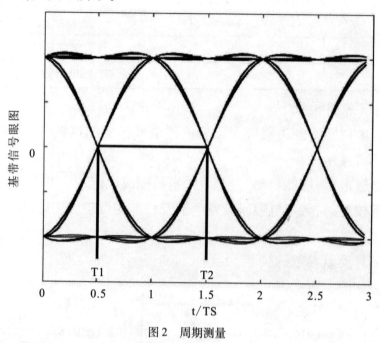

图2　周期测量

7.2.7 比特率实际值 B_s 按式（2）计算，并将结果记入附录 A 表 A.2.3 中。

$$B_s = \frac{1}{T} \qquad (2)$$

式中：

B_s——比特率实际值，bit/s；

T——被校数字电视码流发生器的信号周期读数，s。

7.2.8 比特率示值误差按式（3）计算。

$$\delta = \frac{B_u - B_s}{B_s} \times 100\% \qquad (3)$$

式中：

δ　——比特率误差，%；

B_u——被校数字电视码流发生器的比特率标称值，bit/s；

B_s——比特率实际值，bit/s。

7.2.9 若被校数字电视码流发生器输出信号为 SDI 信号，则按图3所示连接仪器。

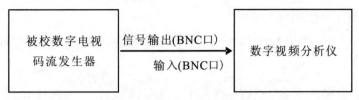

图3　SDI信号校准

7.2.10　被校数字电视码流发生器设置SDI信号格式,选择输出图像,通过其串行输出端连接到数字视频分析仪的SDI串行输入端。

7.2.11　按7.2.3～7.2.8条款,分别测量SDI信号的各参数(SDI眼图、SDI抖动、比特率等),记录于附录A表A.2.1,表A.2.2,表A.2.3中。

7.3　码流功能性/符合性检查

7.3.1　码流错误监测功能检查

7.3.1.1　仪器连接如图4所示。

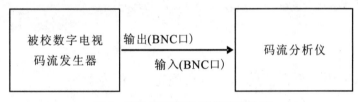

图4　码流错误监测/码流监视性能

7.3.1.2　被校数字电视码流发生器设置输出视频TS流信号,连接到码流分析仪的输入端。

7.3.1.3　运行码流分析仪的码流错误监测功能,按表1、表2和表3的监测测量项目和判断条件逐项进行相应的一级、二级和三级错误监测和判断,判断结果记录于附录A表A.3.1.1、表A.3.1.2和表A.3.1.3。所有的测量项目均以分析报错形式给出,表1、表2和表3中判断条件为"或"逻辑,即满足多项判断条件中的一项就可判断为出现错误。

7.3.2　码流监视性能检查

7.3.2.1　仪器连接如图4所示。

7.3.2.2　被校数字电视码流发生器设置输出视频TS流信号,连接到码流分析仪的输入端。

7.3.2.3　码流分析仪进行相应的传输速率、分组长度、带宽分布的监测,监测结果记录于附录A表A.3.2.1、A.3.2.2、A.3.2.3。

8　校准结果

校准后,出具校准证书。校准证书至少应包含以下信息:

a)标题:"校准证书";

b)实验室名称和地址;

c)进行校准的地点(如果与实验室的地址不同);

d)证书的唯一性标识(如编号),每页及总页数的标识;

e)客户的名称和地址;

f) 被校对象的描述和明确标识；

g）进行校准的日期，如果与校准结果的有效性和应用有关时，应说明被校对象的接收日期；

h）如果与校准结果的有效性应用有关时，应对被校样品的抽样程序进行说明；

i）校准所依据的技术规范的标识，包括名称及代号；

j）本次校准所用测量标准的溯源性及有效性说明；

k）校准环境的描述；

l）校准结果及其测量不确定度的说明；

m）对校准规范的偏离的说明；

n）校准证书签发人的签名、职务或等效标识；

o）校准结果仅对被校对象有效的说明；

p）未经实验室书面批准，不得部分复制证书的声明。

9 复校时间间隔

复校时间间隔由用户根据使用情况自行确定，推荐为 1 年。

附录 A

校准记录表格

表 A.1　外观与工作正常性能检查

检查项目	检查记录	结论
外观检查		
工作正常性检查		

表 A.2　串行数字信号质量参数

表 A.2.1　SDI 眼图参数

参数	标称值	实测值	误差	U，$(k=2)$
眼图幅度/mV$_{p-p}$	800			
上升时间/ps	——		——	
下降时间/ps	——		——	
直流偏置/mV	——			

表 A.2.2　SDI 抖动

参数	实测值/UI	U / UI，$(k=2)$
定时抖动（Timing Jitter）		
校准抖动（Alignment Jitter）		

表 A.2.3　比特率

参数	标称值/（bit/s）	实测值/（bit/s）	误差	U /（bit/s），$(k=2)$
比特率				

表 A.3 码流功能性/符合性检查

表 A.3.1 码流错误监测功能检查

表 A.3.1.1　码流错误一级监测

信息序号	项目	结果/个数
1.1	传输流同步丢失	
1.2	同步字节错误	
1.3	PAT 错误	
1.4	连续计数错误	
1.5	PMT 错误	
1.6	PID 错误	

表 A.3.1.2　码流错误二级监测

信息序号	项目	结果/个数
2.1	传送错误	
2.2	CRC 错误	
2.3a	PCR 间隔错误	
2.3b	PCR 不连续指示错误	
2.4	PCR 精度	
2.5	PTS 错误	
2.6	CAT 错误	

表 A.3.1.3　码流错误三级监测

信息序号	项目	结果/个数
3.2	SI 重复率错误	
3.4	用户 PID 错误	

表 A.3.2 码流监视性能检查

表 A.3.2.1　传输速率

参数	实测值/（bit/s）	
传输速率		

表 A.3.2.2　分组长度

参数	实测值/byte	
分组长度		

表 A.3.2.3　带宽分布

描述	实测平均值/（kbit/s）	占比/ %
Video		
Audio		
PMT		

附录 B

测量不确定度评定示例

B.1 眼图幅度校准的不确定度评定

B.1.1 测量模型

$$A_X = A_N \qquad (B.1)$$

式中：

A_X——被校数字电视码流发生器输出眼图幅度；

A_N——数字视频分析仪的测量值。

B.1.2 不确定度来源

（1）数字视频分析仪测量不准引入的标准不确定度分量 $u(A_N)$；

（2）测量重复性引入的标准不确定度分量 $u(A_X)$。

B.1.3 计算各分量标准不确定度

B.1.3.1 数字视频分析仪测量不准引入的标准不确定度分量 $u(A_N)$

由数字视频分析仪指标，其眼图幅度测量最大允许误差为：±5%，按均匀分布，B类，包含因子为 $\sqrt{3}$，则

$$u(A_N) = \frac{5\%}{\sqrt{3}} = 2.9\%$$

B.1.3.2 测量重复性引入的标准不确定度分量 $u(A_X)$

用数字电视码流发生器输出信号，用数字视频分析仪测量该信号眼图幅度，重复测量10次，测量值如下：

测量值(mV)	x_1	x_2	x_3	x_4	x_5
	786	785	786	785	786
	x_6	x_7	x_8	x_9	x_{10}
	786	785	786	787	786
标准差 s	0.08%				

$$u(A_X) = s = 0.08\%$$

B.1.4 合成标准不确定度

各输入量之间未发现有任何值得考虑的相关性，则合成标准不确定度

$$u_c = \sqrt{u^2(A_N) + u^2(A_X)} = 2.9\%$$

B.1.5 扩展不确定度

取包含因子 $k=2$，于是

$$U = k \times u_c = 2 \times u_c = 5.8\%$$

B.2 眼图上升/下降时间校准的不确定度评定

B.2.1 测量模型

$$T_X = T_N \tag{B.2}$$

式中：

T_X——被校数字电视码流发生器眼图上升/下降时间；

T_N——数字视频分析仪的测量值；

B.2.2 不确定度来源

（1）数字视频分析仪测量不准引入的标准不确定度分量 $u(T_N)$；

（2）测量重复性引入的标准不确定度分量 $u(T_X)$。

B.2.3 计算各分量标准不确定度

B.2.3.1 数字视频分析仪测量不准引入的标准不确定度分量 $u(T_N)$

由数字视频分析仪指标，其眼图上升/下降时间测量最大允许误差为：±100 ps，按均匀分布，B 类，包含因子为 $\sqrt{3}$，则

$$u(T_N) = \frac{100}{\sqrt{3}} = 58 \text{ ps}$$

B.2.3.2 测量重复性引入的标准不确定度分量 $u(T_X)$

用数字电视码流发生器输出信号，用数字视频分析仪测量该信号眼图上升时间，重复测量 10 次，测量值如下：

测量值(ps)	x_1	x_2	x_3	x_4	x_5
	594	605	574	583	569
	x_6	x_7	x_8	x_9	x_{10}
	578	569	578	577	564
标准差s(ps)	12.4				

$$u(T_X) = s = 12.4 \text{ ps}$$

B.2.4 合成标准不确定度

各输入量之间未发现有任何值得考虑的相关性，则合成标准不确定度

$$u_c = \sqrt{u^2(T_N) + u^2(T_X)} = 59.3 \text{ps}$$

B.2.5 扩展不确定度

取包含因子 $k = 2$，于是

$$U = k \times u_c = 2 \times u_c = 119 \text{ ps}$$

B.3 眼图直流偏移校准的不确定度评定

B.3.1 测量模型

$$D_X = D_N \qquad\qquad (B.3)$$

式中：

D_X——被校数字码流信号发生器眼图直流偏移；

D_N——数字视频分析仪的测量值。

B.3.2 不确定度来源

（1）数字视频分析仪测量不准引入的标准不确定度分量 $u(D_N)$；

（2）测量重复性引入的标准不确定度分量 $u(D_X)$。

B.3.2 计算各分量标准不确定度

B.3.2.1 数字视频分析仪测量不准引入的测量不确定度 $u(D_N)$

由数字视频分析仪指标，其眼图上升/下降时间测量最大允许误差为：$\pm(10\text{mV}+2\%$ $\times$读数）,测量范围 $-1\text{V} \sim 1\text{V}$,区间半宽为 10.2mV。按均匀分布，B 类，包含因子为 $\sqrt{3}$,则

$$u(D_N) = \frac{10.2\text{mV}}{\sqrt{3}} = 5.9 \text{ mV}$$

B.3.2.1 由测量重复性引入的不确定度 $u(D_X)$

用多次测量标准差来估计。用数字电视码流发生器输出信号，用数字视频分析仪测量该信号眼图直流偏移，重复测量 10 次，测量值如下：

测量值(mV)	x_1	x_2	x_3	x_4	x_5
	-11.3	-9.9	-11.4	-11.2	-9.7
	x_6	x_7	x_8	x_9	x_{10}
	-9.9	-10.6	-10.5	-11.2	-10.7
标准差s(mV)	0.64				

$$u(D_X) = s = 0.64 \text{ mV}$$

B.3.4 合成标准不确定度

各输入量之间未发现有任何值得考虑的相关性，则合成标准不确定度

$$u_c = \sqrt{u^2(D_N) + u^2(D_X)} = 59\text{mV}$$

B.3.5 扩展不确定度

取包含因子 $k=2$,于是

$$U = k \times u_c = 2 \times u_c = 12 \text{ mV}$$

B.4 抖动幅度校准的不确定度评定

B.4.1 测量模型

$$J_X = J_N \qquad\qquad (B.4)$$

式中：

J_X——被校数字码流信号发生器的抖动幅度；

J_N——数字视频分析仪的测量值。

B.4.2　不确定度来源

（1）数字视频分析仪测量不准引入的标准不确定度分量 $u(J_N)$；

（2）测量重复性引入的标准不确定度分量 $u(J_X)$。

B.4.3　计算各分量标准不确定度

B.4.3.1　数字视频分析仪测量不准引入的标准不确定度分量 $u(J_N)$

由数字视频分析仪指标，其眼图抖动测量最大允许误差为：±20%。按均匀分布，B类，包含因子为 $\sqrt{3}$，则

$$u(J_N) = \frac{20\%}{\sqrt{3}} = 11.5\%$$

B.4.3.2　测量重复性引入的标准不确定度分量 $u(J_X)$

用数字电视码流发生器输出信号，用数字视频分析仪测量该信号抖动幅度（定时抖动），重复测量 10 次，测量值如下：

测量值(UI)	x_1	x_2	x_3	x_4	x_5
	0.167	0.170	0.173	0.168	0.172
	x_6	x_7	x_8	x_9	x_{10}
	0.175	0.171	0.167	0.172	0.168
标准差 s	1.6%				

$$u(J_X) = s = 1.6\%$$

B.4.4　合成标准不确定度

各输入量之间未发现有任何值得考虑的相关性，则合成标准不确定度

$$u_c = \sqrt{u^2(J_N) + u^2(J_X)} = 11.6\%$$

B.4.5　扩展不确定度

取包含因子 $k=2$，于是

$$U = k \times u_c = 2 \times u_c = 23\%$$

B.5　比特率校准的不确定度评定

B.5.1　测量模型

$$B_X = \frac{1}{T} \tag{B.5}$$

式中：

B_x——被校数字电视码流发生器的比特率；

T——视频测量装置的眼图信号周期测量值。

B.5.2　不确定度来源

（1）数字视频分析仪测量不准引入的标准不确定度分量 $u(T)$；

（2）测量重复性引入的标准不确定度分量 $u(B_x)$。

B.5.3 计算各分量标准不确定度

B.5.3.1 数字视频分析仪测量不准引入的标准不确定度分量 $u(T)$

由数字视频分析仪指标，比特率最大允许误差为：$\pm 5.4 \times 10^{-8}$，区间半宽为 5.4×10^{-8}。按均匀分布，B 类，包含因子为 $\sqrt{3}$，则

$$u(T) = \frac{5.4 \times 10^{-8}}{\sqrt{3}} = 3.1 \times 10^{-8}$$

B.5.3.2 测量重复性引入的标准不确定度分量 $u(B_x)$

用多次测量标准差来估计。用数字电视码流发生器输出信号，用数字视频分析仪测量眼图信号周期，重复测量 10 次，测量值如下：

测量值(ns)	x_1	x_2	x_3	x_4	x_5
	3.701	3.700	3.701	3.702	3.701
	x_6	x_7	x_8	x_9	x_{10}
	3.700	3.701	3.700	3.701	3.700
标准差 s	1.8E-04				

$$u(B_x) = s = 1.8 \times 10^{-4}$$

B.5.4 合成标准不确定度

各输入量之间未发现有任何值得考虑的相关性，则合成标准不确定度

$$u_c = \sqrt{u^2(T) + u^2(B_x)} = 1.8 \times 10^{-4}$$

B.5.5 扩展不确定度

取包含因子 $k = 2$，于是

$$U = k \times u_c = 2 \times u_c = 3.6 \times 10^{-4}$$

中华人民共和国工业和信息化部
电子计量技术规范

JJF（电子）0022—2018

三倍频变压试验装置校准规范

Calibration Specification for Triple – frequency test transformer

2018 - 04 - 30 发布   2018 - 07 - 01 实施

中华人民共和国工业和信息化部 发布

三倍频变压试验装置校准规范

Calibration Specification for Triple – frequency test transformer

JJF（电子）0022—2018

归 口 单 位：中国电子技术标准化研究院

主要起草单位：广州广电计量检测股份有限公司

本规范技术条文委托起草单位负责解释

本规范主要起草人：

      吕东瑞(广州广电计量检测股份有限公司)

      张   辉(广州广电计量检测股份有限公司)

      李建征(广州广电计量检测股份有限公司)

参加起草人：

      朱镇杰(广州广电计量检测股份有限公司)

      余海雄(广州广电计量检测股份有限公司)

      龙   阳(广州广电计量检测股份有限公司)

目　　录

引　言

本规范依据国家计量技术规范 JJF1071—2010《国家计量校准规范编写规则》、JJF1001《通用计量术语及定义》、JJF1059.1—2012《测量不确定度评定与表示》编制。

本规范为首次制定。

三倍频变压试验装置校准规范

1 范围

本规范适用于电压互感器、中小型变压器类设备进行绝缘性能试验用的三倍频变压试验装置（以下简称试验装置）的校准。

2 引用文件

本规范引用了下列文件：

DL/T 848.4–2004《高压试验装置通用技术条件 第4部分：三倍频试验变压器装置》

凡是注日期的引用文件，仅注日期的版本适用于本规范；凡是不注日期的引用文件，其最新版本（包括所有的修改单）适用于本规范。

3 概述

三倍频变压试验装置，是由一个三相五柱变压器或由三个单相变压器组成，其一次侧接成星形，二次侧接成开口三角形，在合适的磁路饱和状态下工作时，变压器二次侧开口三角输出电压频率为150Hz的电源装置（包括滤波、无功补偿单元、调压单元、控制保护单元），用于对感应线圈式的电气产品作匝间、段间、层间的倍频和倍压试验，以考核线圈的绝缘强度、耐压水平。

4 术语

4.1 空载电流 no–load current
试验装置输出端开路状态下施加规定的输入电压，其输入端电流有效值。

4.2 输入电流 input current
试验装置输出端接入规定负载状态下施加规定的输入电压，其输入端电流有效值。

4.3 输出电压波形畸变率 distortion factor of the output voltage waveform
试验装置在规定负载范围内输出电压的峰值和有效值之比，也称波峰系数。

5 计量特性

5.1 输出电压
范围：(1~500)V，最大允差误差：±1.5%FS。

5.2 输出电流
范围：(0.1~100)A；最大允许误差：±1.5%FS。

5.3 频率准确度

最大允许误差：±1.0%。

5.4 空载电流

与空载电流标称值的偏差不大于30%。

5.5 输入电流

与输入电流标称值的偏差不大于30%。

5.6 输出电压波形畸变率

波形畸变率应在 $\sqrt{2}$ ±0.07 范围内。

6 校准条件

6.1 环境条件

6.1.1 温度：(20±5)℃；

6.1.2 相对湿度：≤80%；

6.1.3 电源：三相电源电压应大致对称，波形为正弦波。

6.1.4 其他：周围无影响正常校准工作的电磁干扰和机械振动。

6.2 测量标准及其它设备

6.2.1 数字多用表

交流电压：10mV～750V，最大允差误差：±0.1%；

交流电流：0.1A～10A，最大允差误差：±0.15%；

频率：45Hz～400Hz，最大允差误差：±0.1%。

6.2.2 交流电流表

交流电流：0.1A～10A，准确度等级优于0.5级。

6.2.3 分流器

交流电流：10A～200A，最大允差误差：±0.2%。

6.2.4 示波器

直流增益：最大允差误差±2%；带宽：100MHz。

6.2.5 标准分压箱

额定电压：500V，准确度等级优于0.1级。

6.2.6 绝缘电阻表

额定电压：500V，准确度等级优于10级。

6.2.7 耐电压测试仪

额定电压：5000V，准确度等级优于5级。

6.2.8 负载电阻

负载电阻额定工作电压应大于被校试验装置的输出电压，额定功率应大于实际使用功率。

7 校准项目和校准方法

7.1 校准项目

校准项目见表1。

表1 校准项目一览表

序号	校准项目		校准方法条款
1	外观及工作正常性检查		7.2.1
2	安全性能检查	绝缘电阻	7.2.2
		绝缘强度试验	7.2.3
3	输出电压示值误差		7.2.4
4	输出电流示值误差		7.2.5
5	频率准确度		7.2.6
6	输出电压波形畸变率		7.2.7
7	空载电流		7.2.8
8	输入电流		7.2.9

注：实验室可根据客户要求，选择校准项目。

7.2 校准方法

7.2.1 外观及工作正常性检查

被校试验装置外观应完好，无影响计量性能及操作安全的变形、裂缝等机械损伤。金属件不应有锈蚀及机械损伤，油浸式产品应无渗漏，接插件应牢固可靠，开关按钮均应动作灵活。各种标志清晰准确，应有明显的接地标识。检查结果记录于附录A表A.1中。

7.2.2 绝缘电阻

用500V绝缘电阻表分别测量被校试验装置各导电部分与机壳之间的绝缘电阻，其值应不小于10MΩ。测试数据记录于附录A表A.2中。

7.2.3 绝缘强度试验

用耐压测试仪在被校试验装置的各导电部分与机壳之间施加3kV工频电压，历时1min，不应出现电压突然下降或明显放电声等异常现象。试验结果记录于附录A表A.3中。

7.2.4 输出电压示值误差

7.2.4.1 采用直接测量法，按图1所示将被校试验装置的A相输出端与数字多用表电压测量端连接。

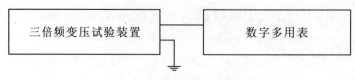

图1 输出电压校准连接示意图

7.2.4.2 启动被校试验装置输出,缓慢升高被校试验装置的输出电压,分别在额定输出电压的 10% ～100% 范围内均匀选取 5～10 点进行校准,读取交流数字电压表的读数,数据记录于附录 A 表 A.4 中。

7.2.4.3 在电压上升和下降时各测量一次,取其平均值作为参考值,按公式（1）、公式（2）计算输出电压示值误差:

绝对误差:

$$\Delta = U_X - U_B \tag{1}$$

相对误差:

$$\gamma = \frac{\Delta}{U_B} \times 100\% \tag{2}$$

其中:

U_x——被校试验装置输出电压示值;

U_B——输出电压测得值。

7.2.4.4 将被校试验装置的 B 相输出端与数字多用表电压测量端连接,重复 7.2.4.2 ～ 7.2.4.3 步骤。

7.2.4.5 将被校试验装置的 C 相输出端与数字多用表电压测量端连接,重复 7.2.4.2 ～ 7.2.4.3 步骤。

7.2.5 输出电流示值误差

7.2.5.1 采用直接测量法,按图 2（输出电流小于标准电流表测量范围）或图 3（输出电流大于标准电流表测量范围）所示将被校试验装置 A 相输出端与负载电阻、电流表连接。

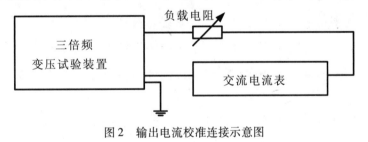

图 2　输出电流校准连接示意图

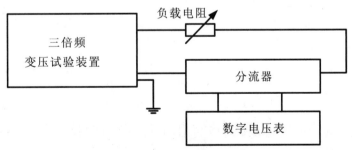

图 3　输出电流校准连接示意图

7.2.5.2 在被校试验装置的输出电流范围内均匀选取 3～5 个校准点。启动被校试验装置输出,调整输出电压至 80% U_H（U_H 为电压最大量程满度值）,调节负载阻值,在选定的校准点读取交流电流表的示值,数据记录于附录 A 表 A.5 中。电流示值误差按公式（3）、公式（4）计算:

绝对误差：

$$\Delta = I_X - I_B \tag{3}$$

相对误差：

$$\gamma = \frac{\Delta}{I_B} \times 100\% \tag{4}$$

其中：

I_x——被校试验装置输出电流示值；

I_B——输出电流测得值。

7.2.5.3 当使用分流器和数字多用表测量输出电流时，在选定的校准点读取数字多用表电压示值，数据记录于附录 A 表 A.6 中。电流示值误差按公式(5)、公式(6)计算：

绝对误差：

$$\Delta = I_X - I_B = I_X - \frac{U_B}{R_0} \tag{5}$$

相对误差：

$$\gamma = \frac{\Delta}{I_B} \times 100\% \tag{6}$$

其中：

I_x——被校试验装置输出电流示值；

I_B——输出电流测得值；

U_B——数字多用表电压示值；

R_0——分流器电阻值。

7.2.5.4 将被校试验装置的 B 相输出端与测量标准连接，重复 7.2.5.2 ~ 7.2.5.3 步骤。

7.2.5.5 将被校试验装置的 C 相输出端与测量标准连接，重复 7.2.5.2 ~ 7.2.5.3 步骤。

7.2.6 频率准确度

7.2.6.1 采用直接测量法，按图 4 所示将被校试验装置 A 相输出端与数字多用表连接，设置数字多用表到频率测量功能。

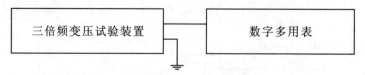

图 4　频率准确度校准连接示意图

7.2.6.2 启动被校试验装置输出，调整输出电压至 220V，读取数字多用表测得的被校试验装置输出电压频率值，数据记录于附录 A 表 A.7 中，按公式(7)、公式(8)计算频率示值误差：

绝对误差：

$$\Delta = f_X - f_B \tag{7}$$

相对误差：

$$\gamma = \frac{\Delta}{f_B} \times 100\% \tag{8}$$

其中：

f_x——被校试验装置标称频率；

f_B——频率测得值。

7.2.7 输出电压波形畸变率

7.2.7.1 按图5所示将被校试验装置A相输出端与负载电阻、交流电流表、标准分压箱、示波器或数字多用表相连接，选择标准分压箱合适的分压系数。

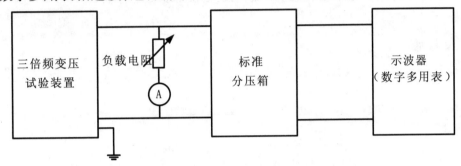

图5 输出电压波峰系数校准连接示意图

7.2.7.2 启动被校试验装置输出，平稳升高被校试验装置的输出电压，调节负载电阻，使其消耗功率大于被校试验装置最大输出功率的90%，读取数字示波器测得的电压峰值，读取数字多用表测得的电压有效值，数据记录于附录A表A.8中。按公式(9)计算被校试验装置输出电压波形畸变率r：

$$r = \frac{U_P}{U} \tag{9}$$

其中：

U_p——测得的电压峰值；

U——测得的电压有效值。

7.2.8 空载电流

7.2.8.1 按图5所示将被校试验装置A相输入端与交流电流表连接，输出端开路。

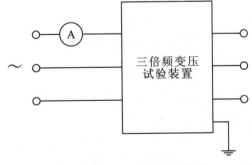

图6 空载电流校准连接示意图

7.2.8.2 启动被校试验装置输出，升高被校试验装置的输出电压至额定电压，读取交流电流表所测得的空载电流I_x，数据记录于附录A表A.9中。按公式(10)计算I_x与标称空载电流I_n之间的偏差。

$$\delta = \frac{\left| I_n - I_x \right|}{I_x} \times 100\%$$ （10）

其中：

I_n——空载电流标称值；

I_x——空载电流测得值。

7.2.8.3 将被校试验装置的 B 相输入端与交流电流表连接，输出端开路，重复 7.2.8.2 步骤。

7.2.8.4 将被校试验装置的 C 相输入端与交流电流表连接，输出端开路，重复 7.2.8.2 步骤。

7.2.9 输入电流

7.2.9.1 按图 6 所示，被校试验装置 A 相输入端接入交流电流表，A 相输出端接入额定负载电阻。

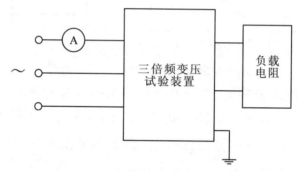

图 7　空载电流校准连接示意图

7.2.9.2 启动被校试验装置输出，升高被校试验装置的输出电压至额定电压，读取交流电流表所测得的输入电流 I_x，数据记录于附录 A 表 A.10 中。按公式（9）计算 I_x 与标称输入电流 I_N 之间的偏差。

$$\delta = \frac{\left| I_N - I_X \right|}{I_X} \times 100\%$$ （11）

其中：

I_N——输入电流标称值；

I_x——输入电流测得值。

7.2.9.3 被校试验装置 B 相输入端接入交流电流表，B 相输出端接入负载电阻，重复 7.2.9.2 步骤。

7.2.9.4 被校试验装置 C 相输入端接入交流电流表，C 相输出端接入负载电阻，重复 7.2.9.2 步骤。

8　校准结果表达

校准完成后的试验装置应出具校准证书。校准证书应至少包括以下信息：

a)标题："校准证书"；

b)实验室名称和地址；

c）进行校准的地点（如果与实验室的地址不同）；

d）证书告的唯一性标识（如编号），每页及总页数的标识；

e）客户的名称和地址；

f）被校准对象的描述和明确标识；

g）进行校准的日期，如果与校准结果的有效性和应用有关时，应说明被校对象的接收日期；

h）如果与校准结果有效性应用有关时，应对被校样品的抽样程序进行说明；

i）校准所依据的技术规范的标识，包括名称和代号；

j）本次校准所用测量标准的溯源性及有效性说明；

k）校准环境的描述；

l）校准结果及其测量不确定度的说明；

m）对校准规范的偏离的说明；

n）校准证书签发人的签名、职位或等效标识；

o）校准结果仅对被校对象有效的声明；

P）未经实验室书面批准，不得部分复制证书的声明。

9 复校时间间隔

由于复校时间间隔的长短是由仪器的使用情况、使用者、仪器本身质量等诸多因素所决定的，因此，送校单位可根据实际使用情况自主决定复校时间间隔。试验装置的复校时间间隔推荐一般不超过 12 个月。

附录 A

校准原始记录格式

A.1 外观及工作正常性检查

□ 正常　　　　　　□ 不正常：＿＿＿＿＿＿＿＿＿。

A.2 绝缘电阻：＿＿＿＿＿＿＿

□ 合格　　　　　　□ 不合格

A.3 绝缘强度：

□ 合格　　　　　　□ 不合格

A.4 输出电压示值误差校准

量程	示值/V	测量值/V		平均值/V	误差	测量不确定度（$k=$）
		第一次	第二次			

A.5 输出电流测量误差校准（用交流电流表）：

量程	示值/A	参考值/A	误差	测量不确定度（$k=$ ）

A.6　输出电流测量误差校准（用分流器和数字电压表）：

量程	示值/A	电阻/Ω	测量值/V	参考值/A	误差	测量不确定度（$k=$ ）

A.7　频率准确度校准

示值	标准值	误差	测量不确定度（$k=$ ）

A.8　输出电压波形畸变率

输出电压峰值	输出电压有效值	波形畸变率	测量不确定度（$k=$ ）

A.9　空载电流

额定空载电流	空载电流测得值	偏差	测量不确定度（$k=$ ）
	I_A：		
	I_B：		
	I_C：		

A.10　输入电流：

额定输入电流	输入电流测得值	偏差	测量不确定度（$k=$ ）
	I_A：		
	I_B：		
	I_C：		

附录 B

测量不确定度评定示例

B.1 电压测量结果不确定度的评定

B.1.1 测量模型

采用直接测量法，用数字多用表对被校试验设备的输出电压进行测量，以被测对象示值减去校准装置读数值作为示值误差。

$$\Delta V = V_x - V_n \qquad (B.1)$$

式中：

ΔV——试验装置的电压示值误差；

V_x——被校试验装置电压示值；

V_n——数字多用表电压示值。

B.1.2 不确定度传播率

$$u_c^2(\Delta V) = c_1^2 u^2(V_x) + c_2^2 u^2(V_n)$$

式中，灵敏系数 $c_1 = \dfrac{\partial \Delta V}{\partial V_x} = 1$　$c_2 = \dfrac{\partial \Delta V}{\partial V_n} = -1$

B.1.3 不确定度来源分析及标准不确定度评定

不确定度来源主要有：测量重复性、标准仪器自身的误差引入的不确定度分量，环境条件（温度、湿度、电源、电磁场）影响引入的不确定度等。由于测量是在实验室中进行，环境条件影响引引入的不确定度可忽略不计。

B.1.3.1 由测量重复性引入的标准不确定度 $u_A(Vx)$

被校试验装置输出电压 100V，在重复性条件下，用数字多用表进行 10 次重复测量得：

次数	1	2	3	4	5
读数（V）	100.24	100.28	100.25	100.19	100.22
次数	6	7	8	9	10
读数（V）	100.27	100.23	100.18	100.20	100.26

测量结果的平均值 $\overline{V} = 100.232V$

单次测量值的实验标准偏差：$s = \sqrt{\dfrac{\sum\limits_{i=1}^{n}(V_i - \overline{V}_i)^2}{n-1}} = 0.035V$

则 $u_A(Vx) = 0.035V$

B.1.3.2 由数字多用表引入的标准不确定度 $u(Vn)$

由数字多用表引入的标准不确定度 $u(Vn)$，用 B 类方法进行评定。根据数字多用表的使用说明书,测量交流电压 100V（150Hz）时,其最大允许误差: ± 0.09V,半宽 a = 0.09V,在区间可以认为服从均匀分布,包含因子 $k = \sqrt{3}$,则 $u(V_N) = 0.09\ V / \sqrt{3} = 0.052V$

B.1.4 合成标准不确定度

B.1.4.1 主要标准不确定度汇总表

标准不确定度分量	不确定度来源	标准不确定度	c_i	$|c_i|u(t_i)$
$u_A(V_x)$	被校试验装置电压的测量重复性	0.035V	1	0.035V
$u(V_n)$	数字多用表误差	0.052V	−1	0.052V

B.1.4.2 合成标准不确定度

以上各项标准不确定度分量是互不相关的,所以合成标准不确定度为:

$$u_c = \sqrt{c_1^2 u_A^2(V_x) + c_2^2 u^2(V_n)} = 0.063V$$

B.1.5 扩展不确定度

取包含因子 $k = 2$,则 $U = 2 \times u_c$,由此得到交流电压 100V（150Hz）测量结果的扩展不确定度为:

$U = 0.13V$,相对扩展不确定度 $U_{rel} = 0.13\%$,$k = 2$

B.2 电流测量结果不确定度评定

B.2.1 测量模型

采用直接测量法,对分流器和数字电压表对被校试验装置的输出电流进行测量,以被测对象示值减去参考值作为示值误差。

$$\Delta I = I_x - I_n = I_x - U_n / R \qquad (B.2)$$

式中:

ΔI ——试验装置电流示值误差;

I_x ——被校试验装置电流示值;

I_n ——电流参考值;

U_n ——数字电压表示值;

R ——分流器电阻值。

B.2.2 不确定度传播率

$u_c^2(\Delta I) = c_1^2 u^2(I_x) + c_2^2 u^2(I_n)$

式中,灵敏系数 $C_1 = \dfrac{\partial \Delta I}{\partial I_x} = 1$ $C_2 = \dfrac{\partial \Delta I}{\partial I_x} = -1$

B.2.3 不确定度来源分析及标准不确定度评定

不确定度来源主要有:测量重复性、标准仪器自身的误差引入的不确定度分量,环境条件（温度、湿度、电源、电磁场）影响引入的不确定度等。由于测量是在实验室中进行,环境条件影响引入的不确定度可忽略不计。

263

B.2.3.1 由测量重复性引入的标准不确定度 $u_A(I_x)$

被校试验装置输出电流 10A，用校准装置进行 10 次重复测量，得数字电压表读数：

次数	1	2	3	4	5
读数（V）	0.1024	0.1028	0.1025	0.1024	0.1025
次数	6	7	8	9	10
读数（V）	0.1027	0.1023	0.1026	0.1023	0.1026

单次测量值的实验标准偏差：$s = \sqrt{\dfrac{\sum\limits_{i=1}^{n}(I_i - \overline{I}_i)^2}{n-1}} = 0.17\text{mV}$

则 $u_A(I_x) = s/U_n = 0.17\%$

B.2.3.2 由标准器不确定度引入的标准不确定度 $u(I_n)$

a）分流器误差引入的标准不确定度 $u(R)$

用 B 类方法进行评定，根据分流器 7550A 的使用说明书，分流电阻值 0.01Ω，其交流最大允许误差：±0.1%，半宽 $a=0.1\%$，在区间可以认为服从均匀分布，包含因子 $k=\sqrt{3}$，则：

$$u(R) = 0.1\%/\sqrt{3} = 0.058\%$$

b）数字电压表误差引入的标准不确定度 $u(V)$

用 B 类方法进行评定，根据数字多用表 8845A 的使用说明书，测量校准电压 0.1V 时，其交流最大允许误差：±（0.06% 读数 +0.04% 量程），半宽 $a=0.1\%$，在区间可以认为服从均匀分布，包含因子 $k=\sqrt{3}$，则：

$$u(V) = 0.1\%/\sqrt{3} = 0.058\%$$

以上分量 $u(R)$、$u(V)$ 独立不相关，则 $u(I_n) = \sqrt{u(R)^2 + u(V)^2} = 0.082\%$

B.2.4 合成标准不确定度

B.2.4.1 主要标准不确定度汇总表

标准不确定度分量	不确定度来源	标准不确定度	c_i	$|c_i|u(t_i)$
$u_A(I_x)$	被校试验装置电压的测量重复性	0.17%	1	0.17%
$u(I_n)$	校准装置误差	0.082%	−1	0.082%

B.2.4.2 合成标准不确定度计算

以上各项标准不确定度分量是互不相关的，所以合成标准不确定度为：

$$u_c = \sqrt{c^2(I_x)u^2(I_x) + c^2(I_n)u^2(I_n)} = 0.19\%$$

B.2.5 扩展不确定度计算

取包含因子 $k=2$，则 $U_{rel} = 0.38\%$

B.3　输出电压波形畸变率测量不确定度评定

B.3.1　数学模型

对被测对象直接测量，用示波器测得的电压峰值除以用数字多用表测得的电压的有效值即为波形畸变率。

$$Y = \frac{V_P}{V} \tag{B.3}$$

式中：

V_p——测得输出电压峰值；

V ——测得输出电压有效值

B.3.2　不确定度传播率

$$u_c^2(y) = \left[\frac{\partial y}{\partial V_P}\right]^2 u^2(V_P) + \left[\frac{\partial y}{\partial V}\right] u^2(V)$$

因为 V_p 和 V 各自独立，则 $\left[\frac{u_c(y)}{y}\right]^2 = \left[\frac{u(V_P)}{V_P}\right]^2 = \left[\frac{u(V)}{V}\right]^2$

即 $u_{rel}^2(y) = u_{rel}^2(V_P) + u_{rel}^2(V)$

B.3.3　不确定度来源分析及标准不确定度评定

不确定度来源主要有：测量重复性、标准器自身的误差引入的不确定度分量，环境条件（温度、湿度、电源、电磁场）影响引入的不确定度等。由于测量是在实验室中进行，环境条件影响引入的不确定度可忽略不计。

B.3.3.1　由测量重复性引入的标准不确定度 u_A

对被校试验装置波形畸变率进行 10 次重复测量得（单位：V）

次数	1	2	3	4	5
峰值读数（V）	3.818	3.815	3.819	3.820	3.814
有效值读数（V）	2.705	2.708	2.703	2.706	2.704
波形畸变率	1.4115	1.4088	1.4129	1.4117	1.4105
次数	6	7	8	9	10
峰值读数（V）	3.812	3.816	3.814	3.819	3.817
有效值读数（V）	2.707	2.704	2.708	2.706	2.702
波形畸变率	1.4082	1.4112	1.4084	1.4113	1.4127

单次测量值的实验标准偏差：$s = \sqrt{\dfrac{\sum\limits_{i=1}^{n}(f_i - \overline{f}_i)^2}{n-1}} = 0.0017$

则 $u_{Arel} = 0.12\%$

B.3.3.2　由数字多用表引入的标准不确定度 $u(V)$

根据数字多用表技术指标，测量电压有效值时的最大允许误差为：±（0.06% 读数 +

0.03%量程），允许误差限为：±4.62mV，半宽 a = 4.62mV，在区间可以认为服从均匀分布，包含因子 $k = \sqrt{3}$，则 $u_{rel}(V) = 0.1\%$。

B.3.3.3　由示波器引入的标准不确定度 $u(V_p)$

根据示波器技术指标，测量电压幅值时的最大允许误差为：±1.5%，半宽 a = 1.5%，在区间可以认为服从均匀分布，包含因子 $k = \sqrt{3}$，则 $u_{rel}(V_p) = 0.87\%$。

B.3.4　合成标准不确定度

B.3.4.1　主要标准不确定度汇总表

标准不确定度分量	不确定度来源	标准不确定度	c_i	$|c_i|u(t_i)$
u_{Arel}	测量重复性	0.12%	1	0.12%
$u_{rel}(V)$	数字多用表误差	0.1%	1	0.1%
$u_{rel}(V_p)$	示波器误差	0.87%	1	0.87%

B.3.4.2　合成标准不确定度计算

以上各项标准不确定度分量是互不相关的，所以合成标准不确定度为：

$$u_{crel} = \sqrt{u_{Arel}{}^2 + u_{rel}(V)^2 + u_{rel}(V_P)^2} = 0.88\%$$

B.3.5　扩展不确定度计算

取包含因子 k = 2，则相对测量不确定度 $U_{rel} = 1.8\%$

中华人民共和国工业和信息化部
电子计量技术规范

JJF（电子）0023—2018

手持式数字多用表校准规范

Calibration Specification for hand – held digital Multimeters

2018 – 04 – 30 发布   2018 – 07 – 01 实施

中华人民共和国工业和信息化部 发布

手持式数字多用表校准规范

Calibration Specification for hand – held digital Multimeters

JJF（电子）0023—2018

归口单位：中国电子技术标准化研究院

起草单位：中国电子科技集团公司第二十研究所

本规范技术条文委托起草单位负责解释

本规范主要起草人：

  武丽仙（中国电子科技集团公司第二十研究所）

  陆 强（中国电子科技集团公司第二十研究所）

  张 伟（中国电子科技集团公司第二十研究所）

  张 仪（中国电子科技集团公司第二十研究所）

  罗政元（中国电子科技集团公司第二十研究所）

目　录

引　言

　　本规范依据国家计量技术规范 JJF 1071—2010《国家计量技术规范编写规则》、JJF 1059.1—2012《测量不确定度评定与表示》编制。

　　本规范适用于手持式数字多用表的校准，其基本功能（交直流电压、交直流电流、电阻）的校准方法采用标准源法，与 JJF 1587－2016《数字多用表校准规范》中采用的标准源法相符合；对其扩展功能（电容、电感、频率、温度、占空比、二极管、三极管等），本规范了增加了相应的校准内容。

　　本规范为首次发布。

手持式数字多用表校准规范

1 范围

本规范适用于具有直流电压、直流电流、直流电阻、交流电压和交流电流测量功能的手持式数字多用表的校准,也适用于具有电容、电感、频率、温度、占空比、二极管、三极管放大倍数等测量功能的手持式数字多用表的校准,具有上述单一测量功能或组合测量功能的仪表也可以参照执行。

2 引用文件

GB/T 32194－2015 手持数字多用表通用规范

JJF 1587－2016 数字多用表校准规范

3 概述

手持式数字多用表是在正常使用中预定可用单手来握住的便携式数字多用表。

手持式数字多用表最基本的功能是直流电压,其它各参数的测量是通过其内部的转换电路转换成与之成比例的直流电压的方式来实现的。

手持式数字多用表用于测量电压、电流、电阻及其他参量,并以十进制数字显示测量值的电子式多量限、多功能的测量仪表。

4 计量特性

4.1 示值误差

直流电压、直流电流、直流电阻、交流电压、交流电流、电容、电感、频率、温度等参数的示值误差均用公式(1)表示,相对示值误差均用公式(2)表示:

$$\Delta = P_X - P_N \tag{1}$$

式中:

Δ ——示值误差;

P_X ——被校表的示值;

P_N ——对应输入量的参考值(标准值)。

$$\gamma = \frac{\Delta}{P_N} \times 100\% \tag{2}$$

式中:

γ ——相对示值误差。

4.2 最大允许误差

手持式数字多用表的最大允许误差通常用绝对误差表达方式。

通常用两项表示：

$$\Delta = \pm(a\%\,U_X + n) \qquad (3)$$

式中：

Δ ——示值误差；

$a\%$ ——与读数有关的误差系数；

U_X ——被校表的读数值；

n ——以数字表示的绝对误差项。

注：n 为被校表的显示值的最低有效数字。

也可以写成(4)的形式：

$$\Delta = \pm(a\%\,U_X + b\%\,U_m) \qquad (4)$$

式中：

$b\%$ ——与量程有关的误差系数；

U_m ——被校表的选择量程的满度值。

4.3　测量范围及最大允许误差

4.3.1　直流电压

测量范围：$\pm(0\text{mV} \sim 1000\text{V})$，最大允许误差：$\pm(0.01\% \sim 5\%)$。

4.3.2　直流电流

测量范围：$\pm(0\mu\text{A} \sim 20\text{A})$，最大允许误差：$\pm(0.3\% \sim 5\%)$。

4.3.3　直流电阻

测量范围：$1\Omega \sim 100\text{M}\Omega$，最大允许误差：$\pm(0.01\% \sim 5\%)$。

4.3.4　交流电压

测量范围：$10\text{mV} \sim 1000\text{V}(20\text{Hz} \sim 100\text{kHz})$，最大允许误差：$\pm(0.3\% \sim 5\%)$。

4.3.5　交流电流

测量范围：$10\mu\text{A} \sim 20\text{A}(20\text{Hz} \sim 1\text{kHz})$，最大允许误差：$\pm(0.3\% \sim 5\%)$。

4.3.6　电容 *

测量范围：$10\text{pF} \sim 100\text{mF}$，最大允许误差：$\pm(0.5\% \sim 10\%)$。

4.3.7　电感 *

测量范围：$10\mu\text{H} \sim 10\text{H}$，最大允许误差：$\pm(0.5\% \sim 10\%)$。

4.3.8　频率 *

测量范围：$10\text{Hz} \sim 100\text{kHz}$，最大允许误差：$\pm(0.01\% \sim 5\%)$。

4.3.9　温度 *

测量范围：$(-200 \sim 1000)℃$，最大允许误差：$\pm(1\% \sim 5\%)$。

4.3.10　占空比 *

测量范围：$1\% \sim 99\%$，最大允许误差：$\pm(0.2\% \sim 1\%)/\text{kHz}$。

4.3.11　二极管 *

正向导通电压测量范围：$0.01\text{V} \sim 5\text{V}$，最大允许误差：$\pm(1\% \sim 10\%)$。

4.3.12 三极管*

直流放大倍数 H_{FE} 测量范围:10～1000,近似值。

注:1. 打*项是根据被校手持式数字多用表的技术指标进行选择测量。

2. 具体计量特性,请参照被校手持式数字多用表的技术要求,上述指标不适用于合格性判别,仅供参考。

5 校准条件

5.1 环境条件

5.1.1 环境温度: (20 ± 5)℃。

5.1.2 相对湿度: ≤80%。

5.1.3 供电电源:

交流电压:(220 ± 11)V,频率:(50 ± 1)Hz。

5.1.4 周围无影响正常工作的机械振动和电磁干扰。

5.2 (测量)标准及其它设备

选用的原则为:校准时由标准器、辅助设备及环境条件所引起的扩展不确定度($k=2$)不大于被校表最大允许误差绝对值的1/3。标准器的测量范围应能分别覆盖被校表的测量范围。根据所采用的校准方法,选择以下可以满足校准要求的测量设备。

5.2.1 多功能标准源(含单功能标准源)

1)直流电压

2)直流电流

3)直流电阻

4)交流电压

5)交流电流

5.2.2 标准电阻器(箱)

5.2.3 标准电容器(箱)

5.2.4 标准电感器(箱)

5.2.5 函数发生器

5.2.6 温度校准器

5.2.7 数字直流电流表

5.2.8 三极管样管

NPN 或 PNP 型,测试条件:基极电流约10μA,V_{CE}约3V。

6 校准项目和校准方法

6.1 外观及工作正常性检查

6.1.1 被校手持式数字多用表(以下简称被校表)的外形结构应良好,产品名称、型号、编号、制造厂家应有明确标记。测量插孔不应有松动,按键或转换开关无卡死及接触不良的现象。

6.1.2 加电检查被校表的各测量功能、量程切换应正常，显示字符应完整。

6.2 直流电压

6.2.1 采用标准源法，按 JJF 1587－2016 数字多用表校准规范 7.2.3.1 进行校准。

6.2.2 校准点的选取

6.2.2.1 基本量程正极性选取 3～5 个校准点，建议覆盖量程值的 10%，50%，接近量程值 100% 点。

6.2.2.2 非基本量程正极性选取 2～3 个校准点，可选取量程值的 50%，或接近量程值 100% 点。

6.2.2.3 各量程负极性可只选取量程值（接近量程值）的 1 个校准点，或选取 10 的整数次幂点。

6.2.2.4 对 $4\frac{1}{2}$ 位及以下的被校表，可以只选取各量程的量程值（接近量程值）点，应包含正负极性。

6.2.3 根据校准点设定多功能源的输出值，记录被校表的示值，将测量数据记录于附表 A.1 中。被校表的示值误差按公式（5）计算：

$$\Delta = Z_X - Z_N \tag{5}$$

式中：

Δ ——示值误差；

Z_X ——被校表的示值；

Z_N ——多功能源的输出标准值。

被校表的相对示值误差按公式（6）计算：

$$\gamma = \frac{\Delta}{Z_N} \times 100\% \tag{6}$$

式中：

γ ——相对示值误差。

6.3 直流电流

6.3.1 采用标准源法，按 JJF 1587－2016 数字多用表校准规范 7.2.4.1 进行校准。

6.3.2 直流电流校准点的选取可参照 6.2.2 的原则进行选取。也可以只选取各量程正负极性的量程值（接近量程值）点，或选取 10 的整数次幂点。

6.3.3 校准数据的测量和处理，参照 6.2.3 执行，并将测量数据记录于附表 A.2 中。

6.4 直流电阻

6.4.1 采用标准源法，按 JJF 1587－2016 数字多用表校准规范 7.2.5.1 进行校准。

6.4.2 选取每个量程的量程值（接近量程值）点，或选取 10 的整数次幂点。

6.4.3 校准数据的测量和处理，参照 6.2.3 执行，并将测量数据记录于附表 A.3 中。

6.5 交流电压

6.5.1　采用标准源法,按 JJF 1587 – 2016 数字多用表校准规范 7.2.6.1 进行校准。

6.5.2　校准点的选取

6.5.2.1　频率点的选取可参照被校表交流电压的技术指标,使用频率在(40 ~ 400)Hz 的量程,可以选取 1 ~ 2 个频率点;使用频率在(40 ~ 1000)Hz 的量程,可选取 2 ~ 3 个频率点;高于 1000Hz 的被校表,可根据说明书的技术指标及用户的需要,选择频率点测量。建议在 60Hz(50Hz)、400Hz、1kHz、10kHz 等中优先选取。

6.5.2.2　交流电压在 60Hz(或 50Hz)频率点,每个电压量程选取 2 ~ 3 个电压点,在其他频率点,可选取量程值(接近量程值)点,或 50% 量程值点。

6.5.2.3　对 $4\frac{1}{2}$ 位及以下的被校表,可以只选取各量程的量程值(接近量程值)点,并参照交流电压的技术指标选取 1 ~ 2 个频率点。

> 注:被校表交流电压的输入有效值以说明书为准,按其电压频率积选取测量点。

6.5.3　校准数据的测量和处理,参照 6.2.3 执行,并将测量数据记录于附表 A.4 中。

6.6　交流电流

6.6.1　采用标准源法,按 JJF 1587 – 2016 数字多用表校准规范 7.2.7.1 进行校准。

6.6.2　校准点的选取

6.6.2.1　频率点的选取可参照被校表交流电流的技术指标,使用频率在(40 ~ 400)Hz 的量程,可以选取 1 ~ 2 个频率点;使用频率在(40 ~ 1000)Hz 的量程,可选取 2 ~ 3 个频率点;或根据用户的需要,选择需要的频率点测量。建议在 60Hz(50Hz)、400Hz、1kHz 等中优先选取。

6.6.2.2　交流电流可选取各量程的量程值(接近量程值)点或 50% 量程值点,或选取 10 的整数次幂点。

6.6.2.3　对 $4\frac{1}{2}$ 位及以下的被校表,可以只选取各量程的量程值(接近量程值)点,并参照交流电流的技术指标选取 1 ~ 2 个频率点。

6.6.3　校准数据的测量和处理,参照 6.2.3 执行,并将测量数据记录于附表 A.5 中。

6.7　电容

6.7.1　采用标准电容器法,将被校表设置在电容测量功能。按图 1 连接。

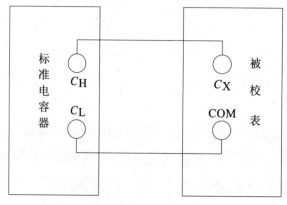

图 1　电容的示值误差校准连线图

6.7.2 校准点的选取

选取每个量程的量程值（接近量程值）点，或选取 10 的整数次幂点。

6.7.3 读取数据并记录于附表 A.6 中，被校表的示值误差按公式（7）计算：

$$\Delta = C_X - C_N - C_0 \tag{7}$$

式中：

Δ ——示值误差，nF；

C_X ——被校表的电容示值，nF；

C_N ——标准电容器的标准值，nF；

C_0 ——被校表的开路电容，nF。

被校表的相对示值误差按公式（8）计算：

$$\gamma = \frac{\Delta}{C_N} \times 100\% \tag{8}$$

式中：

γ ——相对示值误差。

注：

1 以电容器作标准时，被校表的示值 C_0 包含测试线的电容值；

2 以电容箱作标准时，被校表的示值 C_0 为电容箱零位的初始电容测量值。

6.8 电感

6.8.1 采用标准电感器法，将被校表设置在电感测量功能。按图 2 连接。

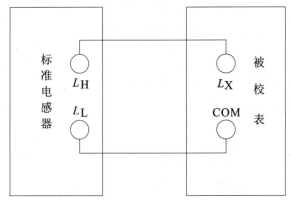

图 2　电感的示值误差校准连线图

6.8.2 校准点的选取：

选取每个量程的量程值（接近量程值）点，或选取 10 的整数次幂点。

6.8.3 读取数据并记录于附表 A.7 中，被校表的示值误差按公式（9）计算：

$$\Delta = L_X - L_N - L_0 \tag{9}$$

式中：

Δ ——示值误差，H；

L_X ——被校表的电感示值，H；

L_N ——标准电感器的标准值，H；

L_0 ——被校表短路电感测量值，H。

被校表的相对示值误差按公式(10)计算:

$$\gamma = \frac{\Delta}{L_N} \times 100\% \tag{10}$$

式中:

γ ——相对示值误差。

注:

1 以电感器作标准时,短路电感 L_0 包含测试线的电感值;

2 以电感箱作标准时,短路电感 L_0 为电感箱零位的初始电感测量值。

6.9 频率

6.9.1 将被校表设置在频率测量功能,将函数发生器置于交流电压正弦波功能,按图3连接。

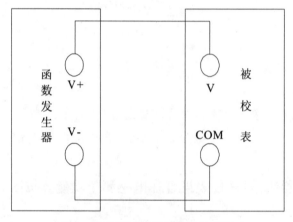

图3 频率的示值误差校准连线图

6.9.2 校准点的选取

频率选取典型值点,或选取 10 的整数次幂点。建议在 60Hz(50Hz)、400Hz、1kHz、10kHz、100kHz 等中优先选取。或根据用户的需要,选择需要的频率点测量。交流电压有效值设置为1V 点。

6.9.3 设定函数发生器的交流电压正弦波输出值1V,根据频率校准点调节输出频率,读取被校表的频率示值 f_X。将测量数据记录于附表 A.8 中。

被校表的示值误差按公式(11)计算:

$$\Delta = f_X - f_N \tag{11}$$

式中:

Δ ——示值误差,Hz;

f_X ——被校表的频率示值,Hz;

f_N ——函数发生器的频率输出标准值,Hz。

被校表的相对示值误差按公式(12)计算:

$$\gamma = \frac{\Delta}{f_N} \times 100\% \tag{12}$$

式中:

278

γ ——相对示值误差。

6.10 温度

6.10.1 采用标准源法。将被校表设置在温度测量功能。在对应的温度范围内,采用温度校准器的 K 型热电偶输出信号进行被校表的 TC 温度的测量;温度校准器或多功能源的电阻输出进行 RTD 温度的测量。

对于 TC 温度测量,用 K 型热电偶(镍铬－镍硅)插头按图 4a 连接;对于 RTD 温度测量,按图 4b 连接。使用的标准仪器简称标准器。

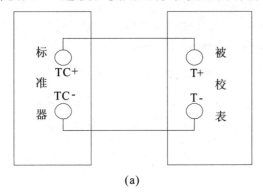 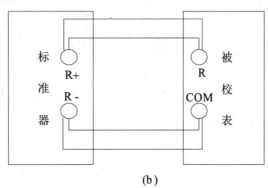

图 4 温度的示值误差校准连线图

6.10.2 可参照被校表的温度测量范围,选取 3~5 个校准点,以量程值的 10%,20%,50%,80%,100%(接近量程值)点为参考。

6.10.3 读取数据并记录于附表 A.9 中。被校表的示值误差按公式(13)计算:

$$\Delta = T_X - T_N \tag{13}$$

式中:

Δ ——示值误差,℃;

T_X ——被校表的温度示值,℃;

T_N ——标准器的输出标准值,℃。

被校表的相对示值误差按公式(14)计算:

$$\gamma = \frac{\Delta}{T_N} \times 100\% \tag{14}$$

式中:

γ ——相对示值误差。

注:

1 标准器的直流电压信号提供 TC 温度值;

2 标准器的直流电阻信号提供 RTD 温度值;

3 一般被校表所设的温度测试功能,都是以 K 型热电偶的温度特性设计;无温度探头输入信号时,
   仪表显示自身内部温度;接入 K 形热电偶探头,仪表显示环境温度。

6.11 占空比的测量

6.11.1 按图 5 连接。将被校表设置在占空比测量功能。

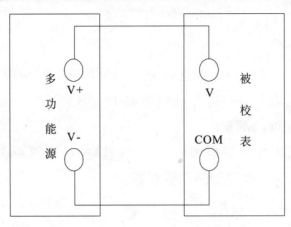

图5　占空比的示值误差校准连线图

6.11.2　建议多功能源的交流电压设置在方波10V,1000Hz点,对被校表测量占空比。

6.11.3　设置交流电压方波占空比50%,读取被校表的占空比测量值,将测量数据记录于附表A.10中。

6.11.4　校准数据的测量和处理,参照6.2.3执行。被校表的示值误差按公式(5)计算。

注:

1　占空比是指在一个周期内表示正脉冲宽度与周期之比;这里占空比对电压而言;

2　没有技术指标的被校表检查测量功能即可;

3　占空比的过载保护电压依据被校表的技术指标。

6.12　二极管的测量

6.12.1　将被校表的功能选择开关置于二极管测试档"⊳⊢";按照图6(a)连接,将数字直流电流表的高低端分别对应连接在被校表的二极管测试插孔。

6.12.2　记下被校表的正向电流输出值I。

6.12.3　按照图6(b)连接,把直流电阻箱的电阻值分别置于100Ω、200Ω、500Ω、800Ω、1000Ω,分别记下被校表的直流电压指示值V。

6.12.4　读取数据并记录于附表A.11中。被校表的示值误差按公式(15)计算:

$$\Delta = V - IR \tag{15}$$

式中:

Δ　——示值误差,mV;

V　——被校表的直流电压示值,mV;

I　——被校表的正向电流输出标准值,mA;

R　——直流电阻箱的标准电阻值,Ω。

被校表的相对示值误差按公式(16)计算:

$$\gamma = \frac{\Delta}{IR} \times 100\% \tag{16}$$

式中:

γ　——相对示值误差。

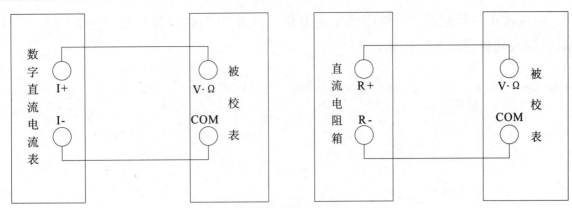

图6　二极管测试功能的示值误差校准连线图

注：没有技术指标的被校表检查测量功能即可。

6.13　三极管的 H_{FE} 测量

被校表具有三极管测试功能时，选择一只功能正常的三极管，把被测三极管的 e、b、c 三个脚，按正确的脚位插入对应位置，被校表显示 H_{FE} 测量值，则表示三极管测量功能正常。

7　校准结果表达

校准完成后的仪表应出具校准证书。校准证书应至少包含以下信息：

a）标题："校准证书"；

b）实验室名称和地址；

c）进行校准的地点（如果与实验室的地址不同）；

d）证书的唯一性标识（如编号），每页和总页数的标识；

e）客户的名称和地址；

f）被校对象的描述和明确标识；

g）进行校准的日期，如果与校准结果的有效性和应用有关时，应说明被校对象的接收日期；

h）如果与校准结果有效性应用有关时，应对被校样品的抽样程序进行说明；

i）校准所依据的技术规范的标识，包括名称及代号；

j）本次校准所用测量标准的溯源性及有效性说明；

k）校准环境的描述；

l）校准结果及其测量不确定度的说明；

m）对校准规范的偏离的说明；

n）校准证书或校准报告签发人的签名、职务或等效标识；

o）校准结果仅对被校对象有效的声明；

p）未经实验室书面批准，不得部分复制证书的声明。

8　复校时间间隔

由于复校时间间隔的长短是由仪器的使用情况、使用者、仪器本身质量等诸因素所决定的,故送校单位可根据实际使用情况决定复校时间间隔;建议复校时间间隔为 24 个月;仪器修理或调整后应及时校准。

附录 A

校准记录格式

外观及工作正常性检查：□正常　　　　□不正常

表 A.1　直流电压

量程	标准值	指示值	示值误差	测量不确定度（$k=2$）

表 A.2　直流电流

量程	标准值	指示值	示值误差	测量不确定度（$k=2$）

表 A.3　直流电阻

量程	标准值	指示值	示值误差	测量不确定度（$k=2$）

表 A.4　交流电压

量程	频率	标准值	指示值	示值误差	测量不确定度（$k=2$）

表 A.5　交流电流

量程	频率	标准值	指示值	示值误差	测量不确定度（$k=2$）

表 A.6　电容

量程	标准值	指示值	示值误差	测量不确定度($k=2$)

表 A.7　电感

量程	标准值	指示值	示值误差	测量不确定度($k=2$)

表 A.8　频率

量程	标准值	指示值	示值误差	测量不确定度($k=2$)

表 A.9　温度

类型	量程	标准值	指示值	示值误差	测量不确定度($k=2$)

表 A.10　占空比

标准值	指示值	示值误差	测量不确定度($k=2$)

表 A.11　二极管正向电压

标准值	指示值	示值误差	测量不确定度($k=2$)

三极管 H_{FE} 检查：　　□正常　　　　□不正常

附录 B

测量不确定度评定示例

以福禄克公司型号为 287 的手持式数字多用表为例，不确定度分析如下：

B.1 直流电压测量不确定度评定

B.1.1 测量方法及数学模型
采用直接测量法。

数学模型为：

$$\triangle = U_x - U_0 \tag{B.1}$$

式中：

U_x—— 被校表的直流电压示值

U_0—— 多功能源的直流电压输出标准值

$\triangle$—— 被校表的直流电压示值误差

B.1.2 主要不确定度来源

B.1.2.1 测量重复性引入的标准不确定度分量

B.1.2.2 被校表的直流电压的分辨力引入的不确定度分量

B.1.2.3 多功能源的直流电压的允许误差极限引入的标准不确定度分量

B.1.3 标准不确定度评定

B.1.3.1 由测量重复性引入的标准不确定度分量 u_A

用多功能标准源 5520A 对被校表的直流电压进行测量，在 10V 点进行重复测量 10 次，结果如下：

$V_1 = 10.0010$ V	$V_2 = 10.0010$ V	$V_3 = 10.0011$ V	$V_4 = 10.0011$ V
$V_5 = 10.0010$ V	$V_6 = 10.0010$ V	$V_7 = 10.0011$ V	$V_8 = 10.0011$ V
$V_9 = 10.0012$ V	$V_{10} = 10.0012$ V		

测量结果的平均值：$\overline{V} = \sum_{i=1}^{10} V_i/10 = 10.00108$ V

单次测量值的实验标准偏差：

$$s_n(V) = \sqrt{\frac{\sum_{i=1}^{n}(V_i - \overline{V})^2}{n-1}} 7.9 \times 10^{-5} \text{ V}$$

则相对不确定度：$u_A = 7.9 \times 10^{-6}$

B.1.3.2 由被校表的直流电压的分辨力引入的标准不确定度分量 u_1

被校表的直流电压 10V 点的分辨力 0.001V，按均匀分布，取 $k = \sqrt{3}$，由此引入的标准不确定度分量为：

$$u_1 = \frac{\delta_x}{2k} = \frac{0.001}{10 \times 2\sqrt{3}} = 0.0029\%$$

B.1.3.3 由多功能源的直流电压的允许误差极限引入的标准不确定度分量 u_2

多功能源的直流电压10V点最大允许误差为 ±0.001% ，即 $\alpha_1 = 0.001\%$ ，按均匀分布，取 $k = \sqrt{3}$ ，由此引入的标准不确定度分量：

$$u_2 = \frac{a}{k} = \frac{0.001\%}{\sqrt{3}} = 0.00058\%$$

B.1.3.4 合成标准不确定度

考虑到被校表读数的重复性和分辨力存在重复，在合成标准不确定度时将舍去二者较小值 u_A, u_1, u_2 之间各不相关，则

$$u_c = \sqrt{u_1^2 + u_2^2} = 0.003\%$$

表 B.1 不确定度分量汇总表

序号	不确定度来源	概率分布	灵敏系数	不确定度分量
1	被校表的重复性	正态	1	0.00079%
2	多功能源的最大允许误差	均匀	−1	0.00058%
3	被校表的分辨力	均匀	1	0.0029%

B.1.3.5 扩展不确定度

$U = k \cdot u_c$ ，取 $k = 2$ ，由此得到直流电压10V点校准结果的扩展不确定度为：

$U = 2u_c = 2 \times 0.003\% = 0.006\%$ ；即 $U_{rel} = 0.006\%$ ，$k = 2$ 。

B.2 用多功能标准源5520A对被校表的直流电流、直流电阻、交流电压和交流电流测量功能进行测量。测量重复性和分辨力存在重复，合成时舍去较小值（重复性），考虑被校表的分辨力引入的标准不确定度分量，多功能源的最大允许误差引入的标准不确定度分量，不确定度评定过程与直流电压类同，评定结果见下表 B.2：

表 B.2 不确定度评定汇总表

测量功能	选点	被校表的分辨力引入的不确定度	多功能源的最大允许误差引入的不确定度	合成标准不确定度	扩展不确定度（$k=2$）
直流电压	10V	0.0029%	0.0006%	0.003%	0.006%
直流电流	100mA	0.0029%	0.008%	0.0085%	0.017%
直流电阻	1kΩ	0.0029%	0.002%	0.0035%	0.007%
交流电压	10V/1kHz	0.0029%	0.012%	0.012%	0.024%
交流电流	100mA/1kHz	0.0029%	0.035%	0.035%	0.07%

B.3 电容测量不确定度评定

B.3.1 测量方法及数学模型

采用直接测量法。

数学模型为：

$$\triangle = C_x - C_0 \qquad (\text{B.2})$$

式中：

C_x—— 被校表的电容示值

C_0—— 标准电容器的标准值

$\triangle$—— 被校表的电容示值误差

B.3.2　主要不确定度来源

B.3.2.1　被校表的电容测量的分辨力引入的不确定度分量

B.3.2.2　标准电容器的允许误差极限引入的标准不确定度分量

B.3.3　标准不确定度评定

B.3.3.1　由被校表的电容测量的分辨力引入的标准不确定度分量 u_1

被校表的 10nF 点的分辨力 0.01nF，按均匀分布，取 $k = \sqrt{3}$，由此引入的标准不确定度分量为：

$$u_1 = \frac{\delta_x}{2k} = \frac{0.001}{10 \times 2\sqrt{3}} \times 100\% = 0.029\%$$

B.3.3.2　由标准电容器的允许误差极限引入的标准不确定度分量 u_2

标准电容器的 10nF 点最大允许误差为 $\pm 0.05\%$，即 $a = 0.05\%$，按均匀分布，取 $k = \sqrt{3}$，由此引入的标准不确定度分量：

$$u_2 = \frac{a}{k} = \frac{0.05\%}{\sqrt{3}} = 0.029\%$$

B.3.3.3　合成标准不确定度

u_1, u_2 之间各不相关，则

$$u_c = \sqrt{u_1^2 + u_2^2} = 0.04\%$$

B.3.3.4　扩展不确定度

$U = k \cdot u_c$，取 $k = 2$，由此得到电容 10nF 点校准结果的扩展不确定度为：

$U = 2u_c = 2 \times 0.04\% = 0.08\%$；即 $U_{rel} = 0.08\%$，$k = 2$。

B.4　频率测量不确定度评定

B.4.1　测量方法及数学模型

采用直接测量法。

数学模型为：

$$\triangle = f_x - f_0 \qquad (\text{B.3})$$

式中：

f_x—— 被校表的频率示值

f_0—— 函数发生器的频率标准值

△—— 被校表的频率示值误差

B.4.2　主要不确定度来源

B.4.2.1　被校表的频率测量的分辨力引入的不确定度分量

B.4.2.2　函数发生器 33250A 的频率输出的允许误差极限引入的标准不确定度分量

B.4.3　标准不确定度评定

B.4.3.1　由被校表的频率测量的分辨力引入的标准不确定度分量 u_1

被校表的 10kHz 点的分辨力 0.001kHz，按均匀分布，取 $k=\sqrt{3}$，由此引入的标准不确定度分量为：

$$u_1 = \frac{\delta_x}{2k} = \frac{0.001}{10 \times 2\sqrt{3}} \times 100\% = 0.0029\%$$

B.4.3.2　由函数发生器的频率输出的允许误差极限引入的标准不确定度分量 u_2

将函数发生器置于正弦波，设置交流电压 1V，10kHz 点，函数发生器的 10kHz 点最大允许误差为 ±0.0001%，即 $\alpha = 0.0001\%$，按均匀分布，取 $k=\sqrt{3}$，由此引入的标准不确定度分量：

$$u_2 = \frac{a}{k} = \frac{0.0001\%}{\sqrt{3}} = 0.000058\%$$

B.4.3.3　合成标准不确定度

u_1，u_2 之间各不相关，则

$$u_c = \sqrt{u_1^2 + u_2^2} = 0.003\%$$

B.4.3.4　扩展不确定度

$U = k \cdot u_c$，取 $k=2$，由此得到 10kHz 点校准结果的扩展不确定度为：

$U = 2u_c = 2 \times 0.003\% = 0.006\%$；即 $U_{rel} = 0.006\%$，$k=2$。

B.5　温度测量不确定度评定

B.5.1　测量方法及数学模型

采用直接测量法。

数学模型为：

$$\triangle = T_x - T_0 \qquad\qquad (B.4)$$

式中：

T_x—— 被校表的温度示值

T_0—— 标准器的标准输出值

△——被校表的温度示值误差

B.5.2　主要不确定度来源

B.5.2.1　被校表的温度测量的分辨力引入的不确定度分量

B.5.2.2　标准器的允许误差极限引入的标准不确定度分量

B.5.3　标准不确定度评定

B.5.3.1　由被校表的温度测量的分辨力引入的标准不确定度分量 u_1

被校表的500℃点的分辨力0.1℃，按均匀分布，取 $k=\sqrt{3}$，由此引入的标准不确定度分量为：

$$u_1 = \frac{\delta_x}{2k} = \frac{0.1}{500 \times 2\sqrt{3}} \times 100\% = 0.014\%$$

B.5.3.2　由标准器的允许误差极限引入的标准不确定度分量 u_2

标准器TC输出的500℃点最大允许误差为 $\pm0.05\%$，即 $a=0.05\%$，按均匀分布，取 $k=\sqrt{3}$，由此引入的标准不确定度分量：

$$u_2 = \frac{a}{k} = \frac{0.05\%}{\sqrt{3}} = 0.029\%$$

B.5.3.3　合成标准不确定度

u_1，u_2 之间各不相关，则

$$u_c = \sqrt{u_1^2 + u_2^2} = 0.032\%$$

B.5.3.4　扩展不确定度

$U = k \cdot u_c$，取 $k=2$，由此得到500℃点校准结果的扩展不确定度为：

$U = 2u_c = 2 \times 0.032\% = 0.064\%$；即 $U_{rel} = 0.064\%$，$k=2$。

B.6　二极管正向电压测量不确定度评定

B.6.1　测量方法及数学模型

采用间接测量法。

数学模型为：

$$\Delta = V - IR \tag{B.5}$$

式中：

Δ —— 示值误差

V —— 被校表的直流电压示值

I —— 被校表的正向电流输出标准值

R —— 直流电阻箱的标准电阻值

B.6.2　主要不确定度来源

B.6.2.1　被校表测量二极管正向电压的分辨力引入的不确定度分量

B.6.2.2　标准器的允许误差极限引入的标准不确定度分量

B.6.3　标准不确定度评定

B.6.3.1　由被校表的二极管正向电压的分辨力引入的标准不确定度分量 u_1

被校表的二极管正向电压0.1V点的分辨力0.0001V，按均匀分布，取 $k=\sqrt{3}$，由此引

入的标准不确定度分量为：

$$u_1 = \frac{\delta_x}{2k} = \frac{0.0001}{0.1 \times 2\sqrt{3}} \times 100\% = 0.029\%$$

B.6.3.2 由标准器的允许误差极限引入的标准不确定度各分量

数字直流电流表1mA点最大允许误差为 ±0.1%，即 $\alpha_1 = 0.1\%$，按均匀分布，取 $k = \sqrt{3}$，由此引入的标准不确定度分量：

$$u_2 = \frac{a_1}{k} = \frac{0.1\%}{\sqrt{3}} = 0.058\%$$

标准电阻箱100Ω点最大允许误差为 ±0.1%，即 $\alpha_2 = 0.1\%$，按均匀分布，取 $k = \sqrt{3}$，由此引入的标准不确定度分量：

$$u_3 = \frac{a_2}{k} = \frac{0.1\%}{\sqrt{3}} = 0.058\%$$

B.6.3.3 合成标准不确定度

$$u_c = \sqrt{u_1^2 + u_2^2 + u_3^2} = 0.09\%$$

B.6.3.4 扩展不确定度

$U = k \cdot u_c$，取 $k = 2$，由此得到二极管正向电压0.1V点校准结果的扩展不确定度为：

$U = 2u_c = 2 \times 0.09\% = 0.18\%$

即 $U_{rel} = 0.18\%$，$k = 2$。

中华人民共和国工业和信息化部
电子计量技术规范

JJF（电子）0024—2018

数字源表校准规范

Calibration specification for source meter

2018 - 04 - 30 发布　　　　　　　　2018 - 07 - 01 实施

中华人民共和国工业和信息化部 发布

数字源表校准规范

Calibration specification for source meter

JJF（电子）0024—2018

归 口 单 位：中国电子技术标准化研究院

主要起草单位：中国电子技术标准化研究院

本规范技术条文委托起草单位负责解释

本规范主要起草人：

李　　洁（中国电子技术标准化研究院）

安　　平（中国合格评定国家认可中心）

张　　珊（中国电子技术标准化研究院）

张玉锋（中国电子技术标准化研究院）

参加起草人：

邵海明（中国计量科学研究院）

李仰厚（济宁天耕电气有限公司）

目　录

引　言

　　本规范依据国家计量技术规范 JJF1071—2010《国家计量校准规范编写规则》编制。JJF1071—2010《国家计量校准规范编写规则》、JJF1001—2011《通用计量术语及定义》及JJF1059.1—2012《测量不确定度评定与表示》共同构成支撑本校准规范制定工作的基础性系列规范。

　　本规范为首次发布。

数字源表校准规范

1 范围

本校准规范适用于直流电压 0.01mV～3000V，直流电流 1pA～50A，脉冲电流 1A～50A（宽度范围：100μs～10ms），直流电阻 2Ω～20TΩ 的数字源表的校准。

2 引用文献

JJF 1587－2016 数字多用表校准规范

凡是注日期的引用文件，仅注日期的版本适用于本规范；凡是不注日期的引用文件，其最新版本（包括所有的修改单）适用于本规范。

3 概述

数字源表是紧密结合激励源和测量表功能的设备，具有输出精密直流电压源或电流源的同时进行直流电压与电流测量的测试应用功能。数字源表主要应用于常规测试试验和高速生产测试过程中，由于其内置了源功能，所以可以用来生成一组电流—电压（I—V）特性曲线，在各种元器件和材料的测试过程中具有相当关键的作用，其性能的好坏直接关系到电子产品的质量。

数字源表具备源和表并行测试的精密定时能力，由高精密、低噪声、高稳定性的直流电源和低噪声、高重复性、高输入阻抗的多功能表组成，相当于集合电压源、电流源、电压表、电流表和电阻表于一体的综合体。

4 计量特性

4.1 直流电压
4.1.1 直流电压源：
范围：±（0.01mV～1000V），最大允许误差：±（1.5%～0.1%）；
范围：±（1000V～3000V），最大允许误差：±（0.1%～1%）。

4.1.2 直流电压表：
范围：±（0.01mV～1000V），最大允许误差：±（1.5%～0.1%）；
范围：±（1000V～3000V），最大允许误差：±（0.1%～1%）。

4.2 直流电流
4.2.1 直流电流源：
范围：±（1pA～1A），最大允许误差：±（1.1%～0.1%）；
范围：±（1A～50A），最大允许误差：±0.3%。

4.2.2 直流电流表：

范围：±（1pA ~ 1A），最大允许误差：±（1.1% ~ 0.1%）；

范围：±（1A ~ 50A），最大允许误差：±0.3%。

4.3 脉冲电流

4.3.1 脉冲电流源：

幅度范围：±（1A ~ 50A），最大允许误差：±0.5%；

宽度范围：100μs ~ 10ms。

4.3.2 脉冲电流表：

幅度范围：±（1A ~ 50A），最大允许误差：±0.5%；

宽度范围：100μs ~ 10ms。

4.4 直流电阻

直流电阻范围：2Ω ~ 20GΩ，最大允许误差：±（0.3% ~ 0.6%）；

直流电阻范围：200GΩ ~ 20TΩ，最大允许误差：±（0.5% ~ 3%）。

注：因不同被校设备的性能指标各不相同，具体的计量特性（参数项目、量程范围、最大允许误差等），应以被校设备生产厂家的技术手册及该设备的具体选件配置为参考。

5 校准条件

5.1 环境条件

5.1.1 环境温度：（20 ± 2）℃

5.1.2 相对湿度：20% ~ 80%

5.1.3 供电电源：（220 ± 11）V，（50 ± 1）Hz。

5.1.4 周围无影响正常工作的机械振动和电磁干扰。

5.1.5 保证校准过程中对静电有严格的防护措施（如仪器的良好接地、防静电工作服及手环使用、样管的防静电存放等），以免损害设备和器件。

5.2 （测量）标准及其它设备

5.2.1 数字多用表

直流电压测量范围：±（10mV ~ 1000V），最大允许误差：±（0.001% ~ 0.03%）；

直流电流测量范围：±（10μA ~ 20A），最大允许误差：±（0.005% ~ 0.05%）；

5.2.2 纳伏表

直流电压测量范围：±（0.01mV ~ 10mV），最大允许误差：±（0.2% ~ 0.005%）；

5.2.3 高压分压器

直流耐压：3kV，分压比：100:1，最大允许误差：±0.1%；

5.2.4 直流电压源

直流电压：±（100mV ~ 300V），最大允许误差：±0.001%；

5.2.5 静电计

直流电流测量范围：±（1pA ~ 20mA），最大允许误差：±（0.3% ~ 0.1%）；

5.2.6 脉冲分流器

阻值：0.1Ω，测量范围：$10A \sim 100A$（脉冲），功率：$\geqslant 10W$，带宽：$\geqslant 10kHz$，最大允许误差：$\pm 0.1\%$；

> 注：为了保证测量精度，电阻的选取原则为 $1V \leqslant (I \times R) \leqslant 10V$。

5.2.7 取样数字多用表

直流电压测量范围：$\pm(0.1V \sim 10V)$，最大允许误差：$\pm 0.05\%$；

采样速率：$\geqslant 5 \times 10^4 S/s$。

5.2.8 标准电阻（含多功能校准源、标准电阻和高值电阻）

直流电阻测量范围：$\pm(2\Omega \sim 20M\Omega)$；最大允许误差：$\pm(0.005\% \sim 0.01\%)$；

直流电阻测量范围：$\pm(200M\Omega \sim 20T\Omega)$；最大允许误差：$\pm(0.1\% \sim 1\%)$。

6 校准项目和校准方法

6.1 外观及通电检查

6.1.1 被校数字源表外形结构完好，外露件等不应损坏或脱落，机壳、端钮等不应有影响正常工作的机械碰伤，按键无卡死或接触不良的现象；

6.1.2 被校数字源表产品名称、制造厂家、仪器型号和编号等均应有明确标记；

6.1.3 供电电压和频率标志应正确无误；

6.1.4 通电检查被校数字源表各测量功能、量程切换应正常，小数点位置应正确，显示字符段应完整；

6.1.5 按照被校数字源表使用说明书的要求和规定进行预热和预调。

> 注：如有必要时，被校数字源表在恒温室内放置4h后再通电。

6.2 直流电压校准

6.2.1 仪器连接如图1所示。将数字多用表（纳伏表）和被校数字源表的电压输出端相连，设置数字多用表（纳伏表）为"DCV"测量功能。当被校数字源表输出电压绝对值 > 10mV 时，使用数字多用表进行校准，≤10mV 时使用纳伏表进行校准。

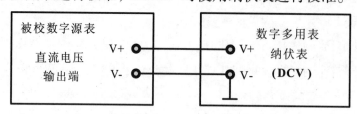

图1 直流电压校准示意图

6.2.2 校准点可参照 JJF1587-2016《数字多用表校准规范》中条款 7.2.2.1 进行选取：基本量程正极性选取3~5个校准点；非基本量程正极性选取2~3个校准点；各量程负极性可只选取量程值（接近量程值）1个校准点；正极性时，应覆盖量程值的10%点和量程值（接近量程值）点。

> 注：校准点应覆盖所有量程并兼顾各量程之间的覆盖性及量程内的均匀性，同时应参考被校数字源表使用说明书中对校准点的建议，并可根据实际情况或送校单位的要求选取校准点。

6.2.3 设被校数字源表的设置值为 U_S，分别记录被校数字源表的显示值 U_x 和标准数字多用表（纳伏表）的实测值 U_0。并记录于附录 A.1 中。

6.2.4　直流电压源的示值误差按式（1）计算，并记录于附录 A.1 中。

$$\delta_源 = U_S - U_0 \tag{1}$$

式中：

$\delta_源$——源的示值误差；

U_s——被校数字源表的设置值；

U_0——数字多用表（纳伏表）的实测值。

6.2.5　直流电压表的示值误差按式（2）计算，并记录于附录 A.1 中。

$$\delta_表 = U_X - U_0 \tag{2}$$

式中：

$\delta_表$——表的示值误差；

U_x——被校数字源表的显示值；

U_0——数字多用表（纳伏表）的实测值。

6.2.6　当被校数字源表输出电压范围超过 1000V 时，需按图 2 接入高压分压器。

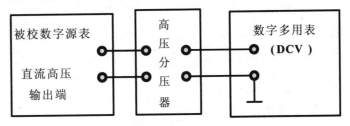

图 2　直流高压校准示意图

6.2.7　直流电压源的示值误差按式（3）计算，并记录于附录 A.2 中。

$$\delta_源 = U_S - FU_0 \tag{3}$$

式中：

$\delta_源$——源的示值误差；

U_s——被校数字源表的设置值；

U_0——数字多用表的实测值。

F——高压分压器分压比。

6.2.8　直流电压表的示值误差按式（4）计算，并记录于附录 A.2 中。

$$\delta_表 = U_X - FU_0 \tag{4}$$

式中：

$\delta_表$——表的示值误差；

U_x——被校数字源表的显示值；

U_0——数字多用表的实测值。

F——高压分压器分压比。

6.3　直流电流校准

6.3.1　仪器连接如图 3 所示。当被校数字源表输出电流值：$\pm(20\mu A \sim 20A)$，使用数字多用表进行校准。将被校数字源表和数字多用表相连,设置数字多用表为"DCA"测量功能。

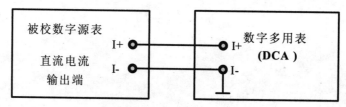

图3　直流电流校准示意图

6.3.2　校准点可参照直流电压的选取原则,也可以只选取每个量程正负极性的量程值（接近量程值）点,或选取 10 的整数次幂点。

注:如设备有 1pA 量程,1pA 量程只选取 1pA 测试点。

6.3.3　设被校数字源表的设置值 I_s,分别记录被校数字源表的显示值 I_x 和标准数字多用表的电流实测值 I_0。并记录于附录 A.3 中。

6.3.4　直流电流源的示值误差按式(5)计算,并记录于附录 A.3 中。

$$\delta_{源} = I_S - I_0 \tag{5}$$

式中:

$\delta_{源}$——源的示值误差;

I_s——被校数字源表的设置值;

I_0——数字多用表的实测值。

6.3.5　直流电流表的示值误差按式(6)计算,并记录于附录 A.3 中。

$$\delta_{表} = I_X - I_0 \tag{6}$$

式中:

$\delta_{表}$——表的示值误差;

I_x——被校数字源表的显示值;

I_0——数字多用表的实测值。

6.3.6　当被校仪器输出电流:±（1pA～20μA）,需按图4将被校数字源表电流输出端和静电计、高值电阻、直流电压源相连。

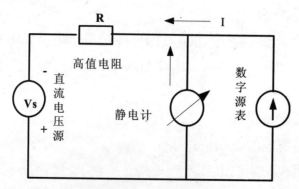

图4　直流小电流校准示意图

6.3.7　设置被校数字源表输出电流为 0A,直流电压源输出电压为 0V,此时静电计作为指零仪,在合适的电流量程应显示电流为 0A,可使用静电计的"REL"清零键。设置被校

数字源表输出电流 I_s，直流电压源输出一个反向电压，高值电阻为 R，通过不断调节直流电压源的电压输出，使得静电计电流表读数绝对值减小，在足够分辨率的情况下电流读数为零，记录此时直流电压源的电压值 U。

6.3.8 直流电流源的示值误差按式（7）计算，并记录于附录 A.4 中。

$$\delta_{源} = I_S - \frac{U}{R} \tag{7}$$

式中：

$\delta_{源}$——直流电流源的示值误差；

I_s ——被校数字源表的设置值；

U ——直流电压源的电压输出值；

R ——高值电阻值。

6.3.9 直流电流表的示值误差按式（8）计算，并记录于附录 A.4 中。

$$\delta_{表} = I_X - \frac{U}{R} \tag{8}$$

式中：

$\delta_{表}$——直流电流表的示值误差；

I_x ——被校数字源表的显示值；

U ——直流电压源的电压输出值；

R ——高值电阻值。

6.3.10 当被校仪器输出电流范围 >20A 时，需按图 5 将被校数字源表电流输出端通过标准电阻和数字多用表相连。

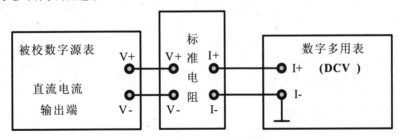

图 5　直流大电流校准示意图

6.3.11 直流电流源的误差按式（9）计算，并记录于附录 A.5 中。

$$\delta_{源} = I_S - \frac{U}{R} \tag{9}$$

式中：

$\delta_{源}$——直流电流源的示值误差；

I_s ——被校数字源表的设置值；

U ——数字多用表的电压测量值；

R ——标准电阻值。

6.3.12 直流电流表的误差按式（10）计算，并记录于附录 A.5 中。

$$\delta_{\text{表}} = I_X - \frac{U}{R} \tag{10}$$

式中：

$\delta_{\text{表}}$——直流电流表的示值误差；

I_x——被校数字源表的显示值；

U——数字多用表的电压测量值；

R——标准电阻值。

6.4　脉冲电流校准

6.4.1　仪器连接如图6所示。将被校数字源表的脉冲电流输出端通过脉冲分流器和取样数字多用表相连，设置取样数字多用表于直流电压采样功能，量程置"自动"，积分周期（NPLC）置"0.001"。

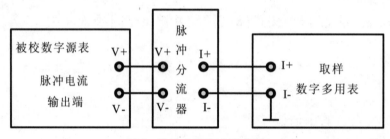

图6　脉冲电流校准示意图

6.4.2　校准点可参照直流电流的选取原则。设被校数字源表脉冲电流源的设置值 I_{ms}，分别记录被测数字源表脉冲电流表的显示值 I_{mx}、取样数字多用表的电压测量值 V_c 和脉冲分流器的阻值 R_f。并记录于附录 A.6 中。

6.4.3　脉冲电流源的误差按式（11）计算，并记录于附录 A.6 中。

$$\delta_{\text{源}} = I_{ms} - \frac{V_c}{R_f} \tag{11}$$

式中：

$\delta_{\text{源}}$——脉冲电流源的示值误差；

I_{ms}——被校数字源表的设置值；

V_c——取样数字多用表的电压测量值；

R_f——脉冲分流器的阻值。

6.4.4　脉冲电流表的误差按式（12）计算，并记录于附录 A.6 中。

$$\delta_{\text{表}} = I_{mx} - \frac{V_c}{R_f} \tag{12}$$

式中：

$\delta_{\text{表}}$——脉冲电流表的示值误差；

I_{mx}——被校数字源表的显示值；

V_c——取样数字多用表的电压测量值；

R_f——脉冲分流器的阻值。

6.5 直流电阻校准

6.5.1 仪器连接如图7所示。将数字源表和标准电阻（多功能校准源、高值电阻）相连。

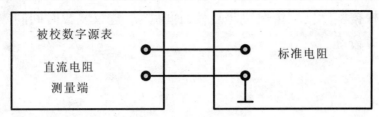

图7 直流电阻校准示意图

6.5.2 选取每个量程的量程值（接近量程值）点，或选取10的整数次幂点。用被校数字源表的直流电阻功能分别测量不同阻值的标准电阻，分别记录被校数字源表直流电阻表的显示值 R_x 和标准电阻的电阻值 R_b。并记录于附录 A.7 中。

6.5.3 直流电阻的误差按式(13)计算，并记录于附录 A.7 中。

$$\delta = R_x - R_b \tag{13}$$

式中：

δ——直流电阻测量的示值误差；

R_x——被校数字源表的显示值；

R_b——标准电阻的阻值。

7 校准结果表达

校准结果应在校准证书上反映。校准证书应至少包括以下信息：

a) 标题:"校准证书"；

b) 实验室名称和地址；

c) 进行校准的地点（如果与实验室的地址不同）；

d) 证书的唯一性标识（如编号），每页及总页数的标识；

e) 客户的名称和地址；

f) 被校对象的描述和明确标识；

g) 进行校准的日期，如果与校准结果的有效性和应用有关时,应说明被校对象的接收日期；

h) 校准所依据的技术规范的标识,包括名称及代号；

i) 本次校准所用测量标准的溯源性及有效性说明；

j) 校准环境的描述；

k) 校准结果及测量不确定度的说明；

l) 对校准规范的偏离的说明；

m) 校准证书和校准报告签发人的签名、职务或等效标识；

n) 校准结果仅对被校对象有效的说明；

o) 未经实验室书面批准,不得部分复制证书的声明。

8 复校时间间隔

送校单位可根据实际使用情况决定复校时间间隔，建议复校时间间隔为 1 年；仪器修理或调整后应及时校准。

附录 A

校准记录格式

一、外观及通电检查

外观检查:合格 □   不合格 □;

通电检查:合格 □   不合格 □。

二、直流电压校准

表 A.1   直流电压校准记录表

量程	实测值	源		表		测量不确定度 $U_{rel}(k=2)$
		设置值	示值误差	显示值	示值误差	

表 A.2   直流大电压校准记录表

量程	数字多用表实测值	分压比	计算电压值	源		表		测量不确定度 $U_{rel}(k=2)$
				设置值	示值误差	显示值	示值误差	

三、直流电流校准

表 A.3   直流电流校准记录表

量程	实测值	源		表		测量不确定度 $U_{rel}(k=2)$
		设置值	示值误差	显示值	示值误差	

表 A.4　直流小电流校准记录表

标准值			源		表		测量不确定度 $U_{rel}(k=2)$
电压输出值	电阻值	计算电流值	设置值	示值误差	显示值	示值误差	

表 A.5　直流大电流校准记录表

标准值			源		表		测量不确定度 $U_{rel}(k=2)$
电压测量值	标准电阻值	计算电流值	设置值	示值误差	显示值	示值误差	

四、脉冲电流校准

表 A.6　脉冲电流校准记录表

量程	标准值			源		表		测量不确定度 $U_{rel}(k=2)$
	电压测量值	脉冲分流器阻值	计算电流值	设置值	示值误差	显示值	示值误差	

五、直流电阻校准

表 A.5　直流电阻校准记录表

量程	标准电阻值	显示值	示值误差	测量不确定度 $U_{rel}(k=2)$

附录 B

测量不确定度评定的实例

数字源表的校准主要指标有 4 项参数,其中直流电压参数 1 项、直流电流参数 1 项、脉冲电流参数 1 项、直流电阻参数 1 项。

本附录以直流电压参数、直流电流参数、脉冲电流参数、直流电阻参数校准项目的测量不确定度评定为例,说明数字源表校准项目的测量不确定度评定的程序。由于校准方法和所用仪器设备相同或近似,其它一些项目的测量不确定度评定与以上一些项目也是相同或近似的。

B.1 直流电压校准结果的测量不确定度评定

以直流电压 10V 点为例。

B.1.1 测量方法

仪器连接图 B.1 所示。将数字多用表(8508A)和被校数字源表(2400)的电压输出端相连,设置数字多用表为"DCV"测量功能。当数字源表输出电压值 10V 时,使用数字多用表进行测量。

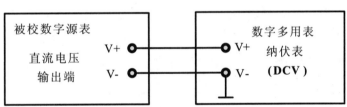

图 B.1 直流电压校准示意图

B.1.2 数学模型

$$\delta_{源} = V_s - V_0 \tag{B.1}$$

式中:

$\delta_{源}$——数字源表输出误差;

V_s——被校数字源表直流电压源的设置值;

V_0——数字多用表测量的电压实际值。

B.1.3 不确定度来源

a)数字多用表直流电压测量不准引入的不确定度分量 u_{B1};

b)数字多用表测量分辨率所引入的不确定度分量 u_{B2};

c)测量重复性变化引入的不确定度分量 u_A。

B.1.4 不确定度评定

a)数字多用表直流电压测量不准引入的不确定度分量 u_{B1};

用 B 类标准不确定度评定。以 10V 测试点进行分析。根据 8508 数字多用表的说明书,在 20V 量程 10V 测试点,其允许误差极限为 $\pm(2.7\text{ppm}\times$读数$+0.2\text{ppm}\times$量程),所以 10V 的允许误差极限为 $\pm0.000031\text{V}$,即 $a=0.000031$,估计为均匀分布,则 $k=\sqrt{3}$,故其不确定度分量 $u_{B1}=a/k=0.000018\text{V}$,相对值为 0.00018%。

b）数字多用表测量分辨率所引入的不确定度分量 u_{B2};

用 B 类标准不确定度评定。8508 数字多用表在 20V 量程的分辨率为 $0.1\mu\text{V}$,区间半宽为 $0.05\mu\text{V}$,即 $a=0.05\mu\text{V}$,估计为均匀分布,则 $k=\sqrt{3}$,故其不确定度分量 $u_{B2}=a/k=0.029\mu\text{V}$,相对值为 0.0000029%。该项可忽略不计。

c）测量重复性变化引入的不确定度分量 u_A

按 A 类评定,用数字多用表 8508A 对被校数字源表 2400 的直流电压（10V）进行独立重复测量 10 次,重复性测试数据见下表:

$$u_A=s_n(x)=\sqrt{\frac{\sum\limits_{i=1}^{10}(x_i-\bar{x})^2}{n-1}}=0.000081\text{V}$$,相对值为 0.00081%。

x_1	x_2	x_3	x_4	x_5	x_6	x_7	x_8	x_9	x_{10}	$\bar{x}$	$s_n(x)$
10.0008	10.0009	10.0008	10.0007	10.0009	10.0007	10.0008	10.0007	10.0009	10.0008	10.00080	0.000081

B.1.5 合成标准不确定度 u_c

以上各不确定度分量独立不相关,根据下面公式,则合成标准不确定度为:

$$u_c=\sqrt{(u_{B1})^2+(u_{B2})^2+(u_A)^2}\approx0.001\%$$

B.1.6 扩展不确定度 U

取 $k=2$,则扩展不确定度 $U=u_c\times k=0.002\%$。

以直流大电压 2000V 点为例。

B.1.7 测量方法

仪器连接如图 B.2 所示。

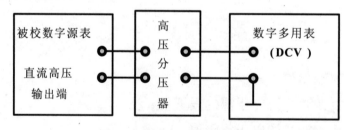

图 B.2 直流高压校准示意图

B.1.8 数学模型

$$\delta_{源}=U_s-FU_0 \tag{B.2}$$

式中:

$\delta_{源}$——源的示值误差;

U_s——被校数字源表的设置值;

U_0——数字多用表的实测值。

F——高压分压器分压比。

B.1.9　不确定度来源

a）数字多用表直流电压测量不准引入的不确定度分量 u_{B1}；

b）数字多用表测量分辨率所引入的不确定度分量 u_{B2}；

c）高压分压器引入的不确定度分量 u_{B3}

d）测量重复性变化引入的不确定度分量 u_A。

B.1.10　不确定度评定

a）数字多用表直流电压测量不准引入的不确定度分量 u_{B1}；

用 B 类标准不确定度评定。测量 2000V 时，经过高压分压器后，数字多用表测量的电压值为 2V 测试点进行分析。根据 8508 数字多用表的说明书，在 20V 量程 2V 测试点，其允许误差极限为 ±（2.7ppm × 读数 + 0.2ppm × 量程），所以 2V 的允许误差极限为 ± 0.0000094V，即 $a = 0.0000094$，估计为均匀分布，则 $k = \sqrt{3}$，故其不确定度分量 $u_{B1} = a/k = 0.0000054V$，相对值为 0.000027%。

b）数字多用表测量分辨率所引入的不确定度分量 u_{B2}；

用 B 类标准不确定度评定。8508 数字多用表在 20V 量程的分辨率为 0.1μV，区间半宽为 0.05μV，即 $a = 0.05μV$，估计为均匀分布，则 $k = \sqrt{3}$，故其不确定度分量 $u_{B2} = a/k = 0.029μV$，相对值为 0.0000029%。该项可忽略不计。

c）高压分压器引入的不确定度分量 u_{B3}；

用 B 类标准不确定度评定。高压分压器的准确度等级为 0.3 级，设为均为分布，则 $k = \sqrt{3}$，故其不确定度分量 $u_{B3} = a/k = 0.06\%$。

d）测量重复性变化引入的不确定度分量 u_A

按 A 类评定，用数字多用表 8508A 对被校数字源表 2657A 的直流电压（2000V）进行独立重复测量 10 次，重复性测试数据见下表：

$$u_A = s_n(x) = \sqrt{\frac{\sum_{i=1}^{10}(x_i - \bar{x})^2}{n-1}} = 0.0028V，相对值为 0.00014\%。$$

x_1	x_2	x_3	x_4	x_5	x_6	x_7	x_8	x_9	x_{10}	$\bar{x}$	$s_n(x)$
2000.024	2000.018	2000.026	2000.021	2000.018	2000.019	2000.021	2000.025	2000.023	2000.021	2000.0216	0.0028

B.1.11　合成标准不确定度 u_c

以上各不确定度分量独立不相关，根据下面公式，则合成标准不确定度为：

$$u_c = \sqrt{(u_{B1})^2 + (u_{B2})^2 + (u_A)^2} \approx 0.06\%$$

B.1.12　扩展不确定度 U

取 $k = 2$，则扩展不确定度 $U = u_c \times k = 0.12\%$。

B.2　直流电流校准结果的测量不确定度评定

以直流小电流 1μA 点为例。

B.2.1 测量方法

仪器连接如图 B.3 所示。将被校数字源表电流输出端和静电计、高值电阻、直流电压源相连。

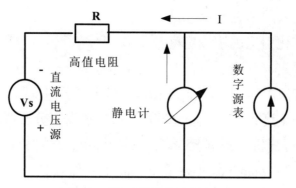

图 B.3 直流电流校准示意图

B.2.2 数学模型

$$\delta_{源} = I_s - \frac{U}{R} \tag{B.3}$$

式中：

$\delta_{源}$——直流电流源的示值误差；

I_s——被校数字源表的设置值；

U——直流电压源的电压输出值；

R——高值电阻值。

B.2.3 不确定度来源

a）多功能校准源输出电压不准引入的不确定度分量 u_1；

b）高值电阻不准引入的不确定度分量 u_2；

c）指零仪零电流短期稳定性引入的的不确定度分量 u_3；

d）测量重复性变化引入的不确定度分量 u_A。

B.2.4 不确定度评定

a）多功能校准源输出电压不准引入的不确定度分量 u_1；

用根据多功能校准源 5720A 说明书，在 ±（1V～200V），其直流电压的最大允许误差为 $\pm 5.6 \times 10^{-6}$，则区间半宽度 a 为 5.6×10^{-6}，按照均匀分布 $k = \sqrt{3}$，则 $u_1 = \frac{a}{k} = \frac{5.6 \times 10^{-6}}{\sqrt{3}} = 3.2 \times 10^{-6}$。

b）高值电阻不准引入的不确定度分量 u_2；

标准电阻送上级计量机构进行校准，按照校准证书给出的测量不确定度，可计算出其引入的不确定度分量为 2.5×10^{-5}。

c）静电计零电流短期稳定性引入的的不确定度分量 u_3；

对 6517B 静电计进行短期 3 分钟的稳定性测量，其零电流极差在 10fA，相对于 1μA

310

而言,其引入的不确定定分量2.9×10^{-6}。

d)测量重复性变化引入的不确定度分量u_A

按 A 类评定,对数字源表 2400 的直流电流(1μA)进行独立重复测量 10 次,重复性测试数据见下表:

$$u_A = s_n(x) = \sqrt{\dfrac{\sum\limits_{i=1}^{10}(x_i-\bar{x})^2}{n-1}} = 3.5\times10^{-5}。$$

x_1	x_2	x_3	x_4	x_5	x_6	x_7	x_8	x_9	x_{10}	$\bar{x}$	$s_n(x)$
1.0001	1.00021	1.00013	1.00018	1.00016	1.00015	1.0002	1.00015	1.00016	1.00012	1.000156	3.5×10^{-5}

B.2.5 合成标准不确定度 u_c

以上各不确定度分量独立不相关,根据下面公式,则合成标准不确定度为:

$$u_c = \sqrt{(u_1)^2+(u_2)^2+(u_3)^2+(u_A)^2} \approx 0.003\%$$

B.2.6 扩展不确定度 U

取 $k=2$,则扩展不确定度 $U=u_c\times k=0.006\%$。

以直流电流 1mA 点为例。

B.2.7 测量方法

仪器连接如图 8 所示。将数字多用表(8508A)和被校数字源表(2400)的电流输出端相连,设置数字多用表为"DCA"测量功能。当数字源表输出电流值 1mA 时,使用数字多用表进行测量。

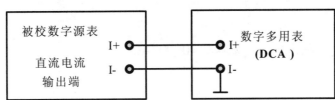

图 8　直流电流校准示意图

B.2.8 数学模型

$$\delta_{源} = I_s - I_0 \tag{B.4}$$

式中:

$\delta_{源}$——直流电流源输出误差;

I_s——被校数字源表直流电流源的设置值;

I_0——数字多用表显示的电流实际值。

B.2.9 不确定度来源

a)数字多用表直流电流测量不准引入的不确定度分量 u_{B1};

b)数字多用表测量分辨率所引入的不确定度分量 u_{B2};

c)测量重复性变化引入的不确定度分量 u_A。

B.2.10 不确定度评定

a)数字多用表直流电流测量不准引入的不确定度分量 u_{B1};

用 B 类标准不确定度评定。以 10mA 测试点进行分析。根据 8508 数字多用表的说明书,在 20mA 量程 10mA 测试点,其允许误差极限为 ±（8.0ppm × 读数 + 0.2ppm × 量程）,所以 10mA 的允许误差极限为 ±0.00012mA,即 $a = 0.00012$,估计为均匀分布,则 $k = \sqrt{3}$,故其不确定度分量 $u_{B1} = a/k = 0.00007V$,相对值为 0.0007%。

b) 数字多用表测量分辨率所引入的不确定度分量 u_{B2};

用 B 类标准不确定度评定。8508 数字多用表在 20mA 量程的分辨率为 1nA,区间半宽为 0.5nA,即 $a = 0.5nA$,估计为均匀分布,则 $k = \sqrt{3}$,故其不确定度分量 $u_{B2} = a/k = 0.29nA$,相对值为 0.0000029%。该项可忽略不计。

c) 测量重复性变化引入的不确定度分量 u_A

按 A 类评定,用数字多用表 8508A 对被校数字源表 2400 的直流电流（10mA）进行独立重复测量 10 次,重复性测试数据见下表:

$$u_A = s_n(x) = \sqrt{\frac{\sum_{i=1}^{10}(x_i - \bar{x})^2}{n-1}} = 0.000099mA,相对值为 0.001%。$$

x_1	x_2	x_3	x_4	x_5	x_6	x_7	x_8	x_9	x_{10}	$\bar{x}$	$s_n(x)$
10.0003	10.0004	10.0002	10.0001	10.0002	10.0003	10.0004	10.0004	10.0003	10.0003	10.00029	0.000099

B.2.11　合成标准不确定度 u_c

以上各不确定度分量独立不相关,根据下面公式,则合成标准不确定度为:

$$u_c = \sqrt{(u_{B1})^2 + (u_{B2})^2 + (u_A)^2} \approx 0.0012\%$$

B.2.12　扩展不确定度 U

取 $k = 2$,则扩展不确定度 $U = u_c \times k = 0.0024\%$。

以直流大电流 30A 点为例。

B.2.13　测量方法

仪器连接如图 8 所示。将数字多用表（8508A）、标准电阻 0.1Ω 和被校数字源表（2651A）的电流输出端相连,设置数字多用表为"DCV"测量功能。当数字源表输出电流值 30A 时,使用数字多用表进行测量。

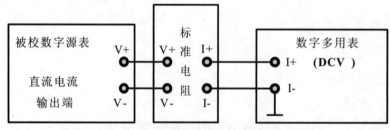

图 8　直流电流校准示意图

B.2.14　数学模型

$$\delta_{源} = I_s - \frac{U}{R} \tag{B.5}$$

式中:

$\delta_{源}$——直流电流源的示值误差；

I_s——被校数字源表的设置值；

U——数字多用表的电压测量值；

R——标准电阻值。

B.2.15 不确定度来源

a) 数字多用表直流电压测量不准引入的不确定度分量 u_{B1}；

b) 数字多用表测量分辨率所引入的不确定度分量 u_{B2}；

c) 标准电阻阻值不准引入的不确定度分量 u_{B3}

d) 测量重复性变化引入的不确定度分量 u_A。

B.2.16 不确定度评定

a) 数字多用表直流电流测量不准引入的不确定度分量 u_{B1}；

用 B 类标准不确定度评定。测试直流电流 30A 时，通过标准电阻 0.1Ω，数字多用表测得的电压值为 3V。根据 8508 数字多用表的说明书，在 20V 量程 3V 测试点，其允许误差极限为 ±（2.7ppm × 读数 + 0.2ppm × 量程），所以 3V 的允许误差极限为 ±0.000012V，即 $a = 0.000012$，估计为均匀分布，则 $k = \sqrt{3}$，故其不确定度分量 $u_{B1} = a/k = 0.000007$V，相对值为 0.0023%。

b) 数字多用表测量分辨率所引入的不确定度分量 u_{B2}；

用 B 类标准不确定度评定。8508 数字多用表在 20V 量程的分辨率为 0.1μV，区间半宽为 0.05μV，即 $a = 0.05$μV，估计为均匀分布，则 $k = \sqrt{3}$，故其不确定度分量 $u_{B2} = a/k = 0.029$μV，相对值为 0.0000029%。该项可忽略不计。

c) 标准电阻阻值不准引入的不确定度分量 u_{B3}

按 B 类评定，所使用的脉冲分流器经校准，其最大允许误差不超过 ±0.01%，则其区间半宽度为 $a_3 = 0.01\%$，认为在该区间内服从均匀分布，包含因子 $k_3 = \sqrt{3}$，则 $u_{B3} = \dfrac{a_3}{k_3} = 0.0058\%$。

d) 测量重复性变化引入的不确定度分量 u_A

按 A 类评定，用数字多用表 8508A 和标准电阻 0.1Ω，对被校数字源表 2651A 的直流电流（30A）进行独立重复测量 10 次，重复性测试数据见下表：

$$u_A = s_n(x) = \sqrt{\frac{\sum\limits_{i=1}^{10}(x_i - \bar{x})^2}{n-1}} = 0.00026\text{mA}，相对值为 0.0009\%。$$

x_1	x_2	x_3	x_4	x_5	x_6	x_7	x_8	x_9	x_{10}	$\bar{x}$	$s_n(x)$
30.0009	30.0004	30.0006	30.0011	30.0009	30.0005	30.0008	30.0012	30.0006	30.0008	30.00078	0.00026

B.2.17 合成标准不确定度 u_c

以上各不确定度分量独立不相关，根据下面公式，则合成标准不确定度为：

$$u_c = \sqrt{(u_{B1})^2 + (u_{B2})^2 + (u_{B3})^2 + (u_A)^2} \approx 0.006\%$$

B.2.18　扩展不确定度 U

取 $k = 2$，则扩展不确定度 $U = u_c \times k = 0.012\%$。

B.3　脉冲电流校准结果的测量不确定度评定

B.3.1　测量方法

测量框图如图 9，将被校数字源表的脉冲电流输出端通过脉冲分流器和取样数字多用表相连，设置取样数字多用表于直流电压采样功能，量程置"自动"，积分周期（NPLC）置"0.001"。

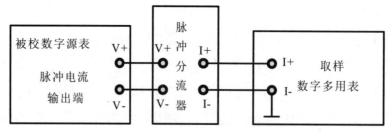

图 9　脉冲电流校准示意图

B.3.2　数学模型

$$\delta_{源} = I_{ms} - \frac{V_c}{R_f} \tag{B.6}$$

式中：

$\delta_{源}$——脉冲电流源输出误差；

I_{ms}——被校数字源表脉冲电流源的设置值；

V_c——取样数字多用表的电压测量值；

R_f——脉冲分流器的阻值。

B.3.3　不确定度来源

a）取样数字多用表脉冲电压测量不准引入的不确定度分量 u_{B1}；

b）取样数字多用表的脉冲电压测量分辨率所引入的不确定度分量 u_{B2}；

c）取样数字多用表输入电阻引入的不确定度分量 u_{B3}

d）脉冲分流器阻值不准引入的不确定度分量 u_{B4}

e）测量重复性变化引入的不确定度分量 u_A。

B.3.4　不确定度评定

a）由取样数字多用表脉冲电压测量不准引入的不确定度分量 u_{B1}

按 B 类评定，以 20A 测试点进行分析，选用脉冲分流器为 0.1Ω，测试电压应为 2V 左右：

1）根据高速数据采集单元 34411A 技术说明书可知，在 10V 量程测量 2V 电压时的允许误差极限为 $\pm(0.0030\%\ \text{reading} + 0.0005\%\ \text{range})$，即为 $\pm110\mu V$；

2）由于采样速率设为 50kS/s，根据 34411A 说明书，由于采样速率引入的附加噪声误

差为 $Noise = \sqrt{\dfrac{2 \times Range(V)}{\sqrt{12} \times 2^{Bits}}}$ ，因为 50kS/s 采样速率对应 14Bits，所以在 10V 量程，附加噪声误差为 $\pm 352\mu V$；

3）根据 34411A 说明书，在 50kS/s 采样速率下，由于 Auto Zero 功能"OFF"引入的误差为 ± 2ppm of Range，即为 $\pm 20\mu V$；

4）在 50kS/s 采样速率下，由于 ADC Calibration 功能"OFF"引入的误差为 ± 3ppm of Reading，即为 $\pm 15\mu V$。

综合以上误差来源，2V 电压测量的允许误差限为 $\pm 497\mu V$，则允许误差的区间半宽度为 $a_1 = 497\mu V$，认为在该区间内服从均匀分布，包含因子 $k_1 = \sqrt{3}$，则 $u_{B1} = \dfrac{a_1}{k_1} = 287\mu V$，相对值为 0.014%。

b）取样数字多用表的脉冲电压测量分辨率所引入的不确定度分量 u_{B2}；

按 B 类评定，以 2V 电压为例进行分析。根据数字多用表 34411A 技术说明书可知，在采样速率设为 50kS/s 时，34411A 相当于 4 位半数字表，在 10V 量程其分辨力为 1mV，则其区间半宽度为 $a_2 = 500\mu V$，认为在该区间内服从均匀分布，包含因子 $k_2 = \sqrt{3}$，则 $u_{B2} = \dfrac{a_2}{k_2} = 289\mu V$，相对值约为 0.014%。

c）取样数字多用表输入电阻引入的不确定度分量 u_{B3}

在 10V 量程，高速数据采集单元输入阻抗为 10MΩ，远远大于精密四线电阻 R，所以不会产生分流作用，则由输入阻抗引入的不确定度分量 u_{B3} 可忽略不计。

d）脉冲分流器阻值不准引入的不确定度分量 u_{B4}

按 B 类评定，所使用的脉冲分流器经校准，其最大允许误差不超过 $\pm 0.1\%$，则其区间半宽度为 $a_3 = 0.1\%$，认为在该区间内服从均匀分布，包含因子 $k_3 = \sqrt{3}$，则 $u_{B3} = \dfrac{a_3}{k_3} = 0.058\mu V$。

e）测量重复性变化引入的不确定度分量 u_A。

按 A 类评定，用校准装置对被校数字源表 2651A 的脉冲电流（20A）进行独立重复测量 10 次，重复性测试数据见下表，$u_A = s_n(x) = \sqrt{\dfrac{\sum\limits_{i=1}^{10} (x_i - \bar{x})^2}{n-1}} = 0.000253A$，相对值为 0.013%。

x_1	x_2	x_3	x_4	x_5	x_6	x_7	x_8	x_9	x_{10}	$\bar{x}$	$s_n(x)$
20.0016	20.0018	20.0023	20.0021	20.0017	20.0023	20.0021	20.0022	20.0018	20.0019	20.00198	0.000253

B.3.5　合成标准不确定度 u_c

以上各不确定度分量独立不相关，根据下面公式，则合成标准不确定度为：

$$u_c = \sqrt{(u_{B1})^2 + (u_{B2})^2 + (u_{B3})^2 + (u_{B4})^2 + (u_A)^2} \approx 0.06\%$$

B.3.6 扩展不确定度 U

取 $k = 2$，则扩展不确定度 $U = u_c \times k = 0.12\%$。

B.4 直流电阻校准结果的测量不确定度评定

以直流电阻 $1k\Omega$ 点为例。

B.4.1 测量方法

仪器连接如图 10 所示。将多功能校准源（5720A）和被校数字源表（2400）的电阻测量端相连，设置多功能校准源"DCR"输出功能。当多功能校准源输出电阻值 $1k\Omega$ 时，使用数字源表进行测量。

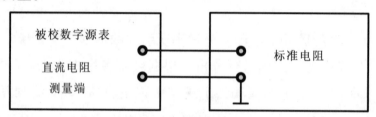

图 10　直流电阻校准示意图

B.4.2 数学模型

$$\delta = R_x - R_b \tag{B.7}$$

式中：

δ——直流电阻测量误差；

R_x——被校数字源表直流电阻的测量值；

R_b——多功能校准源的标准电阻值。

B.4.3 不确定度来源

a）多功能校准源引入的不确定度分量 u_{B1}；

b）数字源表测量分辨率所引入的不确定度分量 u_{B2}；

c）测量重复性变化引入的不确定度分量 u_A。

B.4.4 不确定度评定

a）多功能校准源引入的不确定度分量 u_{B1}；

用 B 类标准不确定度评定。以 $1k\Omega$ 测试点进行分析。根据 5720A 多功能校准源的说明书，在 $2k\Omega$ 量程 $1k\Omega$ 测试点，其允许误差极限为 $\pm(7.0ppm \times$ 读数 $+0.25ppm \times$ 量程），所以 $1k\Omega$ 的允许误差极限为 $\pm 0.0000075V$，即 $a = 0.0000075$，估计为均匀分布，则 $k = \sqrt{3}$，故其不确定度分量 $u_{B1} = a/k = 0.0000043k\Omega$，相对值为 0.00043%。

b）数字源表测量分辨率所引入的不确定度分量 u_{B2}；

用 B 类标准不确定度评定。2400 数字源表在 $2k\Omega$ 量程的分辨率为 $10m\Omega$，区间半宽为 $5m\Omega$，即 $a = 5m\Omega$，估计为均匀分布，则 $k = \sqrt{3}$，故其不确定度分量 $u_{B2} = a/k = 2.9m\Omega$，相对值为 0.00029%。

c）测量重复性变化引入的不确定度分量 u_A

按 A 类评定，用多功能校准源 5720A 对被校数字源表 2400 的直流电阻（1kΩ）进行独立重复测量 10 次，重复性测试数据见下表：

$$u_A = s_n(x) = \sqrt{\frac{\sum_{i=1}^{10}(x_i - \bar{x})^2}{n-1}} = 0.0000056 \text{ k}\Omega，相对值为 0.00056\% 。$$

x_1	x_2	x_3	x_4	x_5	x_6	x_7	x_8	x_9	x_{10}	$\bar{x}$
0.999853	0.999846	0.999842	0.999849	0.999854	0.999839	0.999847	0.999852	0.999838	0.999845	0.9998465

B.4.5 合成标准不确定度 u_c

测量重复性变化引入的不确定度分量 u_A 和数字源表测量分辨率所引入的不确定分量 u_{B2} 两者取较大者 u_A，u_A 和 u_{B1} 独立不相关，根据下面公式，则合成标准不确定度为：

$$u_c = \sqrt{(u_{B1})^2 + (u_{B2})^2 + (u_A)^2} \approx 0.0007\%$$

B.4.6 扩展不确定度 U

取 $k=2$，则扩展不确定度 $U = u_c \times k = 0.0014\%$ 。

中华人民共和国工业和信息化部
电子计量技术规范

JJF（电子）0025—2018

射频高压试验仪校准规范

Calibration Specification for Withstanding Voltage Test Equipment

2018－04－30 发布

2018－07－01 实施

中华人民共和国工业和信息化部 发布

射频高压试验仪校准规范

Calibration Specification for Withstanding Voltage Test Equipment

JJF（电子）0025—2018

归 口 单 位：中国电子技术标准化研究院

主要起草单位：中国电子科技集团公司第二十三研究所

本规范技术条文委托起草单位负责解释

本规范主要起草人：

    曹　懋（中国电子科技集团公司第二十三研究所）

    施海燕（中国电子科技集团公司第二十三研究所）

    李　洋（中国电子科技集团公司第二十三研究所）

目　　录

引　言

　　JJF 1071《国家计量校准规范编写规则》、JJF 1059《测量不确定度评定与表示》、JJF 1001《通用计量术语及定义》等文件共同构成支撑本校准规范制修订工作的基础性系列规范。

　　本规范所校准的射频高压试验仪是用谐振的方式产生 5MHz~7.5MHz 的射频高压，由于被测件（负载）是整机振荡电路的一部分，所以空载和有负载时频率略有变化，但其频率必须控制在 5MHz~7.5MHz 的范围内，电压波形为正弦波。本规范在编制过程中参考了 JJG 795—2016《耐电压测试仪检定规程》以及 GJB 681A—2002《射频同轴连接器通用规范》中关于耐射频高电位耐压的相关原理及技术要求。

　　本规范为首次制定。

射频高压试验仪校准规范

1 范围

本校准规范适用于输出射频电压为正弦波，频率在 5MHz～7.5MHz，射频电压有效值不大于 3500V 的射频高压试验仪器的校准。

2 引用文件

GJB 681A－2002《射频同轴连接器通用规范》

JJG 795－2016《耐电压测试仪检定规程》

3 概述

射频高压试验仪是用于射频连接器射频高压试验的专用测试仪器，它采用谐振的方式产生射频高压，由于被测件（负载）是整机振荡电路的一部分，所以空载和有负载时频率略有变化，输出电压频率必须控制在 5MHz～7.5MHz 的范围内，并且为正弦波。在试验过程中，被测件在要求的试验电压作用下，达到规定的时间时，射频高压试验仪自动切断试验电压；一旦射频连接器出现击穿，射频高压试验仪能够自动切断输出电压并同时发出报警信号，以确定被测件能否承受规定强度的射频高压。射频高压试验仪原理框图如图1 所示。

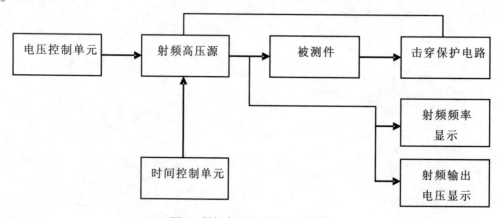

图1　射频高压试验仪原理框图

4 计量特性

4.1 射频输出电压

输出电压范围（有效值）:(350～3500)V,最大允许误差：±10% 或使用要求；

4.2 射频频率

频率范围:(5.0～7.5)MHz,

最大允许误差：±10% 或使用要求。

4.3 电压保持时间

电压保持时间范围:(0~120)s,

最大允许误差:

a) >20s 时:±5%;

b) ≤20s 时:±1s。

5 校准条件

5.1 环境条件

5.1.1 环境温度:(20±5)℃。

5.1.2 相对湿度:≤75%。

5.1.3 供电电源:(220±11)V,(50±1)Hz。

5.1.4 周围无影响正常工作的机械振动和电磁干扰。

5.2 (测量)标准及其它设备

5.2.1 数字示波器

频带宽度:DC~250MHz;

垂直偏转因数:1mV/div~10V/div,

最大允许误差:±1%;

扫描时间因数:0.2ns/div~50s/div,

最大允许误差:±0.2%;

输入阻抗:1 MΩ,

最大允许误差:±1%。

5.2.2 高压探头

带宽:75MHz;

额定输入电压(峰-峰值):≥10000V;

输入电容:≤3pF;

输入阻抗:≥100MΩ;

衰减比:1000/1,最大允许误差:±3%。

5.2.3 秒表

测量范围:(0~999)s,

最大允许误差:>20s 时,±1%;

≤20s 时,±0.2s;

分辨力:0.01s。

6 校准项目和校准方法

6.1 外观和附件检查

射频高压试验仪应无影响正常工作及正确读数的机械损伤,标志应清晰完整,开关、旋钮、按键、插接及连接器应通断分明,旋转灵活平滑、换位准确、插接正确、连接牢固。

6.2 工作正常性检查

射频高压试验仪开机后,应预热至少 30 分钟,射频高压试验仪的各开关和指示灯功能应正常,通电后应能正常工作,各种指示应正确。

6.3 射频输出电压示值误差

6.3.1 射频高压试验仪的射频电压校准采用带有高压探头的数字示波器,射频电压校准连接如图 2 所示。

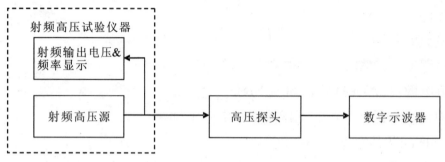

图 2　射频电压校准连接图

6.3.2 校准点至少包含最小值、1000V、最大点等 3 个点,其他校准点可根据客户的要求选取。

6.3.3 将数字示波器设置为合适的电压、时间、触发模式,启动数字示波器电压有效值测量功能。调节射频高压试验仪的输出电压,使射频输出电压 U_x 显示最小值,读取数字示波器的电压测量值 U_m,并将相应结果记录至附录 A 表 A.1 中。按照公式(1)计算射频输出电压的测量值 U_0。

$$U_0 = KU_m \tag{1}$$

式中：

U_0 ——射频输出电压的测量值,V；

k　——高压探头的衰减比；

U_m ——数字示波器的测量值,V。

6.3.4 按照公式(2)计算射频输出电压相对示值误差。

$$\delta_{Ux} = \frac{U_x - U_0}{U_0} \tag{2}$$

式中：

δ_{Ux} ——射频输出电压的相对示值误差,%；

U_x ——射频输出电压示值,V；

U_0 ——射频输出电压的测量值,V。

6.3.5 从小到大改变射频输出电压示值,重复 6.3.3 ~ 6.3.4。

6.4 射频频率示值误差

6.4.1 同 6.3.1。

6.4.2 一般在射频输出电压为 1000V 条件下进行射频频率校准,也可根据客户要求选取射频输出电压。

6.4.3　将数字示波器设置为合适的电压、时间、触发模式，启动数字示波器频率测量功能。调节射频高压试验仪的输出电压为1000V（有效值）（或客户要求的校准点），读取射频高压试验仪频率的示值f_x和数字示波器上频率的测量值f_m，将相应结果记录至附录A表A.2中，按公式（3）计算射频频率的相对示值误差：

$$\delta_{fx} = \frac{f_x - f_0}{f_0} \times 100\% \tag{3}$$

式中：

δ_{fx}——射频频率的相对示值误差，%，

f_x——射频频率的示值，MHz，

f_0——射频频率的测量值，MHz。

6.5　电压保持时间

6.5.1　大于20s范围内至少选择1个校准点，其中60s为必选点。小于等于20s范围内至少选择1个校准点。

6.5.2　将射频高压试验仪空载，并将时间控制单元置于定时模式，定时时间设为60s，调整射频电压至1000V（有效值）。按下射频高压试验仪输出"启动"键同时手动启动秒表。当射频高压试验仪发出切断信号时，终止秒表计时。重复测量二次，并记录于附录A表A.3中，求平均值。按公式（4）计算电压保持时间相对示值误差：

$$\delta_t = \frac{t_x - t_n}{t_n} \times 100\% \tag{4}$$

δ_t——输出电压保持时间相对示值误差，%。

t_x——电压保持时间设定值，s；

t_n——电压保持时间测量值，s；

7　校准结果

校准结果应在校准证书上反映。校准证书应至少包括以下信息：

a) 标题："校准证书"；

b) 实验室名称和地址；

c) 进行校准的地点（如果与实验室的地址不同）；

d) 证书的唯一性标识（如编号），每页及总页数的标识；

e) 客户的名称和地址；

f) 被校对象的描述和明确标识；

g) 进行校准的日期，如果与校准结果的有效性和应用有关时，应说明被校对象的接收日期；

h) 如果与校准结果的有效性应用有关时，应对被校样品的抽样程序进行说明；

i) 校准所依据的技术规范的标识，包括名称及代号；

j）本次校准所用测量标准的溯源性及有效性说明；

k）校准环境的描述；

l）校准结果及其测量不确定度的说明；

m）对校准规范的偏离的说明；

n）校准证书或校准报告签发人的签名、职务或等效标识；

o）校准结果仅对被校对象有效的声明；

p）未经实验室书面批准，不得部分复制证书的声明。

8　复校时间间隔

由于复校时间间隔的长短是由仪器的使用情况、使用者、仪器本身质量等诸因素所决定的，因此送校单位可根据实际使用情况自主决定复校时间间隔。建议复校时间间隔为1年；仪器修理或调整后应及时校准。

附录 A

校准记录格式

A.1 外观及附件检查

合格 □   不合格 □

A.2 工作正常性检查

正常 □   不正常 □

A.3 射频输出电压校准结果

表 A.1 射频电压输出校准记录表

高压探头衰减比：1000/1

射频频率/MHz	射频输出电压示值/V	数字示波器测量值/V	射频输出电压测量值/V	相对示值误差	测量不确定度（$k=2$）

A.4 射频频率校准结果

表 A.2 射频频率校准记录表

输出电压（有效值）：_____ V

射频频率示值/MHz	射频频率测量值/MHz	相对示值误差	测量不确定度（$k=2$）

A.5 电压保持时间校准结果

表 A.3 电压保持时间校准记录表

定时时间量程/s	定时时间设定值/s	定时时间测量值/s			示值误差/s	测量不确定度/s（$k=2$）
		1	2	平均值		
0～20s						
20～120s						

附录 B

测量不确定度评定的示例

B.1 射频输出电压测量不确定度评定

B.1.1 校准方法
校准仪器连接如图 B.1 所示。

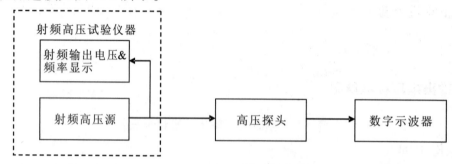

图 B.1 射频电压校准连接示意图

B.1.2 测量模型

$$U_0 = kU_m \tag{B.1}$$

式中：

U_0 ——射频输出电压的测量值，V；

k ——高压探头的衰减比；

U_m ——数字示波器的测量值，V；

B.1.3 不确定度来源
a）重复测量引入的不确定度 u_A；

b）射频高压试验仪射频输出电压分辨力引入的不确定度 u_{B1}；

c）数字示波器电压测量不准引入的不确定度 u_{B2}；

d）数字示波器输入阻抗偏离 1MΩ 引入的不确定度 u_{B3}；

e）高压探头衰减比不准引入的不确定度 u_{B4}；

f）高压探头与射频高压试验仪连接不完善引入的不确定度 u_{B5}。

B.1.4 重复测量引入的不确定度 u_A
A 类不确定度的计算用统计方法计算并按单次测量标准差值 S 值表示。我们选取典型电压的有效值为 3500V，典型频率为 5.7 MHz；用数字示波器和高压探头对射频高压试验仪在重复条件下重复测量 10 次，并根据贝塞尔公式：$s(x_k) = \sqrt{\dfrac{\sum\limits_{i=1}^{n}(x_i - \bar{x})^2}{n-1}}$ 计算，得到的单次试验标准差。被测量的 A 类不确定度：$u_A(x) = s(x_k)/\sqrt{n}$，但当以单次测量值作为校准结果时，则 $u_A(x) = s(x_k)$

用数字示波器和高压探头对射频高压试验仪在重复条件下重复测量 10 次结果为：3.486V、3.494V、3.491V、3.489V、3.491V、3.493V、3.486V、3.489V、3.491V、3.483V。

由于上述指标是通过电压衰减比例为 1000:1 的示波器高压探头获得，因此电压的实际值应按照比例进行计算，电压实际值为：3486 V、3494 V、3491 V、3489 V、3491 V、3493 V、3486 V、3489 V、3491 V、3483 V。

按照公式 $u_A(x) = s(x_k)/\sqrt{n}$ 计算得到其 A 类不确定度为：1.09V，则 $u_{ref} = 0.03\%$

B.1.5 射频输出电压 B 类不确定度评定

射频电压校准过程中的 B 类不确定度来源有：

a）射频高压试验仪射频输出电压分辨力引入的不确定度 u_{B1}；

b）数字示波器电压测量不准引入的不确定度 u_{B2}；

c）数字示波器输入阻抗偏离 1MΩ 引入的不确定度 u_{B3}；

d）高压探头衰减比不准引入的不确定度 u_{B4}；

e）高压探头与射频高压试验仪连接不完善引入的不确定度 u_{B5}。

B.1.5.1 射频输出电压分辨力引入的不确定度 u_{B1}

射频高压试验仪的电压显示分辨力为 1V（0.03%），服从均匀分布，$k = \sqrt{3}$，由此引入的不确定度分量：

$$u_{B1} = \frac{0.03\%}{\sqrt{3}}0.02\%$$

B.1.5.2 数字示波器电压测量不准引入的不确定度 u_{B2}

由数字示波器说明书得知，其垂直偏转系数最大允许误差为 1.0%，服从均匀分布，$k = \sqrt{3}$，由此引入的不确定度分量：

$$u_{B2} = \frac{1.0\%}{\sqrt{3}}0.58\%$$

B.1.5.3 数字示波器输入阻抗偏离 1MΩ 引入的不确定度 u_{B3}

由数字示波器说明书得知其输入阻抗的精度为 1.0%，服从均匀分布，$k = \sqrt{3}$，由此引入的不确定度分量：

$$u_{B3} = \frac{1.0\%}{\sqrt{3}}0.58\%$$

B.1.5.4 高压探头衰减比不准引入的不确定度 u_{B4}

有高压探头说明书得知，其衰减系数误差为 3%，服从均匀分布，$k = \sqrt{3}$，由此引入的不确定度分量：

$$u_{B4} = \frac{3.0\%}{\sqrt{3}}1.73\%$$

B.1.5.5 高压探头与射频高压试验仪连接不完善引入的不确定度 u_A

有高压探头与射频高压试验仪连接不完善，其引入的电感约为 1mH，但由于高压探头为的输入阻抗为高阻,因此可以忽略不计。

B.1.6　射频输出电压合成不确定度

当个不确定度分量相互独立时,合成不确定度 u_c 按如下公式计算:

$$u_c = \sqrt{u_A^2 + \sum u_B^2}$$

按照上述公式,射频电压的合成不确定度为:

$$u_c = \sqrt{u_A^2 + \sum u_B^2} = \sqrt{(0.03\%)^2 + (0.02\%)^2 + (0.58\%)^2 + (0.58\%)^2 + (1.73\%)^2}$$
$$= 1.92\%$$

B.1.7　射频输出电压校准扩展不确定度

衰减比不准引入的不确定度为 1.73%,是其他因素引入的不确定度的 3 倍,并且与合成标准不确定度 1.92% 相近,因此合成标准不确定度接近均匀分布,故取 $k = \sqrt{3}$,射频输出电压校准扩展不确定度为:

$$U(V) = 1.92\% \times 2 = 3.33\% \approx 3.4\%$$

B.2　射频频率测量不确定度评定

B.2.1　校准方法

校准仪器连接如图 B.1 所示。

B.2.2　测量模型

$$Y = X_0 \tag{B.2}$$

式中:

X_0——为数字示波器测得的射频频率示值,其单位为 MHz

B.2.3　不确定度来源

a)重复测量引入的不确定度 u_A;

b)射频高压试验仪频率分辨率引入的不确定度 u_{B2};

c)数字示波器测量不准引入的不确定度 u_{B3};

d)高压探头衰减比不准引入的不确定度 u_{B4}。

B.2.4　重复测量引入的不确定度 u_A

用数字示波器和高压探头对射频高压试验仪在重复条件下重复测量 10 次结果为:
5.756 MHz、5.754 MHz、5.751 MHz、5.761 MHz、5.762 MHz、5.748 MHz、5.749 MHz、5.762 MHz、5.755 MHz、5.761 MHz。

按照公式 $u_A(x) = s(x_k)/\sqrt{n}$ 计算得到其 A 类不确定度为:0.002MHz,则 $u_{\text{ref.}} = 0.03\%$

B.2.5　B 类不确定度评定

射频频率校准过程中的 B 类不确定度来源有:

a)射频高压试验仪频率分辨率引入的不确定度 u_{B2};

b)数字示波器测量不准引入的不确定度 u_{B3};

c)高压探头衰减比不准引入的不确定度 u_{B4}。

B.2.5.1 射频高压试验仪频率分辨率引入的不确定度 u_{B2}

射频高压试验仪的电压显示分辨力为 $0.01\,MHz(0.18\%)$，服从均匀分布，$k=\sqrt{3}$，由此引入的不确定度分量：

$$u_{B2} = \frac{0.18\%}{\sqrt{3}}0.10\%$$

B.2.5.2 数字示波器测量不准引入的不确定度 u_{B3}

由数字示波器说明书得知其扫描时间系数最大允许误差为 0.2%，服从均匀分布，$k=\sqrt{3}$，由此引入的不确定度分量：

$$u_{B3} = \frac{0.2\%}{\sqrt{3}}0.12\%$$

B.2.5.3 高压探头衰减比不准引入的不确定度 u_{B4}。

高压探头的上升时间为 $\leqslant 4.67\,ns$，对应的带宽为 $75\,MHz$，检测信号为 $5.7\,MHz$。频带宽度远大于被检测信号的频率，因此示波器高压探头对时间的检测误差忽略不计。

B.2.6 射频频率合成不确定度

当个不确定度分量相互独立时，合成不确定度 u_c 按如下公式计算：

$$u_c = \sqrt{u_A^2 + \sum u_B^2}$$

按照上述公式射频电压频率的合成不确定度为：

$$u_c(f) = \sqrt{u_A^2 + u_B^2} = \sqrt{(0.03\%)^2 + (0.10\%)^2 + (0.12\%)^2} = 0.16\%$$

B.2.7 扩展不确定度

$$U(f) = 0.16\% \times 2 = 0.32\% \approx 0.4\%$$

中华人民共和国工业和信息化部
电子计量技术规范

JJF（电子）0026—2018

三相变频电源校准规范

Calibration Specification for Three Phase Variable – Frequency Power Supply

2018－04－30 发布　　　　　　　　　　2018－07－01 实施

中华人民共和国工业和信息化部 发布

三相变频电源校准规范

Calibration Specification for Three Phase Variable – Frequency Power Supply

JJF（电子）0026—2018

归口单位：中国电子技术标准化研究院

起草单位：中国电子科技集团公司第二十研究所

本规范技术条文委托起草单位负责解释

本规范主要起草人：

徐焕蓉（中国电子科技集团公司第二十研究所）

陆　强（中国电子科技集团公司第二十研究所）

龚朝阳（中国电子科技集团公司第二十研究所）

张　伟（中国电子科技集团公司第二十研究所）

方　明（中国电子科技集团公司第二十研究所）

武丽仙（中国电子科技集团公司第二十研究所）

目　录

引　言

　　本规范依据 JJF 1071—2010《国家计量技术规范编写规则》,JJF 1059.1—2012《测量不确定度评定与表示进行编制。

　　本规范为首次发布。

三相变频电源校准规范

1　范围

本规范适用于新制造,使用中,修理后的交流电压为(1～300)V 功率不大于 10kVA,频率为 30Hz～1kHz 的三相变频电源,三相工频电源及三相中频电源的校准。

2　引用文件

本规范引用了下列文件:

GJB 572A－2006 飞机外部电源供电特性及一般要求

GJB 181B－2012 飞机供电特性

凡是注上期的引用文件,仅注日期的版本适用于本规范凡是不注日期的引用文件,其最新版本(包括所有的修改单)适用于本规范。

3　概述

三相变频电源是由单相或三相市电输入,通过滤波、整流,三相功率变换单元,稳压单元等变换原理,输出三个频率相同,但相位不同的正弦电动势电压的电源供应器。

以下简称三相电源。

三相电源作为一种辅助用电设备,主要为被测设备提供稳定的三相正弦交流电压,在工业制造、航空航天电器以及各标准实验室供电等区域的使用非常广泛。

4　术语

4.1　电压不平衡　voltage unbalance

三相交流电压各相之间相电压方均根值的最大差值。

4.2　电压相位差　votage phase difference

任意两相电压基波分量从负到正方向过零相交点之间的电角度之差。

5　计量特性

5.1　交流电压

范围:1V～300V,最大允许误差:±0.5%。

5.2　频率

频率范围:30Hz～1kHz,最大允许误差:±0.1%。

5.3　交流电流

范围(单相):1A～40A,最大允许误差:±5%。

5.4　负载调整率

负载调整率：(0.2% ~1%)。

5.5　电源电压调整率

电源电压调整率：(0.2% ~1%)。

5.6　失真度

失真度：≤3%。

5.7　三相不平衡度

电压相位差：120°±2°；电压不平衡度：≤2%。

注：具体计量特性，请参照三相变频电源的技术要求，上述计量特性不适合合格性判别，仅供参考。

6　校准条件

6.1　环境条件

6.1.1　环境温度：(23 ±5)℃。

6.1.2　相对湿度：≤80%。

6.1.3　供电电源：交流电压：(220 ±11)V，频率：(50 ±1)Hz。

6.1.4　周围无影响正常工作的机械振动和电磁干扰。

6.2　（测量)标准及其它设备

测量用标准设备应经计量检定合格或校准，并在有效期内。标准设备的测量范围应覆盖被校三相电源的输出范围，并有足够的分辨力、准确度和稳定性。

6.2.1　三相功率分析仪

交流电压测量范围：(0.1 ~500)V (20Hz ~10kHz)，最大允许误差：±0.05%

交流电流测量范围：1A ~30A (20Hz ~10kHz)，最大允许误差：±0.1%

电压相位测量范围：(0 ~360)°，最大允许误差：±0.2°

失真测量范围：0.01% ~10%，最大允许误差：±[10%(满刻度)+0.01%]

6.2.2　数字多用表

交流电压测量范围：1V ~500V(20Hz ~10kHz)，最大允许误差：±0.1%

6.2.3　交流电流表

输入电流：1A ~40A(20Hz ~10kHz)，最大允许误差：±1%

6.2.4　失真度仪

输入电压：(0.1 ~300)V；

失真测量范围：0.01% ~10%，最大允许误差：±[10%(满刻度)+0.01%]

6.2.5　相位计

输入电压：(0.1 ~300)V，频率：(20Hz ~10kHz)，

相位测量范围：(0 ~360)°，最大允许误差：±0.2°

6.2.6　频率计

输入电压：(0.1 ~300)V，

频率测量范围：20Hz ~10kHz；最大允许误差：±0.02%

6.2.7　交流负载

负载电流：1A～40A，电阻：1Ω～50Ω，电压：1V～300V

6.2.8　调压器

额定负载大于被校三相电源额定输入功率的110%

7　校准项目和校准方法

7.1　外观及工作正常性检查

被校三相电源应结构完整，并无影响正常工作的机械损伤，接线柱完整；有明晰的型号、生产厂家、出厂编号；送校时应附有使用说明书及全部配套附件。

通电检查时，表头指示正常，电压调节正常。

7.2　交流电压示值误差

7.2.1　数字多用表法

7.2.1.1　设置数字多用表为交流电压测量功能；按图1连接仪器，将数字多用表的电压测量端与被校三相电源的A相输出端及N端连接。

7.2.1.2　打开三相电源的输出开关，调节三相电源的输出频率为额定值，调节电压输出，从最小输出值到最大输出值，均匀选取5～10个点，读取数字多用表的交流电压测量值，并将结果记录在附录A的表A.1中。

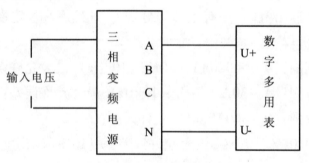

图1　数字多用表法测量电压示值误差

7.2.1.3　调节三相电源的输出电压值为额定值，调节输出频率为最大输出频率，读取数字多用表的交流电压测量值，并将结果记录在附录A的表A.1中。

7.2.1.4　调节输出频率为最小输出频率，读取数字多用表的交流电压测量值，并将结果记录在附录A的表A.1中。

7.2.1.5　调节三相电源的输出频率为额定频率，输出电压为最小值，并断开输出开关。

7.2.1.6　按公式（1）计算被校三相变频电源的电压引用误差。

$$\delta = \frac{U_x - U_0}{U_m} \tag{1}$$

式中：

δ　——为三相电源中的引用误差；

U_x　——为三相电源的交流电压输出示值，单位V；

U_0　——为数字多用表的交流电压测量值，单位V；

U_{m}——为三相电源的交流电压额定输出值,单位 V 。

7.2.1.7 按图1,测试线由三相电源的 A 相输出端移到 B 相输出端;将重复7.2.1.2 到 7.2.1.6,测量三相电源的 B 相输出交流电压并计算示值误差。

7.2.1.8 按图1,将测试线由三相电源的 B 相输出端移到 C 相输出端;重复7.2.1.2 到 7.2.1.6,测量三相电源的 C 相输出交流电压并计算示值误差。

7.2.2 三相功率分析仪法

7.2.2.1 按图2 连接线路;将三相电源的输出端分别与三相功率分析仪的电压输出端连接。

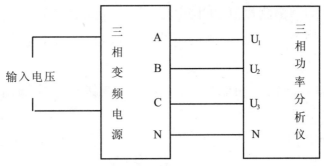

图2 三相功率仪法测量电压引用误差

7.2.2.2 打开三相电源的输出开关,调节输出频率为额定输出频率,调节输出电压,从最小输出值到最大输出值,均匀选取 5~10 个点,分别读取三相功率分析仪的三相交流电压测量值,并将结果记录在附录 A 的表 A.1 中。

7.2.2.3 调节三相电源的输出电压值为额定值,调节输出频率为最大输出频率,分别读取三相功率分析仪的三相交流电压测量值,并将结果记录在附录 A 的表 A.1 中。

7.2.2.4 调节三相电源的输出电压值为额定值,调节输出频率为最小输出频率,分别读取三相功率分析仪的三相交流电压测量值,并将结果记录在附录 A 的表 A.1 中。

7.2.2.5 调节三相电源的输出频率为额定值,输出电压为最小值,并断开三相电源的输出。

7.2.2.6 按公式(1)计算被校三相电源的交流电压引用误差。

7.3 频率

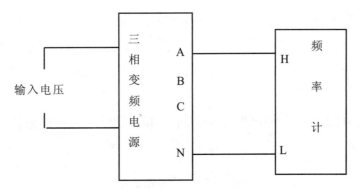

图3 频率示值误差测量连接图

7.3.1 按图3,将频率计与被校三相电源的 A 相输出端与 N 端连接。

7.3.2 打开三相电源输出开关,调节输出电压到额定值,调节输出频率,从最小输出频率到最大输出频率均匀选取 5～10 个点，读取频率计的测量值并将数据记录在表 A.2 中。

7.3.3 调节三相电源的输出电压为最小值，并断开输出开关。

7.3.4 按公式（2）计算被校三相电源的频率示值误差。

$$\delta = \frac{f_x - f_0}{f_0} \times 100\% \tag{2}$$

式中：

δ——为三相变频电源的频率示值误差；

f_x——为三相变频电源的输出频率值，单位 Hz；

f_0——为频率计的频率测量值，单位 Hz。

7.3.5 按图 3，将测试线由三相电源的 A 相输出端移到 B 相输出端；重复第 7.3.2 到 7.3.4。

7.3.5 按图 3，将测试线由三相电源的 B 相输出端移到 C 相输出端；重复第 7.3.2 到 7.3.4。

7.4 交流电流示值误差

7.4.1 交流电流表法

7.4.1.1 按图 4 将交流负载，开关及交流电流表串联接入三相电源的输出端。

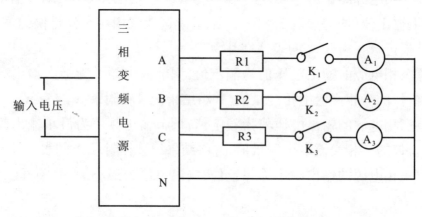

图 4 交流电流表法测量电流示值误差连接图

注：R1，R2，R3 为交流负载，A1，A2，A3 为交流电流表。

7.4.1.2 打开三相电源的输出开关，调节交流输出电压到最小。

7.4.1.3 接通开关 K_1，K_2，K_3，调节三相电源的输出电压或交流负载，使输出电流从最小到最大改变，均匀选取 3～5 个点，分别读取三相电源上电流表的示值及各交流电流表的交流电流测量值，并将数据记录在表 A.3 中。

7.4.1.4 将三相电源的交流输出电压调到最小值，断开三相变频电源的输出开关。

7.4.1.5 按公式（3）计算被校三相变频电源的电流示值误差。

$$\delta = \frac{I_{nx} - I_{n0}}{I_{n0}} \times 100\% \tag{3}$$

式中：

δ ——为三相变频电源的电流示值误差；

I_{nx} ——为三相变频电源的 n 相交流电流示值,单位 A ;

I_{n0} ——为接入 n 相的交流电流表的测量值,单位 A 。

7.4.2　功率分析仪法

7.4.2.1　按图5连接仪器,将交流负载、开关及三相功率功率分析仪的电流端连接观到三相变频电源的输出端。

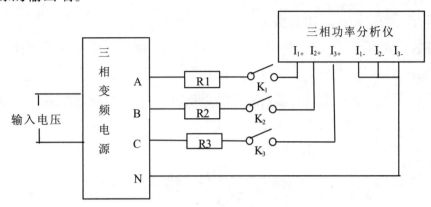

图5　功率分析仪法测量电流示值误差连接图

注:R1,R2,R3 为交流负载

7.4.2.2　打开三相电源的输出开关,调节交流输出电压到最小。

7.4.2.3　接通开关 K_1,K_2,K_3,调节三相电源的输出电压或交流负载,使输出电流从最小到最大改变,均匀选取 3~5 个点,分别读取三相电源电流表的示值及三相功率分析仪的交流电流测量值,并将数据记录在表 A.3 中。

7.4.2.3　按公式(3)计算被校三相电源的电流示值误差。

7.5　负载调整率

7.5.1　数字多用表法

7.5.1.1　按图6,将三相电源接调压器的输出端,设置数字多用表 V_0 为交流电压测量功能,并将其电压测量端并联接入调压器的输出端。将交流负载,交流电流表,开关 K_1,K_2,K_3,接入被校三相电源输出端;将数字多用表 V_1 的电压测量端与三相电源的 A 相输出端与 N 端连接。

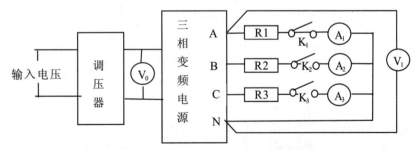

图6　数字多用表法测量负载调整率及电源电压调整率连接图

注:R1,R2,R3 为交流负载,V_0,V_1 数字多用表,A1,A2,A3 为交流电流表。

7.5.1.2　调节调压器,使数字多用表 V_0 的交流电压测量值为被校三相电源的额定输入电压。

7.5.1.3　调节交流负载至最大电阻值,打开三相电源的输出开关;调节的交流输出电压为额定电压值。

7.5.1.4 接通开关 K_1，K_2，K_3，调节交流负载，使交流电流表 A_1，A_2，A_3 的读数为三相电源额定电流值，读取数字多用表 V_1 的交流电压测量值 U_{ax}，并记录在表 A.5 中。

7.5.1.5 断开开关 K_1，K_2，K_3，使输出电流为零，读取数字多用表 V_1 的交流电压的测量值 U_{a0}，并记录在表 A.5 中。

7.5.1.6 断开三相电源的输出开关。

7.5.1.7 将数字多用表 V_1 的测试线由三相电源的 A 相输出端移到 B 相输出端，打开三相变频电源的输出开关，重复 7.5.1.4~7.5.1.6。

7.5.1.8 将数字多用表 V_1 的测试线由三相变频电源的 B 相输出端移到 C 相输出端，打开三相变频电源的输出开关，重复 7.5.1.4~7.5.1.6。

7.5.1.9 按公式（4）计算各相负载调整率

$$S_{nL} = \frac{U_{nx} - U_{n0}}{U_{n0}} \times 100\% \qquad (4)$$

式中：

S_{nL}——为三相电源中第 n 相负载调整率；

U_{nx}——为三相电源中第 n 相加载时的输出电压值，单位 V；

U_{n0}——为三相电源中第 n 相空载时的输出电压值，单位 V。

7.5.2 功率分析仪法

7.5.2.1 按图 7，将三相电源接调压器的输出端，设置数字多用表 V_0 为交流电压测量功能，并将其电压测量端并联接入调压器的输出端。将交流负载，三相功率分析仪，开关 K_1，K_2，K_3，接入被校三相电源的输出端。

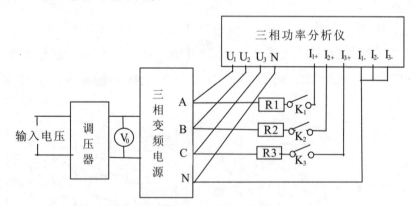

图 7　功率分析仪法测量负载调整率及电源电压调整率

注：R1，R2，R3 为交流负载，V_0 为数字多用表。

7.5.2.2 调节调压器，使数字多用表 V_0 的交流电压测量值为被校三相电源的额定输入电压。

7.5.2.3 调节交流负载至最大电阻值，打开三相电源的输出开关，调节输出电压为额定电压值。

7.5.2.4 接通开关 K_1，K_2，K_3；调节交流负载，使三相功率分析仪交流电流测量值为三相电源额定电流值,分别读取功率分析仪的交流电压测量值 U_{ax}, U_{bx}, U_{cx},并记录在表 A.5 中。

7.5.2.5 调节交流负载至最大电阻值,断开开关 K_1, K_2, K_3,使输出电流为零,分别读取功率分析仪的交流电压测量值 U_{a0}, U_{b0}, U_{c0};并记录在表 A.5 中。

7.5.2.6 按公式(4)计算各相负载调整率。

7.6 电源电压调整率

7.6.1 数字多用表法

7.6.1.1 按图6,将三相电源接调压器的输出端,设置数字多用表 V_0 为交流电压测量功能,并将其电压测量端并联接入调压器的输出端。将交流负载,交流电流表,开关 K_1, K_2, K_3,接入被校三相电源输出端;将数字多用表 V_1 的电压测量端与三相电源的 A 相输出端与 N 端连接。

7.6.1.2 调节调压器,使数字多用表 V_0 的交流电压测量值为220V;打开三相变频电源的输出开关,调节的交流输出电压到额定值。

7.6.1.3 调节交流负载至最大电阻值,接通开关 K_1, K_2, K_3;调节交流负载,使交流电流表 A_1, A_2, A_3 的测量值为三相电源额定电流值的90%。

7.6.1.4 调节调压器,使数字多用表 V_0 的交流电压测量值为242V,读取此时数字多用表 V_1 的交流电压测量值 U_{a242},并记录在表 A.6 中。

7.6.1.5 调节调压器,使数字多用表 V_0 的交流电压测量值为198V,读取此时数字多用表 V_1 的交流电压测量值 U_{a198},并记录在表 A.6 中。

7.6.1.6 调节调压器,使数字多用表 V_0 的交流电压测量值为220V,读取此时数字多用表 V_1 的交流电压测量值 U_{a220},并记录在表 A.6 中。断开三相变频电源的输出开关。

7.6.1.7 将数字多用表 V_1 的测试线由三相电源的 A 相输出端移到 B 相输出端,重复 7.6.1.4 ~ 7.6.1.6。

7.6.1.8 将数字多用表 V_1 的测试线由三相电源的 B 相输出端移到 C 相输出端,重复 7.6.1.4 ~ 7.6.1.6。

7.6.1.9 电源电压调整率按公式(5)计算,对各相电压调整率进行计算。

$$S_{nV} = \left| \frac{U_{n242} - U_{n198}}{U_{n220}} \right| \times 100\% \qquad (5)$$

式中:

S_{nV} —— 三相电源中第 n 相电源电压调整率;

U_{n242} —— 三相电源中第 n 相电源电压在242V时的交流电压测量值,单位 V;

U_{n198} —— 三相电源中第 n 相电源电压在198V时的交流电压测量值,单位 V;

U_{n220} —— 三相电源中第 n 相电源电压在220V时的交流电压测量值,单位 V。

7.6.2 功率分析仪法

7.6.2.1 按图7,将三相电源接调压器的输出端,设置数字多用表 V_0 为交流电压测量功能,并将其电压测量端并联接入调压器的输出端。将交流负载,三相功率分析仪,开关

K_1，K_2，K_3，接入被校三相电源的输出端。

7.6.2.2 调节调压器，使数字多用表 V_0 的交流电压测量值为220V，打开三相电源的输出开关，调节被校三相电源的交流输出电压到额定值。调节交流负载至最大电阻值，接通开关 K_1，K_2，K_3。

7.6.2.3 调节交流负载，使三相功率分析仪的交流电流测量值分别为三相电源额定电流值的90%。

7.6.2.4 调节调压器，使数字多用表 V_0 的交流电压测量值为242V，分别读取此时功率分析仪的交流电压测量值 U_{a242}，U_{b242}，U_{c242}，并记录在表A.6中。

7.6.2.5 调节调压器，使数字多用表 V_0 的交流电压测量值为198V，分别读取此时功率分析仪的交流电压测量值 U_{a198}，U_{b198}，U_{c198}，并记录在表A.6中。

7.6.2.6 调节调压器，使数字多用表 V_0 的交流电压测量值为220V，分别读取此时功率分析仪的交流电压测量值 U_{a220}，U_{b220}，U_{c220}，并记录在表A.6中。断开三相电源的输出开关。

7.6.2.7 电源电压调整率按公式(5)计算，对各相电压调整率分别进行计算。

7.7 失真度

7.7.1 功率分析仪法

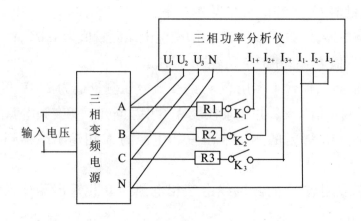

图8 三相功率分析仪测量失真度连接图

注：R1，R2，R3 为交流负载，V_0 为数字多用表。

7.7.1.1 按图8，将交流负载，三相功率分析仪，开关 K_1，K_2，K_3，接入被校三相电源的输出端。

7.7.1.2 打开被校三相电源输出开关，调节其输出电压为额定电压值。

7.7.1.3 调节交流负载至最大电阻值，调节三相电源的输出电压为额定电压值，接通开关 K_1，K_2，K_3；调节交流负载，使三相功率分析仪交流电流测量值为三相电源额定电流值。分别读取三相功率分析仪的三相电压失真度测量值，将数据记入表A.4中。

7.7.1.4 调节交流负载至最大电阻值，断开开关 K_1，K_2，K_3，使输出电流为零，分别读取三相功率分析仪的三相电压失真度测量值，将数据记入表A.4中。

7.7.1.5 断开三相电源的输出开关。

7.7.2 失度测量仪法

7.7.2.1 按图9将交流负载,开关 K_1 , K_2 , K_3 ,接入被校三相电源的输出端;将失真仪与三相电源的 A 相输出端与 N 端连接。

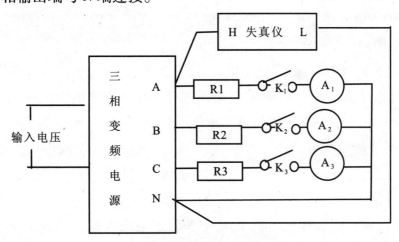

图9 失真仪测量失真度连接图

注:R1,R2,R3 为交流负载,A1,A2,A3 为交流电流表。

7.7.2.2 打开被校三相电源输出开关,调节其输出电压为额定电压值。

7.7.2.3 调节交流负载至最大电阻值,接通开关 K_1 , K_2 , K_3 ;调节交流负载,使交流电流表 A_1 , A_2 , A_3 读数为三相电源额定电流值。读取失真度仪的测量值,并将数据记入表 A.4 中。

7.7.2.4 调节交流负载至最大电阻值,断开开关 K_1 , K_2 , K_3 ,使输出电流为零,读取失真度仪的测量值,并将数据记入表 A.4 中。

7.7.2.5 断开三相电源的输出开关。

7.7.2.6 将失真度仪的测试线从三相电源的 A 相输出端移到 B 相输出端,重复7.7.2.2 ~7.7.2.5 。

7.7.2.7 将失真度仪的测试线从三相电源的 B 相输出端移到 C 相输出端,重复7.7.2.2 ~7.7.2.5 。

7.8 三相不平衡度

7.8.1 电压相位差

7.8.1.1 选择相位计作为三相不平衡度电压相位差测量标准时,按图10连接仪器;选择三相功率分析仪测量相位时,按图8连接仪器。

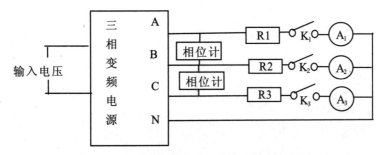

图10 三相不平衡度电压相位差测量连接图

注：R1，R2，R3 为交流负载，A1，A2，A3 为交流电流表。

7.8.1.2 打开三相电源输出开关，并调节输出电压到额定值。

7.8.1.3 平衡负载时，接通开关 K_1，K_2，K_3，调节交流负载，使电流表 A_1，A_2，A_3 的读数相等，大小为三相输出电流额定值的 90%；读取相位计或三相功率分析仪的相位测量值，将数据记入表 A.7 中。

7.8.1.4 1/3 不平衡负载时，调节交流负载，使电流表 A_1，A_2，A_3 的读数满足：其中两相交流电流测量值相等且为三相电源额定电流的 80%，另一相电流为三相电源额定电流的 92%。读取相位计或功率分析仪的相位测量值，将数据记入表 A.7 中。

7.8.1.5 完全不平衡负载时，断开任意一只开关，即其中一相交流电流为零，调节另外两相交流负载，使交流电流表 A_1，A_2，A_3 的读数分别为三相电源电流额定值的 0%，45%，90%；读取相位计或功率分析仪的相位测量值，将数据记入表 A.7 中。

7.8.1.6 空载时，将三相负载全部断开，使电源处于空载状态，即三只交流电流表读数为零，读取相位计或功率分析仪的相位测量值，将数据记入表 A.7 中。

7.8.2 电压不平衡度

7.8.2.1 功率分析仪法

a）按图 8 将交流负载，三相功率分析仪，开关 K_1，K_2，K_3，接入被校三相电源的输出端。打开三相电源输出开关，并调节输出电压到额定值。

b）平衡负载时，接通开关 K_1，K_2，K_3，调节交流负载，使交流电流表 A_1，A_2，A_3 的测量值相等，大小为三相输出电流额定值的 90%；读取三相功率分析仪的 U_a，U_b，U_c 的交流电压测量值，将数据记入表 A.8 中。

c）1/3 不平衡负载时，调节交流负载，使交流电流表 A_1，A_2，A_3 的读数满足：其中两相电流相等且为电源额定电流的 80%，另一相电流为电源额定电流的 92%。读取功率分析仪的 U_a，U_b，U_c 的交流电压测量值，将数据记入表 A.8 中。

d）完全不平衡负载时，断开其中一只开关，即一相交流电流为零，调节另外两相交流负载，使交流电流表 A_1，A_2，A_3 的测量值分别为三相电源电流额定值的 0%，45%，90%；读取三相功率分析仪的 U_a，U_b，U_c 的交流电压测量值，将数据记入表 A.8 中。

e）空载时，将三相负载全部断开，使三相电源处于空载状态，即三只交流电流表读数为零，读取三相功率分析仪的 U_a，U_b，U_c 的交流电压测量值，将数据记入表 A.8 中。

f）不同负载条件下的电压不平衡度，按公式（6）计算。

$$\delta = \frac{\max(\,|U_a - U_b|\,,\,|U_b - U_c|\,,\,|U_a - U_c|\,)}{\frac{1}{3}(U_a + U_b + U_c)} \times 100\% \tag{6}$$

式中：

δ ——三相电源电压不平衡度；

U_a ——为三相电源 A 相的交流电压测量有效值，单位 V；

U_b ——为三相电源 B 相的交流电压测量有效值，单位 V；

U_c——为三相电源 C 相的交流电压测量有效值，单位 V；

7.8.2.2 数字多用表法

a) 按图 11 将交流负载，交流电流表，开关 K_1，K_2，K_3，接入被校三相电源的输出端，设置数字多用表为交流电压测量功能，并将的电压测量端与三相电源的 A 相输出端与 N 端连接。

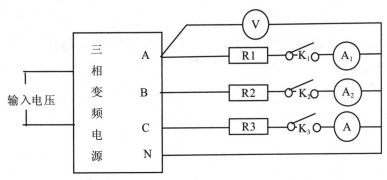

图 11　三相不平衡度电压不平衡度测量连接图

注：图中 V 表示数字多用表，R1，R2，R3 为交流负载，A1，A2，A3 为交流电流表。

b) 打开三相电源输出开关，并调节交流输出电压到额定值。

c) 平衡负载时，接通开关 K_1，K_2，K_3，调节交流负载，使电流表 A_1，A_2，A_3 的读数相等，大小为三相输出电流额定值的 90%；待数据稳定后，读取数字多用表的读数 U_a，将数据记入表 A.8 中。断开三相电源输出开关。

d) 将数字多用表从 A 相输出端移去，并接入 B 相，打开三相电源输出开关，待数据稳定后，读取数字多用表的交流电压测量值 U_b，将数据记入表 A.8 中。断开三相电源输出开关。

e) 将数字多用表从 B 相输出端移去，并接入 C 相，打开三相电源输出开关，待数据稳定后，读取数字多用表的交流电压测量值 U_c，将数据记入表 A.8 中。断开三相电源输出开关。

f) 将数字多用表从 C 相输出端移去，并接入 A 相，打开三相电源输出开关。

g) 1/3 不平衡负载时，调节交流负载，使电流表 A_1，A_2，A_3 的读数满足：其中两相电流相等且为电源额定电流的 80%，另一相电流为电源额定电流的 92%。待数据稳定后，读取数字多用表的读数 U_a，将数据记入表 A.8 中。断开三相电源输出开关。

h) 重复从 d) 到 e)。

i) 完全不平衡负载时，将数字多用表从 C 相输出端移去，并接入 A 相；断开一相交流负载。

j) 打开三相电源输出开关，调节另外两相交流负载，使电流表 A_1，A_2，A_3 的读数分别为三相电源电流额定值的 0%，45%，90%；待数据稳定后，读取数字多用表的读数 U_a，将数据记入表 A.8 中；断开三相电源输出开关。

k) 重复从 d 到 e。

l) 将数字多用表从 C 相输出端移去，并接入 A 相。

m) 空载时，将三相交流负载全部断开，使三相变频电源处于空载状态；打开三相变频电源输出开关，待数据稳定后，读取数字多用表的交流电压测量值 U_a，将数据记入表 A.8 中。断开三相电源输出开关。

  n）重复从 d）到 e）。

  o）根据公式（6）计算的电压不平衡度。

8 校准结果表达

  校准完成后的三相电源应出具校准证书。校准证书应至少包含以下信息：

  a）标题："校准证书"；

  b）实验室名称和地址；

  c）进行校准的地点（如果与实验室的地址不同）；

  d）证书的唯一性标识（如编号），每页和总页数的标识；

  e）客户的名称和地址；

  f）被校对象的描述和明确标识；

  g 进行校准的日期，如果与校准结果的有效性和应用有关时，应说明被校对象的接收日期；

  h）如果与校准结果有效性应用有关时，应对被校样品的抽样程序进行说明；

  i）校准所依据的技术规范的标识，包括名称及代号；

  j）本次校准所用测量标准的溯源性及有效性说明；

  k）校准环境的描述；

  l）校准结果及其测量不确定度的说明；

  m）对校准规范的偏离的说明；

  n）校准证书或校准报告签发人的签名、职务或等效标识；

  o）校准结果仅对被校对象有效的声明；

  p）未经实验室书面批准，不得部分复制证书的声明。

9 复校时间间隔

  建议复校时间间隔为 24 个月。由于复校时间间隔的长短是由仪器的使用情况、使用者、仪器本身质量等诸因素所决定的，故送校单位可根据实际使用情况决定复校时间间隔；仪器修理或调整后应及时校准。

附录 A

校准记录格式

外观检查：_____

通电检查：_____

表 A.1　交流电压示值

设定值		测量值			测量不确定度（$k=$）
频率	电压值	A	B	C	

表 A.2　频率

设定值	测量值			测量不确定度（$k=$）
	A	B	C	

表 A.3　交流电流示值

交流电流示值	测量值			测量不确定度（$k=$）
	A	B	C	

表 A.4　失真

	测量值			测量不确定度（$k=$）
	A	B	C	
加载				
空载				

表 A.5　负载调整率

	测量值			测量不确定度（k = ）
	A	B	C	
加载				
空载				

表 A.6　电源电压调整率

电源电压	测量值			测量不确定度（k = ）
	A	B	C	
198 V				
220 V				
242 V				

表 A.7　三相不平衡度电压相位差

负载状态	测量值		测量不确定度（k = ）
	φ_{ab}	φ_{bc}	
空载			
1/3 不平衡载			
完全不平衡负载			
平衡负载			

表 A.8　三相不平衡度相电压不平衡度

项目／负载状态	测量值			电压不平衡	测量不确定度（k = ）
	U_a	U_b	U_c		
平衡负载					
1/3 不平衡负载					
完全不平衡负载					
空载					

附录 B

测量不确定度评定示例

B.1 交流电压输出测量不确定度评定

B.1.1 测量方法及数学模型

用数字多用表的交流电压测量功能对三相变频电源的交流输出电压测量，主要采用直流测量法，可以不给出数学模型。

B.1.2 主要不确定度来源

B.1.2.1 测量重复性

B.1.2.2 数字多用表交流电压的测量分辨力

B.1.2.3 数字多用表交流电压测量不准

B.1.3 标准不确定度评定

B.1.3.1 由测量重复性及分辨率引入的标准不确定度分量 u_1

测量重复性及数字多用表的交流电压分辨率引入的标准不确定度分量，可选两者中最大。在测量三相变频电源交流电压输出时，分辨率到 0.1V 可以满足测量要求，并大于重复性引入的不确定度分量，故

$$u_1 = \frac{\delta_x}{2k} = \frac{0.1V}{2\sqrt{3}} = 0.03V$$

B.1.3.2 由数字多用表交流电压测量不准引入的标准不确定度分量

以 115V，400Hz 电压输出为例，数字多用表在测量交流电压 115V，400Hz 时最大允许误差为 $\pm 0.1\%$，即 $\alpha_2 = 0.1\%$，按均匀分布，取 $k = \sqrt{3}$，由此引入的标准不确定度分量

$$u_2 = \frac{a_2}{k} = \frac{115V \times 0.1\%}{\sqrt{3}} = 0.07V$$

B.1.3.3 合成标准不确定度

u_1，u_2 之间各不相关

$$u_c = \sqrt{u_1^2 + u_2^2} = \sqrt{(0.03)^2 + (0.07)^2} = 0.08V$$

B.1.3.4 扩展不确定度

取 $k = 2$ $U = ku_c = 0.08V \times 2 = 0.16V \approx 0.2V$

B.2 交流电流输出测量不确定度评定

B.2.1 测量方法及数学模型

用功率分析仪对三相变频电源的输出电流主要采用直流测量法，不给出数学模型。

B.2.2 主要不确定度来源

B.2.2.1　测量重复性

B.2.2.2　功率分析仪交流电流的分辨力

B.2.2.3　功率分析仪交流电流测量不准

B.2.3　标准不确定度评定

B.2.3.1　由测量重复性及分辨率引入的标准不确定度分量 u_1

　　测量重复性及功率分析交流电流的分辨率引入的标准不确定度分量,可选两者中最大。在测量三相电源输出为 10A 时,在分辨率到 0.01A 可以满足测量要求并测量值稳定,并且分辨力大于重复性引入的不确定度分量,故

$$u_1 = \frac{\delta_x}{2k} = \frac{0.01A}{2\sqrt{3}} = 0.003A$$

B.2.3.2　由功率分析仪交流电流测量不准引入的标准不确定度分量

　　在测量交流电流 10A 时,功率分析仪交流电流的最大允许误差为 $\pm 0.2\%$,即 $\alpha_2 = 0.2\%$,按均匀分布,取 $k = \sqrt{3}$,由此引入的标准不确定度分量

$$u_2 = \frac{a_2}{k} = \frac{10A \times 0.2\%}{\sqrt{3}} = 0.012A$$

B.2.3.3　合成标准不确定度

　　u_1,u_2 之间各不相关

$$u_c = \sqrt{u_1^2 + u_2^2} = \sqrt{(0.003)^2 + (0.012)^2} = 0.013A$$

B.2.3.4　扩展不确定度

　　取 $k = 2$　$U = ku_c = 0.013A \times 2 = 0.026A \approx 0.03A$

B.3　相位差的测量不确定度评定

B.3.1　测量方法及数学模型

　　用功率分析仪或相位仪对三相变频电源的电压相位差采用直接测量法,不给出数学模型。

B.3.2　主要不确定度来源

B.3.2.1　测量重复性

B.3.2.2　功率分析仪相位测量的分辨力

B.3.2.3　功率分析仪相位测量不准

B.3.3　标准不确定度评定

B.3.3.1　由测量重复性及分辨率引入的标准不确定度分量 u_1

　　三相变频电源理论上三相夹角应为 120°,三相不平衡度要求为小于 2°,测量结果分辨力为 0.1° 即可满足要求。测量重复性及分辨率引入的标准不确定度分量,可选两者中最大,并且分辨力大于重复性引入的不确定度分量,故

$$u_1 = \frac{\delta_x}{2k} = \frac{0.1}{2\sqrt{3}} = 0.03°$$

B.3.3.2 由功率分析仪相位测量不准引入的标准不确定度分量

测量电压相位为 120°时，功率分析仪相位最大允许误差为 ±0.03°，即 $\alpha_2 = 0.03°$，按均匀分布，取 $k = \sqrt{3}$，由此引入的标准不确定度分量

$$u_2 = \frac{a_2}{k} = \frac{0.03}{\sqrt{3}} = 0.017°$$

B.3.3.3 合成标准不确定度

u_1，u_2 之间各不相关

$$u_c = \sqrt{u_1^2 + u_2^2} = \sqrt{(0.03)^2 + (0.017)^2} = 0.034°$$

B.3.3.4 扩展不确定度

取 $k = 2$ 　　$U = ku_c = 0.034° \times 2 \approx 0.1°$

B.4 失真的测量不确定度评定

B.4.1 测量方法及数学模型

用功率分析仪或失真仪对三相变频电源的交流电压的失真采用直接测量法，不给出数学模型。

B.4.2 主要不确定度来源

B.4.2.1 测量重复性

B.4.2.2 功率分析仪失真测量的分辨力

B.4.2.3 功率分析仪失真测量不准

B.4.3 标准不确定度评定

B.4.3.1 由测量重复性及分辨率引入的标准不确定度分量 u_1

用失真度仪对三相电源的其中一相的失真进行 6 次重复测量，测量结果如下：

次数	1	2	3	4	5	6	平均值
测量值	1.01%	1.02%	1.03%	1.01%	1.05%	1.06%	1.03%

测量重复性

$$S_n = \sqrt{\frac{\sum_{i=1}^{n}(\gamma_i - \overline{\gamma})^2}{n-1}} = 0.021\%$$

由测量重复性引入的测量不确定度分量

$u_1 = S_n / \sqrt{n}$（n 为测量次数，取单次测量时，n = 1）

本次测量结果取 6 次平均值，即 m = 6，

则 $u_1 = 0.021\% / \sqrt{6} = 0.009\%$

B.4.3.2 由失真度仪的不准引入的标准不确定度分量

在测量 1% 时，失真度仪的相位最大允许误差为 ±20% × 1% = ±0.2%，即 $\alpha_2 = 0.2\%$，按均匀分布，取 $k = \sqrt{3}$，由此引入的标准不确定度分量

$$u_2 = \frac{a_2}{k} = \frac{0.2\%}{\sqrt{3}} = 0.12\%$$

B.4.3.3 合成标准不确定度

u_1，u_2 之间各不相关

$$u_c = \sqrt{u_1^2 + u_2^2} = \sqrt{(0.009\%)^2 + (0.12)^2} = 0.12\%$$

B.4.3.4 扩展不确定度

取 $k = 2$ $U = ku_c = 0.12\% \times 2 \approx 0.24\%$

中华人民共和国工业和信息化部
电子计量技术规范

JJF（电子）0027—2018

不间断电源校准规范

Calibration Specification for Uninterruptible Power Supply

2018－04－30 发布   2018－07－01 实施

中华人民共和国工业和信息化部 发布

不间断电源校准规范

Calibration Specification for Uninterruptible Power Supply

JJF（电子）0027—2018

归口单位：中国电子技术标准化研究院

起草单位：中国电子科技集团公司第二十研究所

本规范技术条文委托起草单位负责解释

本规范主要起草人：

    罗政元（中国电子科技集团公司第二十研究所）

    武丽仙（中国电子科技集团公司第二十研究所）

    陆　强（中国电子科技集团公司第二十研究所）

    张　伟（中国电子科技集团公司第二十研究所）

    张　仪（中国电子科技集团公司第二十研究所）

    徐焕蓉（中国电子科技集团公司第二十研究所）

目　录

引　言

　　本规范依据国家计量技术规范 JJF 1001—2011《通用计量术语及定义》、JJF 1071 – 2010《国家计量技术规范编写规则》、JJF 1059.1—2012《测量不确定度评定与表示》共同构成支撑本校准规范制定工作的基础性系列规范。

　　本规范中转换时间和蓄电池供电持续时间的校准方法分别依据 GB/T 7260.3 – 2003《不间断电源设备（UPS）第 3 部分:确定性能的方法和试验要求》中 6.3.6.1 和 6.3.9.1 条款进行制定。

　　本规范为首次发布。

不间断电源校准规范

1 范围

本规范规定了输出电压为220V、输出频率为50Hz、输出波形为正弦波的不间断电源的计量特性、校准条件、校准项目、校准方法、校准结果的处理和复校时间间隔,适用于新制造、使用中、修理后的通用不间断电源的校准。其它非220V/50Hz输出的不间断电源参照本规范执行。

2 引用文件

本规范引用了下列文件:

JJF 1597 - 2016 直流稳定电源校准规范

GB/T 7260.3 - 2003 不间断电源设备(UPS)第3部分:确定性能的方法和试验要求

JJF(军工)85 - 2015 交流稳压电源稳态特性校准规范

凡是注日期的引用文件,仅注日期的版本适用于本规范;凡是不注日期的引用文件,其最新版本(包括所有的修改单)适用本规范。

3 概述

不间断电源是一种可以确保供电系统高效稳定不间断运行的电源设备。当市电供电正常时,不间断电源可以将市电进行整流和逆变后供给用电负载使用;当市电供电异常中断时,不间断电源可以自动且迅速的通过与主机相连的蓄电池获得电力供应,并通过主机内部的逆变器等电路将蓄电池中的直流电转换成稳定220V/50Hz交流电供用电负载使用,从而保证用电负载可不受市电异常中断的影响安全、稳定、可靠的运行。

不间断电源按工作方式可分为在线式不间断电源和后备式不间断电源两种。在线式不间断电源一直使其逆变器处于工作状态,通过整流和逆变两个过程输出稳定的交流电源;后备式不间断电源平时处于电池充电状态,在停电时逆变器紧急切换至工作状态,将蓄电池提供的直流电逆变输出稳定的交流电源。

4 计量特性

4.1 空载输出电压误差

标称值:220V,最大允许误差:±3%。

4.2 输出频率误差

标称值:50Hz,最大允许误差:±0.5Hz。

4.3 失真度

失真度不大于5%。

4.4 额定输出功率

额定输出功率应大于或等于标称额定功率。

4.5 电压调整率

电压调整率应不大于5%。

4.6 负载调整率

负载调整率应不大于5%。

4.7 效率

效率应不小于80%。

4.8 输出电压稳定性

输出电压稳定性应在(0.1%~5%)/h 范围内。

4.9 转换时间

被校不间断电源在市电供电与蓄电池供电转换时间应不大于10ms。

4.10 蓄电池供电持续时间

仅使用蓄电池组对被校电源供电时,电源能够满载输出的持续时间应大于或等于标称时间。

5 校准条件

5.1 环境条件

5.1.1 环境温度:（23±5）℃。

5.1.2 相对湿度:≤80%。

5.1.3 供电电源:

电源电压:(220±22)V,电源频率:(50±1)Hz。

5.1.4 周围无影响正常工作的机械振动、电磁干扰和腐蚀性及易燃易爆气体。

5.2 测量标准及其它设备

校准所用标准及设备应经过计量技术机构检定(或校准),满足校准使用要求,并在有效期内。

5.2.1 交流数字电压表

测量范围:10V~500V(20Hz~10kHz);最大允许误差:±0.05%

5.2.2 交流数字电流表

测量范围:能够覆盖被校不间断电源输出最大电流值;

频率范围:40Hz~1kHz;

最大允许误差:±0.1%

5.2.3 直流数字电压表

测量范围:10V~500V;最大允许误差:±0.1%

5.2.4 失真度测量仪

交流电压输入范围:10V~300V(20Hz~10kHz);

失真度测量范围:0.01%~10%;最大允许误差:±（10%（满刻度）+0.01%）

5.2.5 频率计

交流电压输入范围:10V~300V;

频率测量范围:（10~1000）Hz,测量最大允许误差:±0.01%

5.2.6 交流负载

交流电压输入范围:10V~300V（40Hz ~ 1kHz）;

交流功率输入范围:应大于被校不间断电源最大输出功率的110%

5.2.7 示波器（配备高压探头）

示波器时间测量最大允许误差:±0.01%;

示波器测量带宽:≥100MHz;

高压探头类型:差分高压探头或隔离高压探头;

高压探头测量范围:100V~300V;

高压探头上升时间测量最大允许误差:≤5ns

5.2.8 秒表

时间测量最大允许误差:±0.1s/h

5.2.9 调压变压器

交流电压调节范围:180V~250V,

交流功率输出范围:应大于被校不间断电源额定输入功率的110%

6 校准项目和校准方法

6.1 外观及工作正常性检查

被校不间断电源应结构完整,并无影响正常工作的机械损伤,通电检查仪器能正常工作。被校仪器应有明晰的型号、生产编号,送校时应附有使用说明书及全部配套附件。

6.2 空载输出电压误差

6.2.1 将被校不间断电源开机,预热30分钟。

6.2.2 按图1所示连接仪器设备。

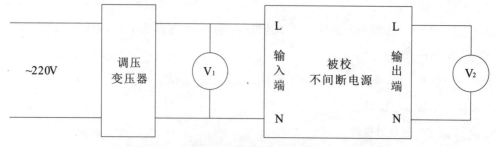

图1 空载电压输出误差校准连接框图

注:图中 V_1、V_2 表示为交流数字电压表。

6.2.3 调节调压变压器输出电压,使交流数字电压表 V_1 读数为220V。

6.2.4 在空载的情况下使不间断电源输出电压,读取此时交流数字电压表 V_2 的读数 U_1,

则不间断电源的空载输出电压误差 δ_U 按公式（1）计算。

$$\delta_U = \frac{U_1 - 220}{220} \times 100\% \qquad (1)$$

式中：

δ_U——被校不间断电源的空载输出电压误差；

U_1——被校不间断电源空载输出时，交流数字电压表 V_2 的读数，单位为 V。

6.3 输出频率误差

6.3.1 按照图 2 所示连接仪器。

图 2 输出频率校准连接框图

注：图中 V 表示为交流数字电压表，A 表示为交流数字电流表，Hz 表示为频率计，R 表示为交流负载。

6.3.2 调节调压变压器输出电压，使交流数字电压表 V 读数为 220V。

6.3.3 调节交流负载，使被校不间断电源的输出功率为其标称额定功率，读取此时频率计的读数 f_1。

6.3.4 输出频率误差按公式（2）计算。

$$\Delta f = f_1 - 50 \qquad (2)$$

式中：

Δf——被校不间断电源的输出频率误差，单位为 Hz；

f_1——被校不间断电源输出功率为标称额定输功率时，频率计的读数，单位为 Hz。

6.4 失真度

6.4.1 按照图 3 所示连接仪器。

图 3 失真度校准连接框图

注：图中 V 表示为交流数字电压表，A 表示为交流数字电流表，r 表示为失真度测量仪，R 表示为交流负载。

6.4.2 调节调压变压器输出电压，使交流数字电压表 V 读数为 220V。

6.4.3 调节交流负载，使被校不间断电源的实际输出功率为其标称额定功率。

6.4.4 读取此时失真度仪的失真度读数 r_0。

6.5 额定输出功率

6.5.1 按照图4所示连接仪器。

图4 额定输出功率校准连接框图

注：图中 V_1、V_2 表示为交流数字电压表，A 表示为交流数字电流表，R 表示为交流负载。

6.5.2 调节调压变压器输出电压，使交流数字电压表 V_1 读数为220V。

6.5.3 缓慢调节交流负载以使被校不间断电源输出的电流不断增大，监测流数字电压表 V_2 的读数稳定为220V，同时监测交流数字电流表 A 读数，直至被校不间断电源输出额定电流为止，读取此时交流数字电流表 A 的读数 I_N。

6.5.4 按公式（3）计算额定输出功率 P_N。

$$P_N = 220V \times I_N \tag{3}$$

式中：

P_N——被校不间断电源的额定输出功率，单位为 VA；

I_N——交流数字电流表 A 测量的被校不间断电源额定输出电流，单位为 A。

6.6 电压调整率

6.6.1 按照图4所示连接仪器。

6.6.2 调节调压变压器输出电压，使交流数字电压表 V_1 读数为220V。

6.6.3 调节交流负载，使被校不间断电源的实际输出功率为其标称额定输出功率，读取此时交流数字电压表 V_2 的读数 U_0。

6.6.4 调节调压变压器输出电压，使交流数字电压表 V_1 读数为242V，不间断电源的输出功率不变，读取此时交流数字电压表 V_2 的读数 U_1。

6.6.5 调节调压变压器输出电压，使交流数字电压表 V_1 读数为198V，不间断电源的输出功率不变，读取此时交流数字电压表 V_2 的读数 U_2。

6.6.6 按公式（4）计算电压调整率 S_V。

$$S_v = \left| \frac{U_1 - U_2}{U_0} \right| \times 100\% \tag{4}$$

式中：

S_V——被校不间断电源的电压调整率；

U_0——调压器输出为220V时，交流数字电压表 V_2 的读数，单位为 V；

U_1——调压器输出为242V时，交流数字电压表 V_2 的读数，单位为 V；

U_2——调压器输出为198V时，交流数字电压表 V_2 的读数，单位为 V。

6.7 负载调整率

6.7.1 按照图4所示连接仪器。

6.7.2 调节调压变压器输出电压,使交流数字电压表 V_1 读数为220V。

6.7.3 调节交流负载,使被校不间断电源的实际输出功率达到其标称额定功率,读取此时交流数字电压表 V_2 的读数 U_m。

6.7.4 断开交流负载,读取空载时交流数字电压表 V_2 的读数 U_n。

6.7.5 按公式(5)计算负载调整率 S_L。

$$S_L = \left| \frac{U_m - U_n}{U_n} \right| \times 100\% \qquad (5)$$

式中:

S_L ——被校不间断电源的负载调整率;

U_m ——被校不间断电源输出功率为标称额定输出功率时,交流数字电压表 V_2 的读数,单位为V;

U_n ——被校不间断电源空载时,交流数字电压表 V_2 的读数,单位为V。

6.8 效率

6.8.1 按照图5所示连接仪器。

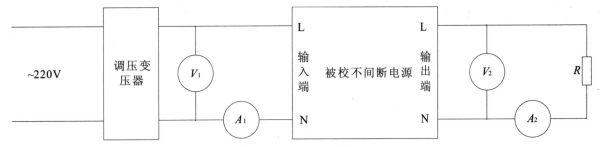

图5 效率校准连接框图

注:图中 V_1、V_2 表示为交流数字电压表,A_1、A_2 表示为交流数字电流表,R 表示为交流负载。

6.8.2 调节调压变压器输出电压,使交流数字电压表 V_1 读数为220V,调节交流负载,使被校不间断电源的实际输出功率达到其标称额定功率。

6.8.3 读取被校不间断电源输入端交流数字电压表 V_1 读数为 U_{in},交流数字电流表 A_1 读数为 I_{in}。

6.8.4 读取被校不间断电源输出端交流数字电压表 V_2 读数为 U_{out},交流数字电流表 A_2 读数为 I_{out}。

6.8.5 效率 η 按公式(6)计算。

$$\eta = \frac{U_{out} \times I_{out}}{U_{in} \times I_{in}} \times 100\% \qquad (6)$$

式中:

η ——被校不间断电源的效率;

U_{in} ——被校不间断电源输入端交流数字电压表 V_1 的读数,单位为V;

I_{in} ——被校不间断电源输入端交流数字电流表 A_1 的读数,单位为A;

U_{out}——被校不间断电源输出端交流数字电压表 V_2 的读数，单位为 V；

I_{out}——被校不间断电源输出端交流数字电流表 A_2 的读数，单位为 A；

6.9 输出电压稳定性

6.9.1 按照图 4 所示连接仪器。

6.9.2 调节调压变压器输出电压，使交流数字电压表 V_1 读数为 220V，调节交流负载，使被校不间断电源的实际输出功率为其标称额定功率，读取此时交流数字电压表 V_2 读数为 U_o。

6.9.3 在被校不间断电源说明书规定的时间间隔内，均匀读取不少于 6 次交流数字电压表 V_2 的数值，计算此期间内所读数值的最大变化值 ΔU_{max}。

6.9.4 输出电压稳定性 S 按公式(7)计算。

$$S = \frac{\Delta U_{max}}{U_0} \times 100\% \tag{7}$$

式中：

S ——被校不间断电源的输出电压稳定性；

ΔU_{max}——被校不间断电源在规定时间间隔内交流数字电压表 V_2 读数中的最大变化值，单位为 V；

U_o ——被校不间断电源输出端交流数字电压表 V_2 的首次读数，单位为 V。

6.10 转换时间

6.10.1 本校准项目仅适用于后备式不间断电源的校准，对于在线式不间断电源不做此项校准。

6.10.2 按照图 6 所示连接仪器，其中被校不间断电源应配备额定容量且为充满状态的蓄电池。

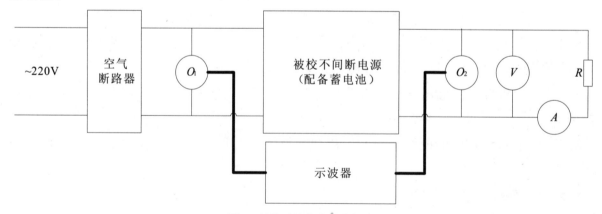

图 6 转换时间校准连接框图

注：图中 V 表示交流数字电压表，A 表示交流数字电流表，O_1、O_2 表示示波器的高压探头，R 表示为交流负载。

6.10.3 示波器高压探头 O_1、O_2 分别连接至示波器的两个通道并进行双踪测量。

6.10.4 接通空气断路器，利用 220V 市电向不间断电源供电，调节交流负载，使被校不间断电源的实际输出功率大于其标称额定功率的 80%。

6.10.5 切断空气断路器,此时被校电源供电方式应由 220V 市电供电转换为蓄电池供电,利用示波器的记录高压探头 O_1 和 O_2 出的电压波形变化。建议空气断路器切断时刻固定为输入市电波形过零时或波形峰值时。

6.10.6 以高压探头 O_1 处 220V 市电切断时间点为起始时刻 t_0。

6.10.7 用示波器高压探头 O_2 测量出不间断电源被切断市电供电后输出电压再次稳定输出正弦 220V/50Hz 电压的最早时刻,记为 t_1。

6.10.8 转换时间 t_T 按公式(8)计算。

$$t_T = t_1 - t_0 \tag{8}$$

式中:

t_T——被校不间断电源的转换时间,单位为 ms;

t_0——被校不间断电源被切断市电供电的时刻,单位为 ms;

t_1——被校不间断电源被切断市电供电后再次输出稳定电压波形的时刻,单位为 ms。

6.10.9 按 6.10.4～6.10.8 重复测量 2 次,取 2 次转换时间的平均值作为转换时间 t_T 的最终校准值。

6.11 蓄电池供电持续时间

6.11.1 本校准项目仅作为首次使用前和修理后的校准项目。

6.11.2 校准前需对被测不间断电源的蓄电池组进行充电,使其达到充满状态,直流数字电压表 V_1 测量的蓄电池组输出电压应达到蓄电池组标称的额定电压。

6.11.3 按照图 7 所示连接仪器,使用被校不间断电源的蓄电池组进行供电。

图 7 蓄电池供电持续时间校准连接框图

注：V 表示交流数字电压表,A 表示交流数字电流表,R 表示为交流负载。

6.11.4 调节交流负载使被校不间断电源工作在恒流放电状态,且交流数字电流表 A 测量的被校不间断电源的输出电流达到该电源标称额定电流,记此时刻为 T_0。

6.11.5 使被校不间断电源持续恒流放电,同时监测交流数字电压表 V 的读数,直至电源停机为止,记此时刻为 T_1。

6.11.6 蓄电池供电持续时间 T 按公式(8)计算。

$$T = T_1 - T_0 \tag{9}$$

式中:

T——被校不间断电源的蓄电池供电持续时间,单位为 min;

T_0——被校不间断电源由蓄电池供电的时刻,单位为 min;

T_1 ——被校不间断电源停机的时刻，单位为 min。

7 校准结果表达

校准完成后的不间断电源应出具校准证书。校准证书应至少包含以下信息：

a）标题："校准证书"；

b）实验室名称和地址；

c）进行校准的地点（如果与实验室的地址不同）；

d）证书的唯一性标识（如编号），每页和总页数的标识；

e）客户的名称和地址；

f）被校对象的描述和明确标识；

g）进行校准的日期，如果与校准结果的有效性和应用有关时，应说明被校对象的接收日期；

h）如果与校准结果有效性应用有关时，应对被校样品的抽样程序进行说明；

i）校准所依据的技术规范的标识，包括名称及代号；

j）本次校准所用测量标准的溯源性及有效性说明；

k）校准环境的描述；

l）校准结果及其测量不确定度的说明；

m）对校准规范的偏离的说明；

n）校准证书或校准报告签发人的签名、职务或等效标识；

o）校准结果仅对被校对象有效的声明；

p）未经实验室书面批准，不得部分复制证书的声明。

8 复校时间间隔

由于复校时间间隔的长短是由仪器的使用情况、使用者、仪器本身质量等诸因素所决定的，故送校单位可根据实际使用情况决定复校时间间隔；建议复校时间间隔为 24 个月；仪器修理或调整后应及时校准。

附录 A

校准记录格式

外观及工作正常性检查：　　　□正常　　　　□不正常

表 A.1　空载输出电压

输出电压标称值/V	输出电压测量值/V	空载输出电压误差	测量不确定度（$k=$）
220			

表 A.2　输出频率误差

输出频率标称值/Hz	输出频率测量值/Hz	输出频率误差	测量不确定度（$k=$）
50			

表 A.3　失真度

失真度测量值/（%）	测量不确定度（$k=$）		

表 A.4　额定输出功率

额定功率标称值/VA	输出功率测量值/VA	测量不确定度（$k=$）

表 A.5　电压调整率

供电电源电压/V	输出电压测量值/V	电压调整率	测量不确定度（$k=$）
198			
220			
242			

表 A.6　负载调整率

空载输出电压/V	加载输出电压/V	负载调整率	测量不确定度（$k=$　）

表 A.7　效率

输入电压/V	输入电流/A	输出电压/V	输出电流/A	效率	测量不确定度（$k=$）

表 A.8　输出电压稳定性

测量次数	输出电压测量值/V	输出电压稳定性	测量不确定度（$k=$　）
1			
2			
3			
4			
5			
…			

表 A.9　转换时间

测量次数	转换时间测量值/ms	测量不确定度（$k=$　）
1		
2		
平均值		

表 A.10　蓄电池供电持续时间

蓄电池供电持续时间测量值/h	测量不确定度（$k=$　）

附录 B

测量不确定度评定示例

B.1 空载输出电压测量不确定度评定

B.1.1 测量方法及数学模型

使用交流数字电压表直接测量被校不间断电源的空载输出电压，采用直接测量法。

数学模型为：

$$U_x = U_0 \qquad (B.1)$$

式中：

U_x—— 被校不间断电源的空载输出电压标称值

U_0—— 交流数字电压表测量值

B.1.2 主要不确定度来源

B.1.2.1 交流数字电压表的分辨力

B.1.2.2 测量重复性

B.1.2.3 交流数字电压表不准

B.1.3 标准不确定度评定

B.1.3.1 交流数字电压表分辨力引入的标准不确定度分量 u_1

在测量不间断电源输出时，电压表读数取到 0.1V 可以满足测量要求，故

$$u_1 = \frac{\delta_x}{2k} = \frac{0.1V}{2\sqrt{3}} = 0.03V$$

B.1.3.2 由测量重复性引入的标准不确定度分量

由于测量不间断电源输出时，电压表读数取到到 0.1V，则分辨力引入的标准不确定度分量远大于重复性引入的不确定度分量，故忽略重复性引入的不确定度分量。

B.1.3.3 由交流电压表不准引入的标准不确定度分量 u_2

交流电压表在测量 220V，50Hz 时最大允许误差为 ±0.05%，即 $\alpha_2 = 0.05\%$，按均匀分布，取 $k = \sqrt{3}$，由此引入的标准不确定度分量

$$u_2 = \frac{a_2}{k} = \frac{220V \times 0.05\%}{\sqrt{3}} = 0.07V$$

B.1.3.3 合成标准不确定度

u_1，u_2 之间各不相关

$$u_c = \sqrt{u_1^2 + u_2^2} = \sqrt{(0.03\%)^2 + (0.07\%)^2} = 0.08V$$

B.1.4 扩展不确定度

取 $k = 2$，$U = ku_c = 0.08V \times 2 = 0.16V \approx 0.2V$

B.2 额定输出功率测量不确定度评定

B.2.1 测量方法及数学模型

使用交流数字电压表和交流数字电流表分别测量被校不间断电源的输出电压和输出电流，采用间接测量法。数学模型为

$$P = U \times I \tag{B.2}$$

式中：

P —— 被校不间断电源的输出功率

U —— 交流数字电压表测量值

I —— 交流数字电流表测量值

B.2.2 主要不确定度来源

B.2.2.1 交流数字电压表不准

B2.2.2 交流数字电流表不准

B.2.3 标准不确定度评定

B.2.3.1 由数字电压表不准引入的标准不确定度分量 u_1

交流电压表在测量 220V，50Hz 时最大允许误差为 $\pm 0.05\%$，即 $\alpha_1 = 0.05\%$，按均匀分布，取 $k = \sqrt{3}$。由此引入的标准不确定度分量

$$u_{1\text{rel}} = \frac{a_1}{k} = \frac{0.05\%}{\sqrt{3}} = 0.03\%$$

B.2.3.2 由数字电流表不准引入的标准不确定度分量 u_2

若不间断电源输出额定功率时，其输出电流为 20A，50Hz。则交流数字电流表此时的最大允许误差为 $\pm 0.04\%$，即 $\alpha_1 = 0.04\%$，按均匀分布，取 $k = \sqrt{3}$。

$$u_{2\text{rel}} = \frac{a_2}{k} = \frac{0.04\%}{\sqrt{3}} = 0.02\%$$

B.2.3.3 合成标准不确定度

$u_{1\text{rel}}$，$u_{2\text{rel}}$ 之间各不相关

$$u_{c\text{rel}} = \sqrt{u_{1\text{crel}}^2 + u_{2\text{crel}}^2} = \sqrt{(0.03\%)^2 + (0.02\%)^2} = 0.04\%$$

B.2.4 扩展不确定度

取 $k = 2$，$U_{rel} = ku_{c\text{rel}} = 0.04\% \times 2 = 0.08\%$

B.3 输出频率误差测量不确定度评定

B.3.1 测量方法及数学模型

使用频率计直接测量被校不间断电源的空载输出电压，采用直接测量法。

数学模型为：

$$f_x = f_0 \tag{B.3}$$

式中：

f_x——被校不间断电源的输出频率标准值

f_0——频率计测量值

B.3.2 主要不确定度来源

B.3.2.1 测量重复性

B.3.2.2 频率计分辨力

B.3.2.3 频率计不准

B.3.3 标准不确定度评定

B.3.3.1 由测量重复性标准不确定度分量 u_1

对被校不间断电源输出频率进行 10 次重复测量，测量结果如表 B.1：

表 B.1 输出频率 10 次重复测量结果

测量次数	1	2	3	4	5
测量值（Hz）	50.001	50.000	50.000	50.002	50.002
测量次数	6	7	8	9	10
测量值（Hz）	49.999	49.998	50.000	50.001	50.003

$$u_1 = \sqrt{\frac{\sum_{i=1}^{10}(f_i - \bar{f})^2}{9}} = 0.0015\,\text{Hz}$$

式中：

f_i——被校不间断电源的输出频率第 i 次测量值

$\bar{f}$——被校不间断电源的输出频率测量值的平均值

B.3.3.2 由频率计分辨力引入的标准不确定度分量 u_2

在测量不间断电源输出时，频率测量分辨率取到 0.001Hz 可以满足测量要求，

$$u_2 = \frac{\delta_x}{2k} = \frac{0.001}{2\sqrt{3}}\,\text{Hz} = 0.0003\,\text{Hz}$$

B.3.3.3 频率计不准引入的标准不确定度分量 u_3

交流电压表在测量 220V，50Hz 时最大允许误差为 ±0.01%，即 $\alpha_2 = 0.01\%$，按均匀分布，取 $k = \sqrt{3}$，由此引入的标准不确定度分量

$$U_3 = \frac{a_2}{k} = \frac{50 \times 0.01\%}{\sqrt{3}}\,\text{Hz} = 0.0029\,\text{Hz}$$

B.3.3.4 合成标准不确定度

u_1，u_2 之间各不相关

$$u_c = \sqrt{u_1^2 + u_2^2 + u_3^2} = \sqrt{(0.0015\%)^2 + (0.0003\%)^2 + (0.0029\%)^2} = 0.0033\,\text{Hz}$$

B.3.4 扩展不确定度

取 $k = 2$，$U = ku_c = 0.033\,\text{Hz} \times 2 = 0.0066\,\text{Hz} \approx 0.007\,\text{Hz}$

B.4 失真度测量不确定度评定

B.4.1 测量方法及数学模型

使用失真度仪直接测量被校不间断电源输出电压的失真度，采用直接测量法。

数学模型为：

$$r_x = r_0 \tag{B.4}$$

式中：

r_x—— 被校不间断电源的输出电压失真度标准值

r_0—— 失真度仪测量值

B.4.2 主要不确定度来源

B.4.2.1 测量重复性

B.4.2.2 失真度仪不准

B.4.3 标准不确定度评定

B.4.3.1 由测量重复性标准不确定度分量 u_1

对被校不间断电源输出电压的失真度进行 10 次重复测量，测量结果如表 B.2：

表 B.2 失真度 10 次重复测量结果

测量次数	1	2	3	4	5
测量值(%)	1.013	1.020	1.010	1.017	1.015
测量次数	6	7	8	9	10
测量值(%)	1.011	1.011	1.021	1.010	1.008

$$u_1 = \sqrt{\frac{\sum_{i=1}^{10}(r_i - \bar{r})^2}{9}} = 0.005\%$$

式中：

r_i—— 被校不间断电源失真度第 i 次测量值

$\bar{r}$—— 被校不间断电源失真度测量值的平均值

B.4.3.2 失真度仪不准引入的标准不确定度分量 u_2

失真度仪最大允许误差为 ±10%，即 $a_2 = 10\%$，按均匀分布，取 $k = \sqrt{3}$，由此引入的标准不确定度分量

$$U_2 = \frac{a_2}{k} = \frac{10\%}{\sqrt{3}} = 5.8\%$$

B.4.3.3 合成标准不确定度

u_1，u_2 之间各不相关

$$u_c = \sqrt{u_1^2 + u_2^2} = \sqrt{(0.005\%)^2 + (5.8\%)^2} = 5.8\%$$

B.4.4 扩展不确定度

取 $k = 2$，$U = ku_c = 5.8\% \times 2 = 11.6\% \approx 12\%$

B.5 效率测量不确定度评定

B.5.1 测量方法及数学模型

使用两块交流数字电压表和两块交流数字电流表分别测量被校不间断电源的输入电压、输入电流和输出电压、输出电流，采用间接测量法。数学模型为

$$\eta = \frac{U_{out} \times I_{out}}{U_{in} \times I_{in}} \times 100\% \qquad (B.5)$$

式中：

η ——被校不间断电源的效率；

U_{in} ——被校不间断电源输入电压

I_{in} ——被校不间断电源输入电流

U_{out} ——被校不间断电源输出电压

I_{in} ——被校不间断电源输出电流

B.5.2 主要不确定度来源

B.5.2.1 交流数字电压表不准

B.5.2.2 交流数字电流表不准

B.5.3 标准不确定度评定

B.5.3.1 由数字电压表不准引入的标准不确定度分量 u_1

两块交流电压表分别测量输入和输出 220V，50Hz 电压。其最大允许误差均为 ±0.05%，即 $\alpha_1 = 0.05\%$，按均匀分布，取 $k = \sqrt{3}$。此时两块交流数字电压表测量输入输出电压引入的标准不确定度分量

$$u_{1rel} = \frac{\sqrt{2}\,a_1}{k} = \frac{\sqrt{2} \times 0.05\%}{\sqrt{3}} = 0.04\%$$

B.5.3.2 由数字电流表不准引入的标准不确定度分量 u_2

两块交流电压表分别测量了输入和输出电流时，其最大允许误差均为 ±0.04%，即 $\alpha_1 = 0.04\%$，按均匀分布，取 $k = \sqrt{3}$。

$$u_{2rel} = \frac{\sqrt{2}\,a_2}{k} = \frac{\sqrt{2} \times 0.04\%}{\sqrt{3}} = 0.03\%$$

B.5.3.3 合成标准不确定度

u_{1rel}，u_{2rel} 之间各不相关

$$u_{crel} = \sqrt{u_{1crel}^2 + u_{2crel}^2} = \sqrt{(0.04\%)^2 + (0.03)^2} = 0.05\%$$

B.5.4 扩展不确定度

取 $k = 2$，$U_{rel} = ku_{crel} = 0.05\% \times 2 = 0.1\%$

B.6 转换时间测量不确定度评定

B.6.1 测量方法及数学模型

使用示波器的双踪功能分别测量被校不间断电源由市电供电向蓄电池供电转换的起始时间和终止时间，由于使用了同一示波器测量两个时间点，因此两次时间测量为完全正相关。其数学模型为：

$$t_T = t_1 - t_0 \tag{B.6}$$

式中：

t_T——被校不间断电源的转换时间

t_0——被校不间断电源被切断市电供电的时刻

t_1——被校不间断电源供电电源转换完成时刻

B.6.2 主要不确定度来源

B.6.2.1 示波器测量时间不准

B.6.2.1 示波器双踪测量时两通道延时不一致

B.6.3 标准不确定度评定

B.6.3.1 由示波器测量时间不准引入的标准不确定度分量 u_1

示波器双踪测量毫秒级时间时，其最大允许误差均为 $\pm 0.01\%$，即 $\alpha_1 = 0.01\%$，按均匀分布，取 $k = \sqrt{3}$。此时示波器双踪测量了两次时刻点，引入的标准不确定度分量为

$$u_{1rel} = \frac{\sqrt{2}\, a_1}{k} = \frac{\sqrt{2} \times 0.01\%}{\sqrt{3}} = 0.008\%$$

B.6.3.2 由示波器双踪测量时两通道延时不一致引入的标准不确定度分量 u_2

示波器双踪测量时，其两通道延时存在时间不一致问题，其两通道延时差最大约为 100ps，而被校不间断电源转换时间为毫秒级，因此示波器双踪测量时两通道延时不一致导致的测量误差优于 10^{-7} 数量级，因此本标准不确定分量 u_2 相对于由示波器测量时间不准引入的标准不确定度分量 u_1 可以忽略不计。

B.6.3.3 合成标准不确定度

$$u_{c\,rel} = u_{1rel} = 0.008\%$$

B.6.4 扩展不确定度

取 $k = 2$，$U_{rel} = k u_{c\,rel} = 0.008\% \times 2 = 0.016\%$

中华人民共和国工业和信息化部

电子计量技术规范

（16项合订本）

中国电子技术标准化研究院

北京市东城区安定门东大街1号（100007）

网址www.cesi.cn

发行中心：（010）64102612　　　传真：（010）64102617